Herausgeber:
Hauptverband der Deutschen Bauindustrie e.V.
Zentralverband Deutsches Baugewerbe e.V.
KLR Bau

KLR Bau

Kosten-, Leistungs- und Ergebnisrechnung der Bauunternehmen
8., überarbeitete und aktualisierte Auflage 2016
mit 75 Abbildungen und 54 Tabellen

Bearbeitet durch:

BWI-Bau GmbH – Institut der Bauwirtschaft

Herausgeber:

Hauptverband der Deutschen Bauindustrie e.V.
Zentralverband Deutsches Baugewerbe e.V.

Unter Mitarbeit von Mitgliedern des Bundesarbeitskreises KLR Bau

Hauptverband der Deutschen Bauindustrie e. V.

Dipl.-Betriebsw. (FH) Bernhard Krammer, Bauer Spezialtiefbau GmbH, Schrobenhausen
Dipl.-Ing. (FH) Dipl.-Kfm. Jürgen Litsch, STRABAG AG, Köln
Dipl.-Betriebsw. (FH) Peter Littauer, Dreßler Bau GmbH, Aschaffenburg
Dipl.-Volksw. Friedhelm Heuser, Hauptverband der Deutschen Bauindustrie e. V., Berlin

Zentralverband Deutsches Baugewerbe e. V.

Dipl.-Wirtsch.-Ing. Peter Pickl, OCHS Rohrleitungsbau GmbH, Nürnberg
Dipl.-Betriebsw. Ingo Reifgerste, Schleiff Bauflächentechnik GmbH & Co. KG, Erkelenz
Dr. Andreas Geyer, Zentralverband Deutsches Baugewerbe e. V., Berlin
Dipl.-Kffr. Regine Maruska, Zentralverband Deutsches Baugewerbe e. V., Berlin

Hochschulen

Prof. Dr.-Ing. Fritz Berner, Institut für Baubetriebslehre der Universität Stuttgart
Prof. Dr.-Ing. Heiko Meinen, Hochschule Osnabrück

Autoren BWI-Bau GmbH – Institut der Bauwirtschaft, Düsseldorf

Dipl.-Kfm. Prof. Dr. Ralf-Peter Oepen (Schriftleitung)
Dipl.-Kfm. Dr. Christian Keidel
Dr.-Ing. Ingo Frank Meyer
Dipl.-Ing. Dipl.-Wirtsch-Ing. Petra Vaut

Rudolf Müller

Bibliografische Information der Deutschen Nationalbibliothek
Die Deutsche Nationalbibliothek verzeichnet diese Publikation in der Deutschen Nationalbibliografie; detaillierte bibliografische Daten sind im Internet über http://dnb.dnb.de abrufbar.

8., überarbeitete und aktualisierte Auflage 2016

Die 7. Auflage erschien 2001 unter dem Titel „KLR Bau“ im Bauverlag BV, Wiesbaden.

Wir freuen uns, Ihre Meinung über dieses Fachbuch zu erfahren. Bitte teilen Sie uns Ihre Anregungen, Hinweise oder Fragen per E-Mail: fachmedien.bau@rudolf-mueller.de oder Telefax: 0221 5497-6141 mit.

Lektorat: Gabriele Oldenburg, München
Umschlaggestaltung: Künkelmedia, Brühl
Satz: Satz+Layout Werkstatt Kluth GmbH, Erftstadt
Druck und Bindearbeiten: Grafisches Centrum Cuno GmbH & Co. KG, Calbe
Printed in Germany

ISBN 978-3-481-03535-8 (Buch-Ausgabe)
ISBN 978-3-481-03536-5 (E-Book-Ausgabe als PDF)

FSC
www.fsc.org
MIX
Papier aus verantwortungsvollen Quellen
FSC® C043106

Geleitwort der Herausgeber

Die Spitzenverbände der deutschen Bauwirtschaft, der Hauptverband der Deutschen Bauindustrie e. V. und der Zentralverband des Deutschen Baugewerbes e. V., legen gemeinsam die vollständig neu überarbeitete Ausgabe des Grundlagenwerks „KLR Bau – Kosten-, Leistungs- und Ergebnisrechnung der Bauunternehmen“ (kurz „KLR Bau“) in der 8. Auflage vor.

Seit seiner Erstausgabe im Jahre 1978 nimmt die „KLR Bau“ eine Vorreiterrolle in der Kosten- und Leistungsrechnung der Bauunternehmen ein. Vorrangiges Ziel war es immer,

- zu einer klaren Begriffsbildung,
- zur Verknüpfung von Kalkulation und kurzfristiger Ergebnisrechnung und damit
- zu einer Verbesserung des baubetrieblichen Rechnungswesens beizutragen.

In den letzten fast 40 Jahren hat die „KLR Bau“ weite Verbreitung in der Bauwirtschaft gefunden und gilt als Standardwerk an Universitäten, Hochschulen und Ausbildungszentren.

Um die Vorreiterrolle der „KLR Bau“ aufrechtzuerhalten, hat die BWI-Bau GmbH – Institut der Bauwirtschaft, im Auftrag der beiden Herausgeber die Inhalte dieses Grundlagenwerks völlig neu überarbeitet und an den aktuellen Stand der Baubetriebs- und Baubetriebswirtschaftslehre sowie an die derzeit gültigen gesetzlichen Rahmenbedingungen angepasst.

Die „KLR Bau“ ist ein praxisorientiertes Rahmenwerk, aus dem die Unternehmen die für sie je nach Unternehmens- oder Projektgröße und Projektdauer geeigneten Instrumente zur Planung, Steuerung und Ergebniskontrolle von Baustellen ableiten können. Es beschreibt die für kleine und große Unternehmen gleichermaßen geltenden, grundlegenden Kalkulationsmethoden.

Die hier vorgelegte Auflage spiegelt den Diskussionsstand zum Zeitpunkt des Redaktionsschlusses im März 2016 wider. Demgemäß liegen den Berechnungen der Tarifstand Januar 2016 sowie die Werte der Baugeräteliste 2015 zugrunde.

Diese Neuauflage wurde – wie die vorangegangenen Ausgaben – durch den Bundesarbeitskreis KLR Bau begleitet, dem neben Vertretern der Herausgeber Ingenieure und Kaufleute aus den Unternehmen sowie Vertreter aus der Wissenschaft angehören. Ihnen gebührt besonderer Dank, denn sie haben maßgeblichen Anteil an der gleichermaßen praxisorientierten wie auch wissenschaftlichen Ansprüchen genügenden Ausgestaltung dieses Standardwerks.

Wir hoffen, dass sich auch die 8. Auflage der „KLR Bau“ großer Zustimmung erfreut und zu einer Weiterentwicklung des betrieblichen Rechnungswesens der Bauunternehmen beiträgt.

Peter Hübner
Präsident
Hauptverband der
Deutschen Bauindustrie e. V.

Dr. Hans-Hartwig Loewenstein
Präsident
Zentralverband des
Deutschen Baugewerbes e. V.

Vorwort der Autoren

Wie schon ihre Vorgängerversion beschreibt die 8., vollständig neu überarbeitete und aktualisierte Auflage der „KLR Bau – Kosten-, Leistungs- und Ergebnisrechnung der Bauunternehmen" das Zusammenspiel von Bauauftragsrechnung (Kalkulation) und Baubetriebsrechnung. Sie bilden die Säulen in einem integrierten System der baubetrieblichen Kosten- und Leistungsrechnung – oder besser: der Kosten-, Leistungs- und Ergebnisrechnung, wobei die Ergebnisrechnung bisher nicht Bestandteil des Buchtitels war. Mit dem Ziel, die „KLR Bau" den heutigen Informationserfordernissen gut organisierter Bauunternehmen anzupassen, erfolgte eine grundlegende Überarbeitung der bisherigen Fassungen. Nicht nur das Erscheinungsbild, sondern auch der Aufbau, die Inhalte und die Gliederung der „KLR Bau" wurden vollständig erneuert.

Die „KLR Bau" wendet sich an 4 Zielgruppen:

Den Bauunternehmen dient sie als Organisationsleitfaden für den Aufbau einer aussagekräftigen Kosten-, Leistungs- und Ergebnisrechnung.

Der baubetrieblichen und baubetriebswirtschaftlichen Aus- und Weiterbildung dient sie als fachspezifisches Lehrbuch.

Den Bausoftwareunternehmen dient sie als Orientierungshilfe für den Aufbau von IT-Lösungen für bauausführende Unternehmen.

Der Kreditwirtschaft dient sie als Nachschlagewerk zur Gewinnung eines besseren Verständnisses für die betriebswirtschaftlichen Prozesse der Bauunternehmen.

Die „KLR Bau" beschreibt als praxisbezogenes Grundlagenwerk auf der Basis fundierter betriebswirtschaftlicher Erkenntnisse den Aufbau, die Struktur und die Funktionen von Bauauftrags- und Baubetriebsrechnung. Um dem Leser nicht nur theoretische Erläuterungen zu geben, werden alle Phasen der Bauauftragsrechnung anhand des Beispiel-Projekts „Bau einer Stahlbeton-Stützwand" durchgespielt. Dieses Projekt ist bewusst einfach gehalten, um dem Leser das Nachvollziehen der Berechnungsbeispiele zu ermöglichen. Anschließend wird dieses Beispiel-Projekt in der Baubetriebsrechnung weitergeführt. Für die Simulation der Baubetriebsrechnung wird ein einfaches Unternehmensmodell erstellt. So kann die zahlenmäßige Abbildung eines Bauprojekts in der Kosten-, Leistungs- und Ergebnisrechnung Schritt für Schritt nachvollzogen und nachgerechnet werden.

Die „KLR Bau" gliedert sich in 3 Hauptkapitel:

In Kapitel 1 wird ein Überblick über die baubetriebliche Kosten-, Leistungs- und Ergebnisrechnung gegeben, um zunächst den Gesamtzusammenhang darzustellen.

In Kapitel 2 wird die Bauauftragsrechnung (Kalkulation) differenziert nach ihren Kalkulationsstufen und Kalkulationsarten im Zeitablauf der Bauprojektrealisation erläutert.

In Kapitel 3 wird die Baubetriebsrechnung (Betriebsbuchhaltung) als zahlenmäßige (buchhalterische) Abbildung eines Bauunternehmens und seiner Teilbereiche erklärt.

Abrundende Detailinformationen sind in einen Anhang ausgegliedert, damit der Leser nicht den roten Faden verliert.

Die Neuauflage der „KLR Bau" wurde in den Monaten Januar 2014 bis März 2016 erarbeitet und fußt auf dem über viele Jahre – im Dreiklang von Beratung, Weiterbildung und Information – gewachsenen Erfahrungswissen der BWI-Bau GmbH – Institut der Bauwirtschaft. Unterstützt wurden wir von den Mitgliedern des Bundesarbeitskreises KLR Bau, wofür wir uns herzlich bedanken.

Wir wünschen den Lesern der „KLR Bau" einen hohen Erkenntnisgewinn. Gleichzeitig hoffen wir, den Bauunternehmen, in denen die „KLR Bau" Anwendung findet, neue Impulse geben zu können, um die Kosten-, Leistungs- und Ergebnisrechnung auf diesem Wege weiter zu verbessern.

Düsseldorf, im Mai 2016

Das Autorenteam der BWI-Bau GmbH
Institut der Bauwirtschaft, Düsseldorf

Hinweise zum Download-Angebot

Alle dreiseitigen Tabellen dieses Buches stehen auf **www.baufachmedien.de/klr-bau** zusätzlich zum Download zur Verfügung. Die Tabellen im PDF-Format finden Sie unter dem Reiter „Downloads".

Inhalt

1 Baubetriebliches Rechnungswesen

Jede Form unternehmerischer Tätigkeit – egal ob es sich um die Erstellung von Sachgütern oder das Erbringen von Dienstleistungen handelt (Absatzprozess) – bringt es mit sich, dass Materialien und Leistungen am Markt beschafft (Beschaffungsprozess) und im Unternehmen weiterverarbeitet werden (Produktionsprozess). Hierdurch verändert sich die Vermögens- und Kapitalstruktur eines Unternehmens permanent. An dieser Stelle kommt das Rechnungswesen ins Spiel, weil es diese Veränderungen zahlenmäßig (in Mengen und in Werten) abbildet. Zum Rechnungswesen als solches gehört als Teilsystem auch die Kosten-, Leistungs- und Ergebnisrechnung.

Das baubetriebliche Rechnungswesen ist das zahlen- und wertmäßige Spiegelbild dessen, was in einem Bauunternehmen konkret vorgeht. Hieraus leitet sich die erste Kernaufgabe des Rechnungswesens ab: die Kontrollfunktion. Das Rechnungswesen prüft, ob das Unternehmen rentabel arbeitet, die Betriebsabläufe wirtschaftlich gestaltet sind, die Kapazitäten produktiv genutzt werden und die Liquidität im Unternehmen gesichert ist. Das Rechnungswesen hat aber als zweite Kernaufgabe auch eine Planungs- und Steuerungsfunktion. Demnach verharrt es nicht nur in der Kontrolle von Geschehnissen der Vergangenheit, sondern es ist entscheidungs- und handlungsorientiert angelegt und damit auch auf die Zukunft ausgerichtet.

1.1 Teilbereiche des baubetrieblichen Rechnungswesens

Das Rechnungswesen gliedert sich in 2 große Bereiche. Dies sind

- das **externe Rechnungswesen** (auch als Unternehmensrechnung bezeichnet) und
- das **interne Rechnungswesen** (auch als Kosten-, Leistungs- und Ergebnisrechnung bezeichnet).

Beide Bereiche sind miteinander verzahnt, unterscheiden sich aber in ihrem Aufbau, in ihrem Detaillierungsgrad und in ihrer Organisationsstruktur deutlich voneinander.

1.1.1 Externes Rechnungswesen

Das externe Rechnungswesen ist primär auf unternehmensexterne Adressaten (z. B. Gesellschafter, Fremdkapitalgeber, Finanzbehörden) ausgerichtet und von gesetzlich vorgeschriebenen Rechnungslegungsnormen bestimmt. Da diese Rechnungslegungsnormen generell branchenübergreifend vorgegeben sind, unterscheidet sich das externe Rechnungswesen eines Bauunternehmens im Großen und Ganzen nicht von dem anderer Branchen; bei einzelnen Bewertungsvorschriften sind lediglich bauspezifische Aspekte im Rahmen der Regelwerke zu berücksichtigen. Auf diese Weise soll auch dem Umstand Rechnung getragen werden, dass das externe Rechnungswesen vorrangig unternehmensexterne Aufgaben erfüllen und damit auch ohne Branchenkenntnisse zu verstehen und zu interpretieren sein muss.

1.1.2 Internes Rechnungswesen

Das interne Rechnungswesen ist primär auf unternehmensinterne Adressaten (Geschäftsführung, Führungskräfte) ausgerichtet und wird daher überwiegend von der individuellen Aufbau- und Ablauforganisation eines Unternehmens bestimmt. Es ist freiwillig und kann demnach unternehmensindividuell gestaltet werden. Dabei sind die generellen Besonderheiten der Bauproduktion – wie insbesondere wechselnde, ortsgebundene Baustellenproduktion, Einzel- und Langfristfertigung sowie unmittelbare Kundenorientierung – beim Aufbau ebenso zu berücksichtigen wie individuelle Anforderungen des einzelnen Bauunternehmens. Der Aufbau, die Struktur, das Zahlenmaterial, der Detaillierungsgrad und die Qualität des internen Rechnungswesens können daher von Bauunternehmen zu Bauunternehmen stark variieren.

Darüber hinaus setzt sich das interne Rechnungswesen wiederum aus 2 zwar miteinander korrespondierenden, aber dennoch sehr unterschiedlichen Teilbereichen zusammen:

Die **Bauauftragsrechnung** (Kalkulation) beschäftigt sich mit einem einzelnen Bauprojekt. Sie ist überwiegend zukunftsorientiert, also vorausschauend – vom Projektbeginn bzw. Stichtag bis zum Projektende.

Die **Baubetriebsrechnung** (Betriebsbuchhaltung) beschäftigt sich im Wesentlichen mit dem Baubetrieb als Ganzes, erlaubt aber je nach Detaillierungsgrad durchaus auch dezidierte Rückschlüsse auf das einzelne Bauprojekt. Sie ist primär vergangenheitsorientiert, also zurückblickend – vom Stichtag zurück auf den Periodenbeginn.

Die Baubetriebsrechnung legt somit klar den Schwerpunkt auf die Kontrolle des Betriebs, während die Bauauftragsrechnung ihren Fokus viel stärker auf die Planung und Steuerung einzelner Bauaufträge legt. Zur Steuerung von Bauprojekten ist die Bauauftragsrechnung (Kalkulation) aber genauso unerlässlich wie die Baubetriebsrechnung (Betriebsbuchhaltung).

Damit gehört die Bauauftragsrechnung betriebswirtschaftlich zum internen Rechnungswesen eines Bauunternehmens. In der baubetrieblichen Praxis wird die Bauauftragsrechnung allerdings dem technisch-baubetrieblichen

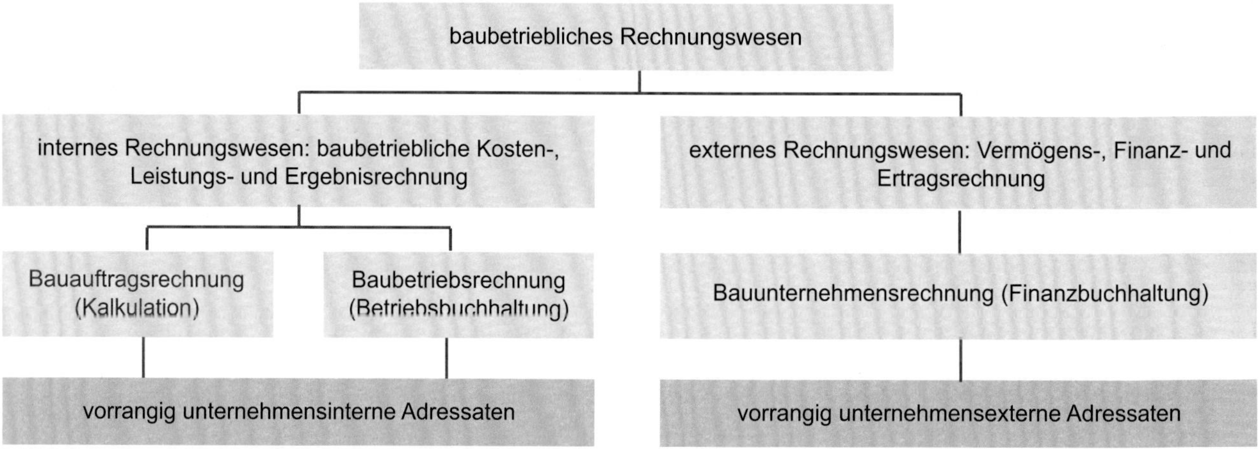

Abb. 1.1: Rechnungswesen der Bauunternehmen im Überblick

Organisationsbereich zugeordnet, da insbesondere für die Kostenermittlung tiefgreifende Kenntnisse der Bauproduktion notwendig sind, z. B. im Hinblick auf die bautechnischen Abläufe, Normen, Verfahren und Zusammenhänge.

Hinweis

Betriebswirtschaftlich zählt die Bauauftragsrechnung eindeutig zum internen Rechnungswesen. In dieser Veröffentlichung sprechen wir jedoch von der **baubetrieblichen** Kosten-, Leistungs- und Ergebnisrechnung und ihren Teilbereichen – der Bauauftragsrechnung einerseits und der Baubetriebsrechnung andererseits –, um damit insbesondere der technischen Prägung der Bauauftragsrechnung in den Unternehmen gerecht zu werden.

1.2 Aufgaben und Merkmale des baubetrieblichen Rechnungswesens

Die Abb. 1.1 stellt die verschiedenen Aufgabenfelder des baubetrieblichen Rechnungswesens im Überblick und ihre Beziehungen zueinander dar. Besonders hinzuweisen ist darauf, dass in Bauunternehmen häufig nur die Baubetriebsrechnung gemeint ist, wenn von der Kosten-, Leistungs- und Ergebnisrechnung gesprochen wird, obwohl die Bauauftragsrechnung (Kalkulation) ebenfalls dazugehört.

Aus der unterschiedlichen Adressierung leitet sich für die Bauunternehmensrechnung der Terminus „externes Rechnungswesen" bzw. für die Bauauftrags- und die Baubetriebsrechnung (Kosten-, Leistungs- und Ergebnisrechnung) der Terminus „internes Rechnungswesen" ab.

Für die Steuerung eines Bauunternehmens nach innen liefert ganz wesentlich die Kosten-, Leistungs- und Ergebnisrechnung das benötigte Zahlenwerk. Sie stellt den eigentlichen Unternehmenszweck, das Bauen, in den Fokus ihrer Gliederung und erlaubt – in Abhängigkeit von ihrer Detailgenauigkeit – detaillierte Rückschlüsse auf alle Einzelbereiche eines Bauunternehmens (vgl. Kapitel 1.5).

Betrachtet man hingegen die Grundsystematik des externen Rechnungswesens (vgl. Kapitel 1.4), so ist erkennbar, dass dieses in der Verdichtung des Zahlenmaterials immer das gesamte Bauunternehmen betrachtet und damit keine detaillierten Rückschlüsse auf einzelne Baustellen/Bauprojekte oder andere Einzelbereiche eines Bauunternehmens zulässt.

Grundsätzlich gilt: Jedes Bauunternehmen gestaltet das interne und externe Rechnungswesen im Rahmen der für das externe Rechnungswesen geltenden Normen nach seinen individuellen Belangen. Dabei folgen die einzelnen Teilbereiche zwar unterschiedlichen Gestaltungen, Aufgaben, Adressaten, Inhalten und Funktionen, müssen sich aber gegenseitig ergänzen und aufeinander abgestimmt sein (integriertes Rechnungswesen). Das ist schon deswegen wichtig, weil für verschiedene Aufgaben im Rechnungswesen weitgehend das gleiche Zahlenmaterial verarbeitet wird.

Im Überblick lassen sich die Merkmale des internen und des externen Rechnungswesens wie folgt differenzieren (vgl. Tabelle 1.1):

Tabelle 1.1: Differenzierungsmerkmale des internen und externen Rechnungswesens

	internes Rechnungswesen	**externes Rechnungswesen**
Adressaten	Unternehmensverantwortliche/Entscheidungsträger	Gesellschafter Kreditgeber Finanzbehörden
Aufgaben	vorrangig unternehmensinterne Aufgaben	vorrangig unternehmensexterne Aufgaben
Grundlagen	auf freiwilliger Basis	rechtlich verpflichtet
Gestaltung	grundsätzlich frei gestaltbar	abhängig von Rechnungslegungsnormen und -vorschriften • national: HGB, AO, EStG u. a. • international: IFRS
Funktionen	Planung, Steuerung und Kontrolle	Information und Dokumentation Zahlungsbemessung (Steuern, Ausschüttungen)
Instrumente	• Bauauftragsrechnung (Kalkulation) • Baubetriebsrechnung (Kostenrechnung i. e. S.)	• Finanzbuchhaltung • Bilanz • GuV
Rechengrößen	Kosten und Leistung	Aufwand und Ertrag

1.3 Grundbegriffe

1.3.1 Grundbegriffe des baubetrieblichen Rechnungswesens

Das Rechnungswesen verwendet zur Einordnung von Geschäftsvorfällen unterschiedliche Rechengrößen, um die Finanzseite eines Unternehmens deutlich von der Erfolgsseite zu trennen.

In der **Erfolgsrechnung,** die vor allem der Überwachung der Rentabilität eines Unternehmens dient, sind dies die Rechengrößen Aufwand und Ertrag bzw. Kosten und Leistung.

In der **Finanzrechnung,** die vor allem der Überwachung der Liquidität eines Unternehmens dient, sind dies die Rechengrößen Einnahmen und Ausgaben sowie Einzahlungen und Auszahlungen.

Finanzrechnung

In der Finanzrechnung bezeichnen die Begriffspaare Einzahlungen und Auszahlungen einerseits sowie Einnahmen und Ausgaben andererseits diejenigen Sachverhalte, die die Vermögensstruktur eines Unternehmens berühren. Es gilt:

- **Einzahlungen** stellen den Zufluss liquider Mittel in bar oder unbar (per Banküberweisung) in einem Abrechnungszeitraum dar und entstehen z. B. bei der Bezahlung einer Ausgangsrechnung.
- **Auszahlungen** stellen den Abfluss liquider Mittel in bar oder unbar (per Banküberweisung) in einem Abrechnungszeitraum dar und entstehen z. B. bei der Bezahlung einer vorliegenden Eingangsrechnung.
- **Einnahmen** sind der Wert der in einem Abrechnungszeitraum veräußerten Sachgüter und Dienstleistungen (Absatzwert) und entstehen z. B. beim Ausgang einer Ausgangsrechnung als sog. Forderung gegenüber dem Rechnungsempfänger.
- **Ausgaben** sind der Wert der in einem Abrechnungszeitraum zugegangenen Sachgüter und Dienstleistungen (Beschaffungswert) und entstehen z. B. bei Zugang einer Eingangsrechnung als sog. Verbindlichkeit gegenüber dem Rechnungssteller.

Einzahlungen und Auszahlungen verändern den Zahlungsmittelbestand, Einnahmen und Ausgaben das Geldvermögen. Dabei enthält das Begriffspaar Einnahmen/Ausgaben auch noch die Begriffe Forderungen/Verbindlichkeiten (vgl. Tabelle 1.2).

Tabelle 1.2: Abgrenzung von Rechengrößen des Rechnungswesens (Quelle: in Anlehnung an Jacob/Stuhr, 2006, S. 8)

Bestände und ihre Komponenten	positive Bestandsveränderung	negative Bestandsveränderung
Kassenbestand + jederzeit verfügbares Bankguthaben = Zahlungsmittelbestand	Einzahlung	Auszahlung
+ Forderungen – Verbindlichkeiten = Geldvermögen	Einnahme	Ausgabe

Erfolgsrechnung

In der Erfolgsrechnung werden je nach Teilbereich des Rechnungswesens ebenfalls unterschiedliche Begriffe verwendet. Während das externe Rechnungswesen von Aufwand und Ertrag spricht, verwendet das interne Rechnungswesen die Begriffe Kosten und Leistung. Es gilt:

- **Aufwand** ist der Wert aller verbrauchten Sachgüter und Dienstleistungen in einem Abrechnungszeitraum (jede Wertminderung), unabhängig davon, ob der Aufwand zur betrieblichen Leistungserstellung dient oder nicht.
- **Ertrag** ist der Wert aller erbrachten Sachgüter und Dienstleistungen in einem Abrechnungszeitraum (jeder Wertezuwachs).
- **Kosten** sind der bewertete Verbrauch von Sachgütern und Dienstleistungen zum Zwecke der betrieblichen Leistungserstellung.
- **Leistung** ist der Wertezuwachs durch die Erstellung von Sachgütern und Dienstleistungen eines Unternehmens, der aus dem eigentlichen Betriebszweck resultiert.

Schematisch lassen sich Aufwand und Ertrag weiter untergliedern, wobei nur betriebsbedingte, periodenrichtige sowie normale Aufwendungen und Erträge auch Kosten bzw. Leistungen darstellen (vgl. Abb. 1.2).

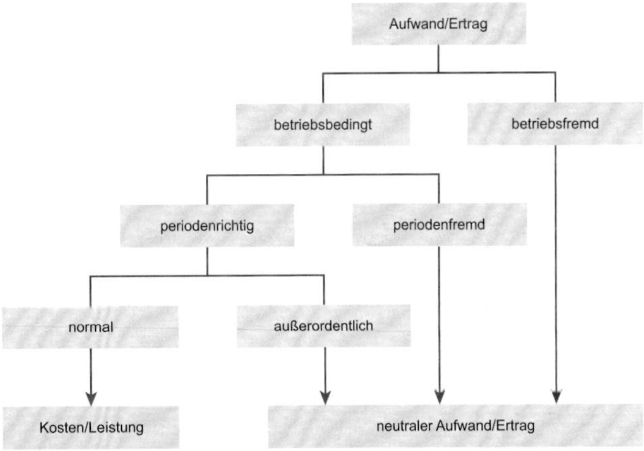

Abb. 1.2: Überleitung von Aufwand/Ertrag in Kosten/Leistung (Quelle: Haberstock, 2008, S. 22)

Im internen Rechnungswesen bleiben betriebsfremde, periodenfremde und außerordentliche Aufwendungen bzw. Erträge unberücksichtigt, weil sie mit der betrieblichen Leistungserstellung entweder nichts zu tun haben oder bewertungs- und zufallsbedingt sind. Es gilt:

- **Betriebsfremde** Aufwendungen bzw. Erträge haben keine Beziehung zur betrieblichen Leistungserstellung. Beispiele hierfür sind: eine Spende an das Rote Kreuz, Spekulationsverluste/-gewinne aus dem Verkauf von Wertpapieren oder Verluste/Gewinne aus dem Verkauf eines nicht mehr benötigten Geräts.
- **Periodenfremde** (abgrenzungsbedingte) Aufwendungen bzw. Erträge werden zwar durch die Leistungserstellung verursacht, sind aber in der laufenden Abrechnungsperiode auszuklammern, da sie entweder bereits in einer vergangenen Abrechnungsperiode berücksichtigt wurden

oder erst in einer zukünftigen Abrechnungsperiode einzubeziehen sind. Beispiele hierfür sind Beitragsnachzahlungen bzw. Beitragsvorauszahlungen für eine bereits vergangene bzw. für eine zukünftige Abrechnungsperiode (Berufsgenossenschaft, Handwerkskammer, Industrie- und Handelskammer).

- **Außerordentliche** Aufwendungen bzw. Erträge liegen dann vor, wenn sie zwar durch die Erstellung der Betriebsleistung verursacht wurden, aber so außergewöhnlich sind, dass sie als „Zufallsgröße" nicht in die betroffene Abrechnungsperiode eingerechnet werden sollen. Beispiele sind Feuer- und Sturmschäden, Verluste aus der Bildung von Rückstellungen für außergewöhnliche Sachverhalte sowie Gewinne aus der Auflösung von Rückstellungen.

1.3.2 Grundbegriffe der baubetrieblichen Kosten-, Leistungs- und Ergebnisrechnung

In der baubetrieblichen Kosten-, Leistungs- und Ergebnisrechnung wird der Kostenbegriff weiter untergliedert.

Primär- und Sekundärkosten

Bei der Entstehung von Kosten wird zwischen Primär- und Sekundärkosten unterschieden.

- Primärkosten (primäre Kosten) sind Kosten für Produktionsfaktoren, die ein Unternehmen nicht selbst herstellt (Löhne und Gehälter, Roh-, Hilfs- und Betriebsstoffe, Kosten für bezogene Leistungen, Fremdgeräte). Sie werden üblicherweise in der Finanzbuchhaltung (externes Rechnungswesen) gebucht, dann mittels der Betriebsbuchhaltung direkt in die Kostenrechnung übernommen und entweder einer Kostenstelle oder einem Kostenträger zugeordnet. Sie spiegeln die Summe aller im Unternehmen angefallenen Kosten wider, jeweils klassifiziert nach Kostenarten.
- Sekundärkosten (sekundäre Kosten) entstehen durch die innerbetriebliche Leistungsverrechnung, indem die Kosten von einer abgebenden Kostenstelle auf eine empfangende Kostenstelle (oder Kostenträger) weiterverteilt werden. Dies kann auf der Basis von Verrechnungssätzen (€ pro Mengeneinheit [ME], z. B. bei eigenen Geräten) oder mittels prozentualer Umlagen bzw. Zuschläge (in % von … bzw. in % auf …, z. B. bei Verwaltungskosten) erfolgen. Dabei wird versucht, die Sekundärkosten möglichst verursachungsgerecht weiterzuverteilen. Für die Weiterverteilung sind in der Betriebsbuchhaltung interne Verbuchungen (sog. Be- und Entlastungsbuchungen) notwendig, die in der Finanzbuchhaltung unberücksichtigt bleiben. Da Sekundärkosten aus der Weiterverrechnung von Primärkosten resultieren, führen sie nicht zu einem weiteren Kostenanfall.

Einzel- und Gemeinkosten

Eng verbunden mit dem Begriffspaar Primär- und Sekundärkosten ist das Begriffspaar Einzel- und Gemeinkosten. Es klassifiziert die im Herstellprozess anfallenden Kosten nach ihrer Zurechenbarkeit zu einem Kostenträger. Nach dem Prinzip der Kostenverursachung gilt:

- Einzelkosten sind solche Kosten, die einem Kostenträger direkt zurechenbar sind. Sie spiegeln die Kosten wider, die durch den Herstell- und/oder Vermarktungsprozess des Produkts, der Ware oder der Dienstleistung direkt verursacht werden (z. B. Roh-, Hilfs- und Betriebsstoffe). Einzelkosten verhalten sich grundsätzlich wie Primärkosten, sie werden aber im Kontext der Kostenträgerrechnung als Einzelkosten bezeichnet.
- Gemeinkosten sind solche Kosten, die einem Kostenträger nicht direkt zuzuordnen sind. Sie fallen zunächst auf einer anderen Kostenstelle an und werden von dort mittels innerbetrieblicher Leistungsverrechnung auf einen oder mehrere Kostenträger weiterverteilt (z. B. Gehaltskosten für den Werkstattleiter). Sie entsprechen also den zuvor beschriebenen Sekundärkosten, werden im Kontext der Kostenträgerrechnung aber als Gemeinkosten bezeichnet.

Kostenstelle und Kostenträger

Da die Begriffe Einzel- und Gemeinkosten allein der Kosten**träger**rechnung vorbehalten sind, ist es notwendig, die Begriffe Kostenstellen und Kostenträger ebenfalls gegeneinander abzugrenzen:

- Eine Kostenstelle bezeichnet den Ort der Kostenentstehung und beantwortet so die Frage: „Wo sind die Kosten entstanden?" Kostenstellen werden nach Verantwortungsbereichen und/oder nach räumlichen, funktionalen, aufbauorganisatorischen oder verrechnungstechnischen Kriterien gebildet (Kalkulation, Arbeitsvorbereitung, Lager, Werkstatt usw.). Sie haben die Aufgabe, die im Unternehmen anfallenden Kosten zu sammeln und diese anschließend innerbetrieblich nach dem Kostenverursachungsprinzip entweder direkt oder indirekt über den „Umweg" einer anderen Kostenstelle auf einen Kostenträger weiterzuverteilen. Kostenstellen können als Umlage- oder als Verrechnungskostenstelle organisiert werden. Während eine Umlagekostenstelle die auf ihr gesammelten Primär- und Sekundärkosten nach prozentualen Anteilen (in % einer Bezugsgröße) umlegt, verrechnet sich eine Verrechnungskostenstelle über Verrechnungssätze (€ pro ME).
- Ein Kostenträger bezeichnet den Verursacher der Kosten und beantwortet die Frage: „Wofür sind die Kosten entstanden?" Als Kostenträger werden also die im Unternehmen erstellten Produkte oder erbrachten Dienstleistungen bezeichnet. Traditionell werden im Bauunternehmen die Positionen des Leistungsverzeichnisses (LV) als Kostenträger i. S. d. Kostenträgerrechnung behandelt. Aus betriebswirtschaftlicher Sicht müssten aber die Bauprojekte als Kostenträger behandelt werden.

Hinweis

> In Kapitel 3.2.1.3 werden 2 Modelle der Kostenträgerrechnung dargestellt. In Modell I ist die LV-Position der Kostenträger. Hier erfolgt die Zuordnung der Kosten zum Kostenträger nur in der Bauauftragsrechnung, nicht jedoch in der Baubetriebsrechnung. In Modell II ist dagegen das Bauprojekt der Kostenträger. Hier erfolgt die Zuordnung zum Kostenträger sowohl in der Bauauftrags- als auch in der Baubetriebsrechnung.

Auf einem Kostenträger werden Einzel- und Gemeinkosten gesammelt, denen dann die Bauleistung gegenübergestellt wird. Anhand der Differenz von Leistung und Kosten wird das Ergebnis des Kostenträgers ermittelt. Dieses zeigt den operativen Erfolg des Produktionsprozesses.

Kosten lassen sich darüber hinaus noch nach anderen Kriterien einteilen, die für die unternehmerische Entscheidungsfindung wichtig sind. Folgende Untergliederungen sind möglich:

Fixe und variable Kosten

- Fixe Kosten (oder beschäftigungsunabhängige Kosten) sind Kosten, die vom Beschäftigungsgrad nicht beeinflusst werden, z. B. die Büromiete.
- Variable Kosten (oder beschäftigungsabhängige Kosten) sind Kosten, die sich abhängig vom Beschäftigungsgrad verändern, z. B. Gerätemieten.

Leistungsunabhängige und leistungsabhängige Kosten

- Leistungsunabhängige Kosten sind dagegen diejenigen Kosten, die unabhängig von der betrieblichen Leistungserstellung entstehen, z. B. Personalkosten für die nicht in der Fertigung tätigen Mitarbeiter, Raumkosten, Steuern, Versicherungen, Beiträge, Werbe- und Reisekosten.
- Leistungsabhängige Kosten sind Kosten, die im direkten Zusammenhang mit der betrieblichen Leistungserstellung anfallen, z. B. Materialkosten, Lohnkosten sowie Kosten für Nachunternehmerleistungen.

Hinweis

> Aufgrund der baustellengebundenen prototypischen Einzelfertigung ist der baubetriebliche Produktionsprozess von Projekt zu Projekt meist sehr unterschiedlich, da stets die individuellen Anforderungen und Spezifikationen der Auftraggeber zu berücksichtigen sind, jedes Grundstück andere Anforderungen birgt und auch Witterungseinflüsse einbezogen werden müssen. Eine Einteilung in fixe und variable Kosten ist daher aus Sicht des Bauproduktionsprozesses schwierig. Insofern entspricht die Trennung in leistungsunabhängige und leistungsabhängige Kostenbestandteile eher dem Bauproduktionsprozess.

Zeitabhängige und zeitunabhängige Kosten

- Zeitabhängige Kosten sind Kosten, die sich abhängig von der Bauzeit verändern, z. B. Kosten der örtlichen Bauleitung und Kosten für die Vorhaltung der Baustelleneinrichtung.
- Zeitunabhängige Kosten sind Kosten, die unabhängig von der Bauzeit entstehen, z. B. Kosten für die Einrichtung und Räumung der Baustelle.

Kostenbegriffe im Zeitablauf

- Unter **Plan-Kosten** versteht man ursprünglich ermittelte Kosten, die im Zeitablauf festgeschrieben werden. Beispiel: Kostenbestandteile der Angebots-/Vertragskalkulation.
- Unter **Soll-Kosten** versteht man die Fortschreibung der zuvor ermittelten Plan-Kosten im Zeitablauf. Beispiel: Kostenbestandteile der Arbeitskalkulation.
- Die **Ist-Kosten** spiegeln die zu einem bestimmten Zeitpunkt (meist zum Monatsende) verbrauchten Kosten wider. Beispiel: die realisierten Kosten eines Bauprojekts zum Stichtag.
- Die **Vorschau-Kosten** (oder Rest-Kosten) bezeichnen diejenigen Kosten, die ab dem Zeitpunkt der Ermittlung der Ist-Kosten bis hin zu einem Periodenende/Projektende zu erwarten sind. Die Ist- und Vorschau-Kosten ergeben in Summe die **Prognose-Kosten.**

Ausgabewirksame und nicht ausgabewirksame Kosten

- Ausgabewirksame Kosten verursachen kurz- bis mittelfristige Ausgaben, z. B. Löhne und Materialkosten.
- Nicht ausgabewirksame Kosten verursachen keine Ausgaben, z. B. kalkulatorische Zinsen auf das Eigenkapital oder Abschreibungen auf Geräte.

1.3.3 Besondere Grundbegriffe der Bauauftragsrechnung

Folgende Kostenbegriffe werden speziell in der Bauauftragsrechnung verwendet:

- **Einzelkosten der Teilleistungen (EKT)** bezeichnen solche Kosten, die den einzelnen Teilleistungen (meist LV-Positionen) direkt zuzuordnen sind.
- **Baustellengemeinkosten (BGK)** bezeichnen solche Kosten, die durch das Herstellen des Bauprojekts als Ganzes entstehen, sich aber keiner Position des LV direkt zuordnen lassen (z. B. Kosten der Baustelleneinrichtung, -vorhaltung und -räumung).
- **Allgemeine Geschäftskosten (AGK)** bezeichnen solche Kosten, die einem Bauprojekt nur mittelbar zugeordnet werden können, z. B. Büromiete oder Fortbildungskosten.

Hinweis

> Die Summe von Einzelkosten und BGK wird als **Herstellkosten**, die Summe von Herstellkosten und AGK wird als **Selbstkosten** bezeichnet. Herstellkosten sind demnach die unmittelbar aus dem Bauproduktionsprozess entstehenden Kosten, Selbstkosten die Gesamtkosten der Bauwerkerstellung im Unternehmen. Auf die Unterscheidung und Ermittlung von EKT, BGK und AGK wird in Kapitel 2.4.1 noch detailliert eingegangen.

Die Trennung von EKT und BGK findet üblicherweise nur in der Bauauftragsrechnung, nicht aber in der Baubetriebsrechnung statt. In der Baubetriebsrechnung würde eine Trennung einen erheblichen Aufwand in der Berichterstattung verursachen, da für jede Kostenbelastung dokumen-

Tabelle 1.3: Definition von Einzel- und Gemeinkosten in der Baubetriebs- bzw. Bauauftragsrechnung

Baubetriebsrechnung		**Bauauftragsrechnung**	
Einzelkosten	Kosten, die einem Kostenverursacher (Kostenträger) unmittelbar zugeordnet werden können	EKT	Kosten, die den einzelnen Teilleistungen (meist LV-Positionen) direkt zugeordnet werden können
		BGK	Kosten, die durch das Herstellen des Bauprojekts als Ganzes entstehen, aber keiner Position des LV direkt zugeordnet werden können
Gemeinkosten	Kosten, die einem Kostenverursacher (Kostenträger) nur mittelbar zugeordnet werden können		
		AGK	Kosten, die einem Bauprojekt nur mittelbar zugeordnet werden können

tiert werden müsste, ob diese durch Leistungen im EKT- oder im BGK-Bereich entstanden ist.

Die obenstehende Übersicht fasst die Kostenbegriffe der Baubetriebs- und Bauauftragsrechnung zusammen und ordnet sie im Hinblick auf das zugrunde liegende Kostenträgerverständnis – LV-Position einerseits und Bauprojekt andererseits – zueinander (vgl. Tabelle 1.3).

1.4 Unternehmensrechnung

Die Unternehmensrechnung dient vor allem der Informationsversorgung externer Adressaten. Die dafür geltenden gesetzlichen Bestimmungen sollen in erster Linie sicherstellen, dass die von Unternehmen zur Verfügung gestellten Informationen bzw. Zahlen vergleichbar sind und nicht willkürlich festgelegt wurden. Neben der Vergleichbarkeit bzw. Standardisierung des Zahlenmaterials verfolgt die gesetzliche Reglementierung aber auch noch andere Zwecke, z. B. den Gläubigerschutz. So soll das betriebliche Handeln durch die lückenlose Dokumentation aller Geschäftsvorfälle kontrollierbar gemacht werden (Dokumentationsfunktion), um Rechenschaft gegenüber den externen Adressaten ablegen zu können. Zudem sollen klare und eindeutige Vorgaben für die Gewinnermittlung dafür sorgen, dass die Zahlungsansprüche der „gewinnbeteiligten" externen Adressaten, z. B. Anteilseigner oder Finanzbehörden, nachvollziehbar bemessen werden (Zahlungsbemessungsfunktion).

Zur Unternehmensrechnung zählen die Finanzbuchhaltung sowie der hieraus abgeleitete Jahresabschluss.

1.4.1 Finanzbuchhaltung

Die Finanzbuchhaltung, die auch als Buchführung bezeichnet wird, hat die Aufgabe, alle Geschäftsvorfälle innerhalb eines Geschäftsjahrs vollständig, richtig, zeitgerecht, nachvollziehbar, geordnet und unveränderbar aufzuzeichnen. Die Pflicht eines Unternehmens zur Buchführung ergibt sich grundsätzlich aus dem Handelsgesetzbuch (HGB). Darüber hinaus enthalten andere Regelwerke, wie das Aktiengesetz (AktG) oder GmbH-Gesetz (GmbHG), weitere Bestimmungen, welche die Buchführungspflicht betreffen. Weiterhin sind auch steuerliche Regelungen bei der Buchführung zu beachten; diese finden sich insbesondere in der Abgabenordnung (AO), dem Umsatzsteuergesetz (UStG), dem Gewerbesteuergesetz (GewStG), dem Einkommensteuergesetz (EStG) und dem Körperschaftsteuergesetz (KStG).

Ergänzend zu den vorgenannten Regelwerken ist auch den Grundsätzen ordnungsgemäßer Buchführung (GoB) Beachtung zu schenken, die sich aus § 238 HGB herauslesen lassen. Sie sind gesetzlich nicht geregelt und daher als unbestimmter Rechtsbegriff auszulegen, der aus der Praxis und Rechtsprechung erwächst. Zusammengetragen sind sie allerdings in mehreren Schreiben des Bundesfinanzministeriums (BMF) und binden damit die Betriebsprüfer in ihrer Prüftätigkeit. Der unbestimmte Rechtsbegriff der GoB spezifiziert die gesetzlichen Regelungen und ist im Rahmen der Buchführung dann verbindlich anzuwenden, wenn z. B. Fragen bei der Gesetzesauslegung auftreten.

Die Regeln zur Buchführung (nach §§ 238, 239 HGB) lassen sich wie folgt zusammenfassen:

- Jedes Unternehmen (lt. HGB „jeder Kaufmann") ist verpflichtet, Bücher zu führen.
- Es sind die GoB zu beachten.
- Die Buchführung muss so beschaffen sein, dass sich sachverständige Dritte innerhalb angemessener Zeit einen Überblick über die Geschäftsvorfälle und die Lage des Unternehmens verschaffen können.
- Die Geschäftsvorfälle müssen sich in ihrer Entstehung und Abwicklung verfolgen lassen, d. h. sie müssen zeitlich eingeordnet werden.
- Die Eintragungen in Büchern und die sonst erforderlichen Aufzeichnungen müssen vollständig, richtig, zeitgerecht, nachvollziehbar, geordnet und unveränderbar vorgenommen werden.

1.4.1.1 Prinzip der doppelten Buchführung

Um die Eintragungen in den Büchern nicht nur vollständig, richtig und zeitgerecht, sondern auch geordnet und nachvollziehbar vornehmen zu können, nutzt man im kaufmännischen Bereich üblicherweise das Buchführungssystem der doppelten Buchführung und einen geeigneten Kontenplan. Die Besonderheit der doppelten Buchführung besteht darin, dass mit ihr die Doppelnatur eines Geschäftsvorfalls geordnet erfasst und dargestellt werden kann. Unter einem Geschäftsvorfall wird hier jeder Vorgang im Unternehmen verstanden, der

- in der Vergangenheit zu einem Zahlungsvorgang geführt hat,
- unmittelbar mit einem Zahlungsvorgang verbunden ist oder
- in der Zukunft zu einem Zahlungsvorgang führen wird.

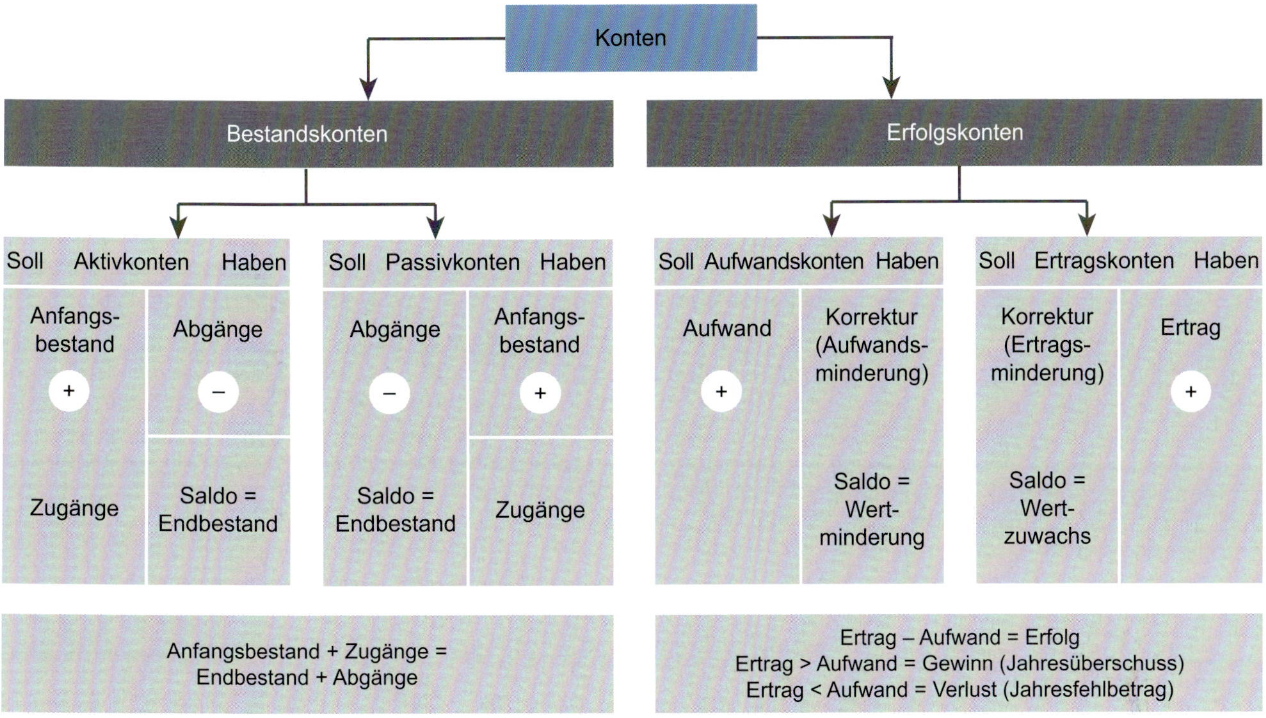

Abb. 1.3: Überblick über die Kontenarten der doppelten Buchführung (Quelle: in Anlehnung an Wöhe/Kußmaul, 2015, S. 74)

Als Beispiel für einen Geschäftsvorfall, der in der Zukunft zu einem Zahlungsvorgang führen wird, aber wirtschaftlich in der Gegenwart verursacht wurde, sei der Kauf von Baustoffen auf Ziel genannt. Dieser Geschäftsvorfall hat 2 Seiten: Zum einen erhöht das Bauunternehmen sein Vermögen durch den Erwerb von Baustoffen (Vorräte), zum anderen entsteht ihm aber auch eine Zahlungsverbindlichkeit gegenüber seinem Baustofflieferanten. In der doppelten Buchführung werden diese 2 Seiten geordnet bzw. methodisch erfasst, indem auf 2 verschiedenen Konten für die eine Seite eine Buchung und für die andere Seite eine Gegenbuchung vorgenommen wird. Jedes Konto verfügt über eine Soll- und eine Habenseite. Die Buchung wird in einem sog. Buchungssatz formuliert, d. h. der Geschäftsvorfall wird auf mindestens 2 verschiedenen Konten in der Reihenfolge von Soll an Haben festgehalten.

Welche Konten im Buchungssatz zu formulieren sind, ist abhängig von dem jeweiligen Geschäftsvorfall. Verursacht ein Geschäftsvorfall eine Bestandsveränderung, z. B. eine Bestandsmehrung bei den Baustoffen, ist (mindestens) ein Bestandskonto im Buchungssatz anzusprechen. Beeinflusst ein Geschäftsvorfall den Gewinn oder Verlust des Unternehmens, ist stets ein Erfolgskonto in den Buchungssatz einzubeziehen. Wie eine Buchung auf einem Bestands- oder Erfolgskonto richtig ausgeführt werden kann, zeigt Abb. 1.3. Sie zeigt auch, welche Kontenarten in der doppelten Buchführung unterschieden werden.

Zum Ende des Geschäftsjahrs wird der Endbestand der Bestandskonten in der Bilanz abgebildet, der Endbestand der Erfolgskonten in der Gewinn- und Verlust-Rechnung (GuV).

1.4.1.2 Kontenrahmen zur Organisation der doppelten Buchführung

Um zu verhindern, dass jedes Unternehmen seine Buchungen auf vollkommen frei gewählten Konten vornimmt, werden sog. Kontenrahmen empfohlen. Ein Kontenrahmen ist ein Verzeichnis, das die für die ordnungsgemäße Buchführung erforderlichen Konten (und die damit verbundenen Geschäftsvorfälle) nach einer sachlichen Ordnung klassifiziert. Ein Kontenrahmen ist in Kontenklassen gegliedert, die wiederum in Kontengruppen unterteilt sind. Die Kontengruppen umfassen die einzelnen Kontenarten und Kontendefinitionen (vgl. Abb. 1.4).

Aufgrund von branchenspezifischen Besonderheiten kann es keinen einheitlichen Kontenrahmen für alle Unternehmen geben. Daher empfehlen die Spitzenverbände der deutschen Bauwirtschaft den **Baukontenrahmen** (BKR), der speziell für die Belange von bauausführenden Unternehmen entwickelt wurde und als überbetrieblicher Organisations- und Gliederungsplan für das gesamte baubetriebliche Rechnungswesen dienen soll. Er bildet ein Organisationsschema, aus dem das einzelne Bauunternehmen unter Berücksichtigung seiner individuellen Eigenarten seinen Kontenplan ableiten kann. Der Kontenplan umfasst dann nur noch diejenigen Konten, die im jeweiligen Unternehmen zur Verbuchung der üblichen Geschäftsvorfälle notwendig sind.

Der BKR als überbetriebliches Organisationsschema des baubetrieblichen Rechnungswesens wird in Kapitel 1.5.5 ausführlich vorgestellt.

1.4.2 Jahresabschluss

Das Handelsrecht schreibt vor (§ 242 Abs. 1 HGB), dass ein Unternehmen nach Abschluss jedes Geschäftsjahrs einen Jahresabschluss zu erstellen hat.

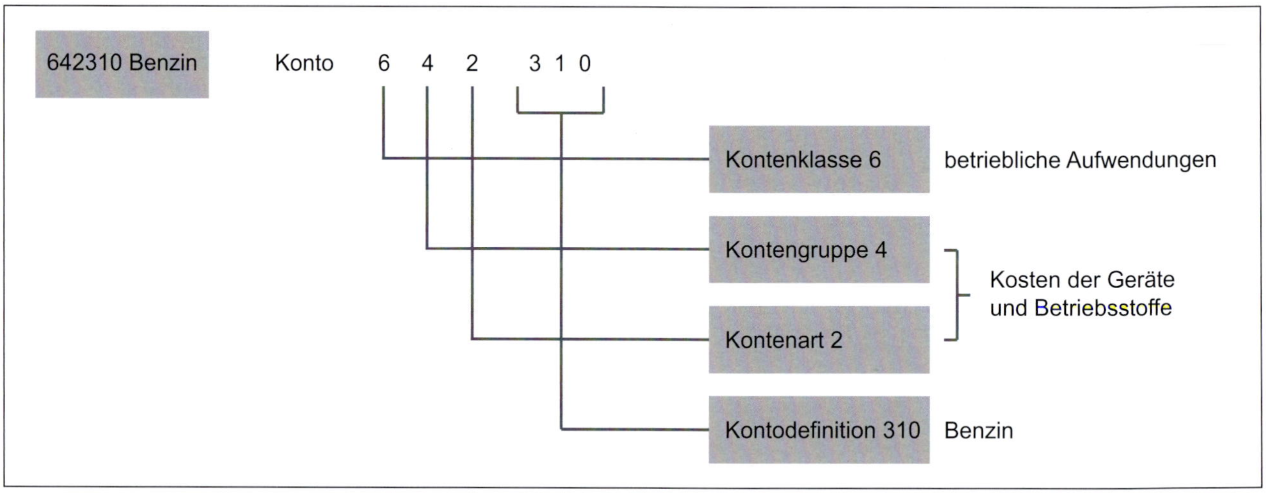

Abb. 1.4: Numerische Klassifikation eines Bestandskontos (vgl. BKR 2016)

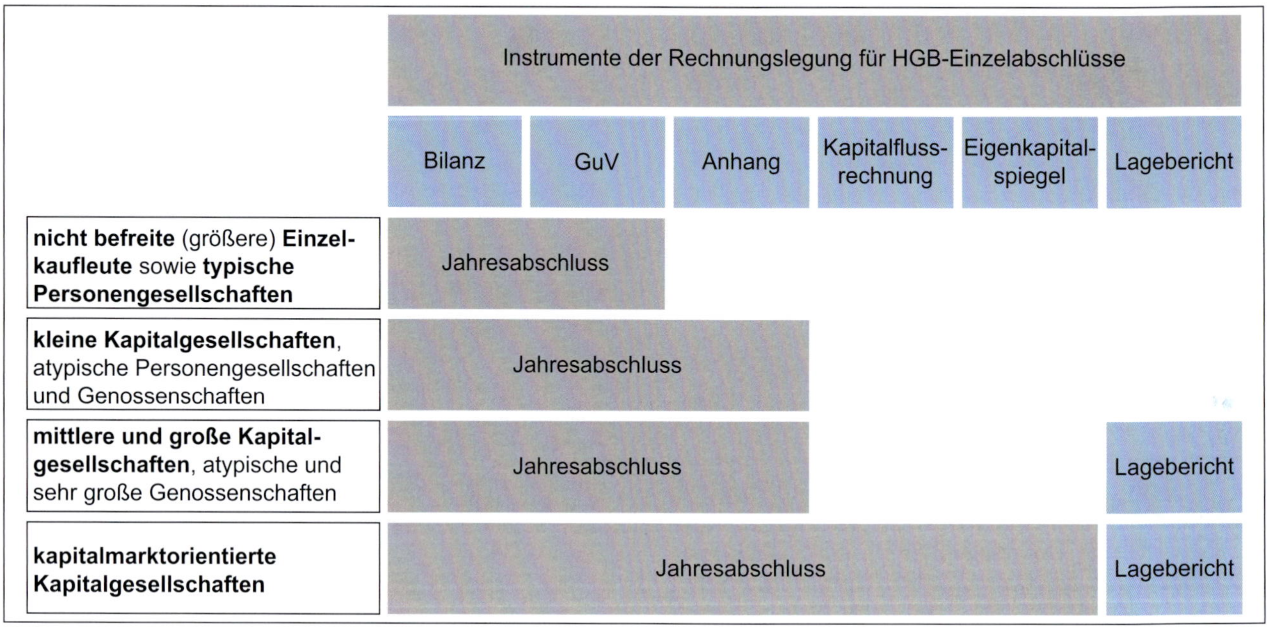

Abb. 1.5: Bestandteile für Einzelabschlüsse lt. HGB (Quelle: Federmann, 2010, S. 55)

Hinweis

Ähnlich diesem Prinzip können auch interne Quartals- und/oder Monatsabschlüsse erstellt werden, die den gängigen Rechnungslegungsnormen folgen. Diese Zwischenabschlüsse sind aber entweder freiwilliger Natur oder werden von externen Dritten (z. B. Eigen- und Fremdkapitalgebern) gefordert; sie sind aber nicht gesetzlich vorgeschrieben.

Die Abb. 1.5 zeigt, welche Bestandteile zu einem Jahresabschluss (Einzelabschluss) in Abhängigkeit von der Rechtsform, der Unternehmensgröße und der Kapitalmarktorientierung gehören.

Bilanz

Die Bilanz ist eine stichtagsbezogene Gegenüberstellung, in der Bestandswerte des Vermögens (Aktiva) einerseits und des Kapitals (Passiva) andererseits aufgelistet werden (vgl. Abb. 1.6). Dabei werden in Kontenform auf der Aktivseite die Vermögensformen (Anlage- und Umlaufvermögen), auf der Passivseite die Kapitalherkunft (Eigen- und Fremdkapital) zur Beschaffung des Vermögens gezeigt. Gliederungsvorschriften für die Bilanz finden sich in den ergänzenden Vorschriften für Kapitalgesellschaften (§§ 265, 266 HGB).

GuV

Die GuV ergänzt die Bilanz, indem sie Aufwendungen und Erträge zeitraumbezogen gegenüberstellt und als Differenz den Jahreserfolg (Gewinn oder Verlust) eines Unternehmens ausweist. Aufgebaut ist die GuV nach der sog. Staffelform, d. h., die Erträge und Aufwendungen sind summarisch untereinander aufgelistet. Die Auflistung darf nach dem Gesamtkostenverfahren (§ 275 Abs. 2 HGB; vgl. Abb. 1.7) oder dem Umsatzkostenverfahren (§ 275 Abs. 3 HGB) erstellt werden. Aufgrund der für Bauunternehmen typischen langfristigen Einzelfertigung und den daraus resultierenden starken Schwankungen der Umsatzerlöse kommt für Bauunternehmen üblicherweise nur das Gesamtkostenverfahren infrage.

Bilanz

Aktiva

A. Anlagevermögen
   I. Immaterielle Vermögensgegenstände
   II. Sachanlagen
   III. Finanzanlagen

B. Umlaufvermögen
   I. Vorräte
   II. Forderungen und sonstige Vermögensgegenstände
   III. Wertpapiere
   IV. Kassenbestand, Bundesbankguthaben, Guthaben bei Kreditinstituten und Schecks

C. Rechnungsabgrenzungsposten

D. Latente Steuern

E. Aktiver Unterschiedsbetrag aus der Vermögensverrechnung

Passiva

A. Eigenkapital
   I. Gezeichnetes Kapital
   II. Kapitalrücklagen
   III. Gewinnrücklagen
   IV. Gewinnvortrag/Verlustvortrag
   V. Jahresüberschuss/Jahresfehlbetrag

B. Rückstellungen

C. Verbindlichkeiten

D. Rechnungsabgrenzungsposten

E. Latente Steuern

Abb. 1.6: Bilanzgliederung gemäß § 266 Abs. 1 Satz 3 HGB

Gewinn- und Verlustrechnung

1. Umsatzerlöse
2. Erhöhung oder Verminderung des Bestands an fertigen und unfertigen Erzeugnissen
3. Andere aktivierte Eigenleistungen
4. Sonstige betriebliche Erträge
5. Materialaufwand
   - Aufwendungen für Roh-, Hilfs- und Betriebsstoffe
   - Aufwendungen für bezogene Leistungen
6. Personalaufwand
   - Löhne und Gehälter
   - soziale Abgaben und Aufwendungen für Altersversorgung und für Unterstützung, davon für Altersversorgung
7. Abschreibungen
   - auf immaterielle Vermögensgegenstände des Anlagevermögens und Sachlagen
   - auf Vermögensgegenstände des Umlaufvermögens, soweit diese die in der Kapitalgesellschaft üblichen Abschreibungen überschreiten
8. Sonstiger betrieblicher Aufwand
9. Erträge aus Beteiligungen, davon aus verbundenen Unternehmen
10. Erträge aus Wertpapieren und Ausleihungen des Finanzanlagevermögens, davon aus verbundenen Unternehmen
11. Sonstige Zinsen und ähnliche Erträge, davon aus verbundenen Unternehmen
12. Abschreibungen auf Finanzanlagen und auf Wertpapiere des Umlaufvermögens
13. Zinsen und ähnliche Aufwendungen, davon an verbundene Unternehmen
14. Steuern vom Einkommen und Ertrag
15. Ergebnis nach Steuern
16. Sonstige Steuern
17. Jahresüberschuss/Jahresfehlbetrag

Abb. 1.7: GuV-Gliederung nach dem Gesamtkostenverfahren gemäß § 275 Abs. 2 HGB

betriebswirtschaftliche Auswertung (BWA)
Umsatzerlöse
Bestandsveränderungen unfertige Baustellen
Bestandsveränderungen Vorräte
Gesamtleistung
sonstige betriebliche Erträge
bereinigter Erlös
Materialaufwand
• Aufwendungen für Roh-, Hilfs- und Betriebsstoffe • Aufwendungen für bezogene Leistungen
Rohergebnis
Personalaufwand
• Löhne und Gehälter • soziale Abgaben und Aufwendungen Abschreibungen sonstiger betrieblicher Aufwand
Aufwendungen gesamt
Betriebsergebnis
Erträge aus Beteiligungen sonstige Zinsen und ähnliche Erträge Zinsen und ähnliche Aufwendungen
Ergebnis der gewöhnlichen Geschäftstätigkeit
außerordentliche Aufwendungen außerordentliche Erträge
außerordentliches Ergebnis
Steuern
Jahresüberschuss/Jahresfehlbetrag

Abb. 1.8: Gliederung einer betriebswirtschaftlichen Auswertung (BWA)

Hinweis

Entgegen bisher geltenden Gliederungsvorschriften beinhaltet der Aufbau der GuV gemäß Bilanzrichtlinien-Umsetzungsgesetz (BilRUG) keine eigenen GuV-Positionen mehr für außerordentliche Aufwendungen und Erträge. Auch sind die bislang gebräuchlichen Zwischensummen, z. B. Gesamtleistung, Rohergebnis und Betriebsergebnis, nicht mehr in der GuV-Gliederung enthalten.

Aus betriebswirtschaftlicher Sicht sollte man daher parallel zur GuV eine betriebswirtschaftliche Auswertung vornehmen, die – wie bisher üblich – auch außerordentliche von normalen Aufwendungen und Erträgen abgrenzt (vgl. Abb. 1.8). Im BKR 2016 sind hierfür entsprechende Konten vorgesehen. Insofern wird in den weiteren Ausführungen der „KLR Bau" weiterhin zwischen betriebsbedingten und betriebsfremden, periodenrichtigen und periodenfremden sowie zwischen normalen und außerordentlichen Aufwendungen und Erträgen unterschieden.

Anhang

Der Anhang hat die Aufgabe, Informationen (§§ 284, 285 HGB) zu vermitteln, die der externe Adressat allein aus Bilanz und GuV nicht entnehmen kann. Während bei Einzelkaufleuten und typischen Personengesellschaften der Jahresabschluss lediglich aus Bilanz und GuV bestehen muss und der Anhang demnach nur freiwillig erstellt wird, müssen Kapitalgesellschaften oder atypische Personengesellschaften (GmbH & Co. KG) nach dem Handelsrecht (§ 264 Abs. 1 HGB) zusätzlich einen Anhang erstellen.

Lagebericht

Der Lagebericht ergänzt den Jahresabschluss durch zusätzliche Informationen zum Verlauf des Berichtsjahrs und zu den künftigen Aussichten des Unternehmens. Er soll insbesondere die derzeitige und zukünftige Situation des Unternehmens hinsichtlich der Chancen und Risiken darstellen und ein den „tatsächlichen Verhältnissen entsprechendes Bild" vermitteln (§ 289 HGB).

Kapitalflussrechnung

Die Kapitalflussrechnung (Darstellung des Zahlungsstroms) und der **Eigenkapitalspiegel** (Darstellung der Entwicklung des Eigenkapitals) sind von kapitalmarktorientierten Gesellschaften zu erstellen, wenn sie keinen Konzernabschluss aufstellen müssen (§ 264 Abs. 1 Satz 2 HGB).

Hinweis

> Neben den nationalen Rechnungslegungsvorschriften gewinnen im Zuge der Globalisierung einheitliche internationale Rechnungslegungsstandards immer stärker an Bedeutung. Mit der EU-Verordnung des Jahrs 2002 wurde EU-weit die Verpflichtung für kapitalmarktorientierte Gesellschaften eingeführt, einen Konzernabschluss nach den International Financial Reporting Standards (IFRS) aufzustellen. Auf weiterführende Besonderheiten wird in der „KLR Bau" nicht weiter eingegangen.

Die vorstehenden Ausführungen zur Unternehmensrechnung sind nur grundlegender Natur, um den Gesamtzusammenhang des baubetrieblichen Rechnungswesens darzustellen. Im Folgenden konzentriert sich die „KLR Bau" auf das interne Rechnungswesen. Grundsätzlich sei darauf hingewiesen, dass beide Teilsysteme nicht isoliert voneinander gesehen werden dürfen, sondern untereinander abgestimmt werden müssen.

1.5 Kosten-, Leistungs- und Ergebnisrechnung

Die vorstehenden Ausführungen zum externen Rechnungswesen haben gezeigt, dass dabei immer das Gesamtunternehmen betrachtet wird. Um den Gesamterfolg eines Unternehmens darzustellen, liefert das externe Rechnungswesen ausschließlich standardisierte, gesetzlich reglementierte Informationen. Was das externe Rechnungswesen nicht zeigt, sind Informationen über den Teilerfolg einzelner Geschäftseinheiten, wie z. B. Spartenergebnisse oder gar einzelne Baustellen-/Bauprojektergebnisse. Hier setzt die Kosten-, Leistungs- und Ergebnisrechnung an. Sie hat die Aufgabe, unternehmensinterne Adressaten (Geschäftsführung, technische und kaufmännische Leitung, Sparten-/Bereichsleiter, Bau-/Projektleiter usw.) über die wirtschaftliche Lage des Bauunternehmens, seiner Teilbereiche und seiner Bauprojekte zu informieren.

1.5.1 Bereiche der Kosten-, Leistungs- und Ergebnisrechnung

Die baubetriebliche Kosten-, Leistungs- und Ergebnisrechnung dient der mengen- und wertmäßigen Erfassung und Darstellung der betriebszweckbezogenen Tätigkeiten eines Bauunternehmens und gliedert sich in die Bereiche: Bauauftrags- und Baubetriebsrechnung.

1.5.1.1 Bauauftragsrechnung

Unter dem Begriff Bauauftragsrechnung (Kalkulation) werden alle Tätigkeiten zusammengefasst, die darauf abzielen, die Kosten, die für eine Realisierung eines Bauprojekts notwendig sind, systematisch, unternehmensindividuell und bauprojektspezifisch zu berechnen und darauf aufbauend die Preise für die angebotene bzw. beauftragte Bauleistung zu ermitteln. Die Bauauftragsrechnung als Führungsinstrument beschäftigt sich mit der Ermittlung von Kosten (in Form von Herstell- und Selbstkosten) und Preisen (in Form von Einheits- und Gesamtpreisen) von Baumaßnahmen.

1.5.1.2 Baubetriebsrechnung

Unter dem Begriff Baubetriebsrechnung (Betriebsbuchhaltung) werden alle Tätigkeiten zusammengefasst, die darauf abzielen, die mit der Bauproduktion erzielten (Baustellen- oder Betriebs-)Ergebnisse zu ermitteln. Die Baubetriebsrechnung ist das Führungsinstrument, das – nach Abgrenzung aller nicht produktionsbedingten Aufwendungen und Erträge – aus der Finanzbuchhaltung diejenigen betriebszweckbezogenen Aufwendungen bzw. Erträge weiterverarbeitet, die entweder Kosten oder Leistungen darstellen. Gleichzeitig ergänzt sie diese aus der Finanzbuchhaltung übernommenen Beträge durch weitere Kosten und Leistungen, die für die Erfassung und Darstellung der Produktionstätigkeit eines Bauunternehmens zwingend erforderlich sind, wie kalkulatorische Kosten und/oder innerbetrieblich verrechnete Leistungen. Schematisch lassen sich die Bereiche der baubetrieblichen Kosten-, Leistungs- und Ergebnisrechnung wie in Abb. 1.9 darstellen.

Hinweis

> In der betrieblichen Praxis existieren unterschiedliche Modelle für die jeweiligen Fortschreibungen der Vertrags-, Arbeits- und Prognosekalkulationen.

Die beiden Säulen der baubetrieblichen Kosten-, Leistungs- und Ergebnisrechnung werden in den Kapiteln 2 und 3 ausführlich dargestellt.

Eine Verbindung zwischen Bauauftrags- und Baubetriebsrechnung stellt die Mengenermittlung dar. Sie liefert zum einen Soll-Mengen für die Kalkulation von Bauprojekten (dies insbesondere zur Überprüfung auftraggeberseitig vorgegebener LV-Mengen), zum anderen Ist-Mengen für die Leistungsrechnung (dies sowohl im Zuge der Bauabrechnung gegenüber dem Auftraggeber als auch zu Zwecken der Leistungsbewertung). Die Mengenermittlung kann auf Plan-Daten (Übernahme von CAD-Daten oder auch aus Bauwerks-Modellen) oder auf Ist-Daten basieren. Bei der Mengenermittlung basierend auf Ist-Daten kommen neben konventionellen auch digitale Aufmaßmethoden (z. B. 3-D-Laserscanning) zum Einsatz.

Für die baubetriebliche Kosten-, Leistungs- und Ergebnisrechnung relevante Aspekte der Mengenermittlung werden einerseits im Zuge der Bauauftragsrechnung in Kapitel 2.4.3 und andererseits im Zuge der Baubetriebsrechnung in Kapitel 3.2.4.1 beleuchtet.

1.5.2 Systeme der Kosten-, Leistungs- und Ergebnisrechnung

Bei der Kosten-, Leistungs- und Ergebnisrechnung können Systeme der Vollkostenrechnung und der Teilkostenrechnung unterschieden werden . Der wesentliche Unterschied besteht im Zurechnungsumfang der Kosten auf die Kostenträger.

Grundsätzlich entsprechen die in den Bauunternehmen üblichen Verfahren der Bauauftrags- und Baubetriebsrechnung dem System der Vollkostenrechnung. Im Bereich der Planungsrechnung und des Controllings spielt aber auch die Teilkostenrechnung eine wesentliche Rolle.

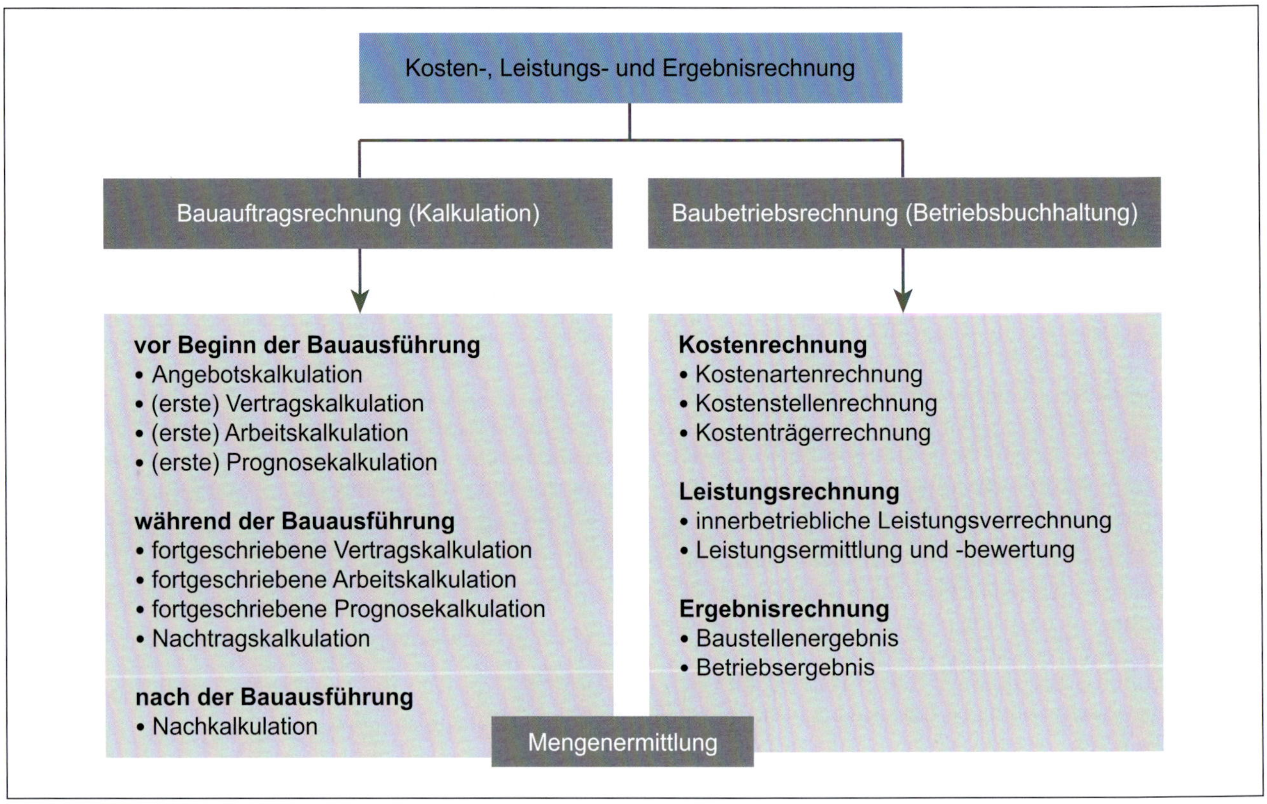

Abb. 1.9: Bereiche der baubetrieblichen Kosten-, Leistungs- und Ergebnisrechnung

1.5.2.1 Vollkostenrechnung

Bei Systemen der Vollkostenrechnung werden sämtliche Kosten der Leistungserstellung den einzelnen Kostenträgern zugerechnet. Dabei sind grundsätzlich 2 Schritte zu unterscheiden, und zwar

- die Zurechnung der Kosten, die dem Kostenverursachungsprinzip entsprechend den Kostenträgern direkt zuzuordnen sind (Einzelkosten) und
- die Zurechnung der Kosten, die nur mithilfe von Umlagen bzw. Verrechnungssätzen dem Kostenträger indirekt belastet werden (Gemeinkosten).

1.5.2.2 Teilkostenrechnung

Bei den Systemen der Teilkostenrechnung werden den Kostenträgern lediglich die durch die Leistungserstellung verursachten (leistungsabhängigen) Kosten zugerechnet, während die auftragsunabhängigen Kosten der Betriebsbereitschaft (leistungsunabhängige Kosten) gesondert erfasst werden.

Die Teilkostenrechnung kennt verschiedene Verfahren, von denen als Beispiel die Deckungsbeitragsrechnung genannt sei. Deren Grundidee wird nachstehend für den Bereich der Bauauftragsrechnung anhand einer Gegenüberstellung mit der Vollkostenrechnung erläutert.

Da die Ausführungen der „KLR Bau" jedoch auf das System der Vollkostenrechnung ausgerichtet sind, wird die Deckungsbeitragsrechnung als Beispiel für die Teilkostenrechnung nur angerissen.

Deckungsbeitragsrechnung versus Vollkostenrechnung

Im System der **Vollkostenrechnung** werden einem Bauprojekt bei der Bauauftragsrechnung zunächst alle Kosten zugerechnet, die direkt durch die Erstellung der Bauleistung verursacht werden.

Anschließend werden mittels Zuschlagssätzen dem Bauprojekt anteilige AGK und der gewählte Gewinnzuschlag zugerechnet. Schematisch stellt sich dies vereinfacht zunächst wie folgt dar (Einzelheiten hierzu vgl. Kapitel 2):

  Herstellkosten
+ %-Zuschlag für AGK
= Selbstkosten des Bauprojekts
+ %-Zuschlag für Gewinn
= Angebotssumme (netto)

In Kapitel 2.4.2 Preisbestandteile wird auf den Begriff Gewinn in Abgrenzung zur in der Bauwirtschaft bisher üblichen Begriffsverwendung **Wagnis und Gewinn** noch ausführlich eingegangen.

Die Grundfrage der **Deckungsbeitragsrechnung** hingegen lautet: „Wie viel trägt das einzelne Bauprojekt dazu bei, die Allgemeinen Geschäftskosten zu decken und darüber hinaus einen Anteil des zu erwartenden Gewinns eines Unternehmens abzudecken?" Schematisch lässt sich dies vereinfacht wie folgt darstellen:

  Angebotssumme (netto)
– Herstellkosten
= Deckungsbeitrag

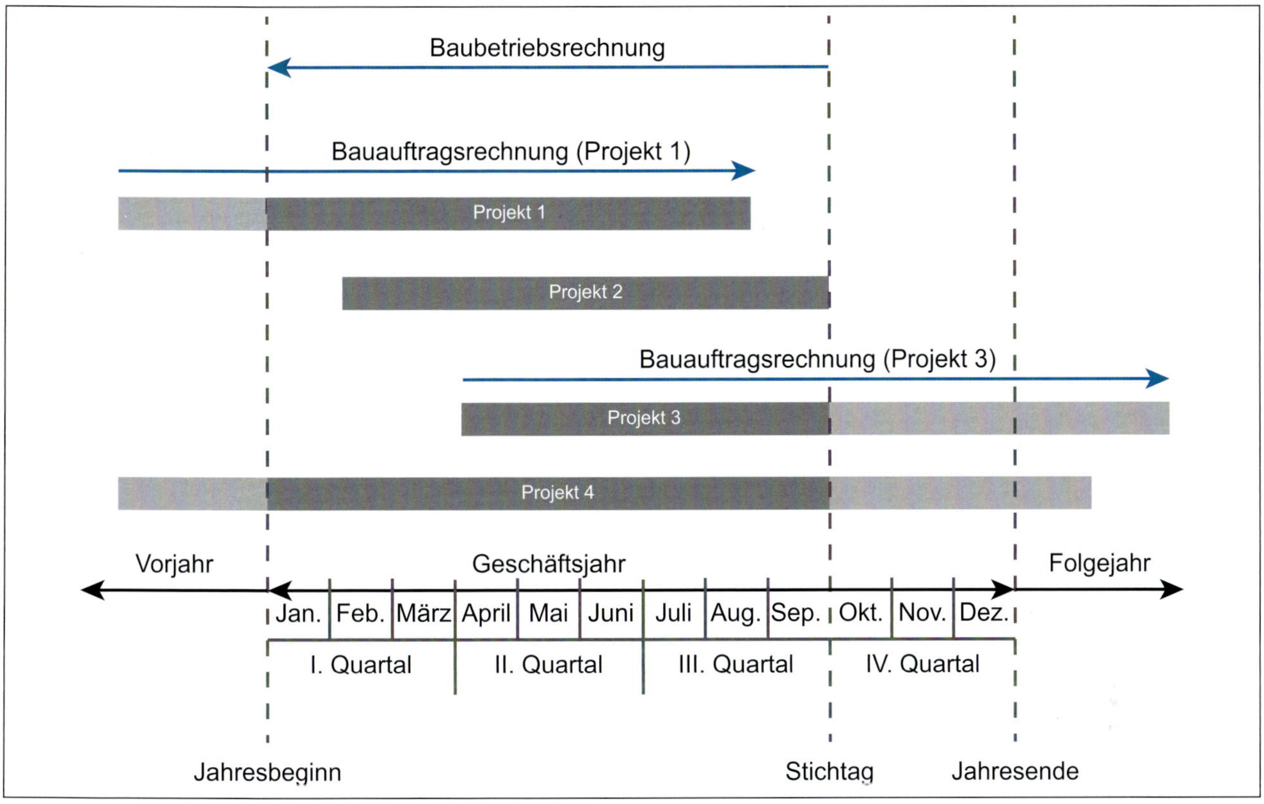

Abb. 1.10: Zukunftsgerichtete Sichtweise der Bauauftragsrechnung versus vergangenheitsgerichtete Sichtweise der Baubetriebsrechnung

Im System der Deckungsbeitragsrechnung bedeutet dies, dass in der Bauauftragsrechnung die „Soll-Deckungsbeiträge" für einzelne Bauprojekte zu bestimmen sind. Diese Soll-Deckungsbeiträge sind, der Marktlage angepasst, zu maximieren.

Es gibt Grenzen und Gefahren bei der Anwendung der Deckungsbeitragsrechnung zur Bestimmung der Angebotspreise: Wenn man – wie es in der Praxis häufig geschieht – Preispolitik betreibt, indem man mit variablen Zuschlagssätzen für AGK und Gewinn kalkuliert, dann denkt man grundsätzlich im System der Deckungsbeitragsrechnung. Dies ändert aber nichts daran, dass für jeden Auftrag zunächst die vollen Herstell- und Selbstkosten ermittelt werden müssen. Erst dann kann das Unternehmen preispolitische Entscheidungen treffen. Es muss dabei aber berücksichtigen, welche Konsequenzen ein Preisangebot unterhalb der Vollkostendeckung (Selbstkosten) hat.

Um einen Gewinn zu erzielen, müssen während eines Jahrs Bauaufträge zu solchen Preisen akquiriert werden, die – über alle Projekte gesehen – die Gesamtkosten des Unternehmens decken, besser gar überdecken. Die Bauauftragsrechnung muss sich daher grundsätzlich am Prinzip der Vollkostendeckung orientieren. Eine an der kosten- oder liquiditätsorientierten Untergrenze ausgerichtete Preispolitik kann in der Bauwirtschaft nur für solche Bauprojekte betrieben werden, die zur Ausfüllung einer temporären Beschäftigungslücke dienen. Dies gilt aber auch nur dann, wenn die Allgemeinen Geschäftskosten durch andere Bauaufträge gedeckt werden.

Vor diesem Hintergrund ist die Vollkostenrechnung die Grundform der Bauauftragsrechnung. Deckungsbeitragsaspekte haben ihre Bedeutung vor allem für zusätzliche kalkulationspolitische Ermittlungen und für Auswertungen und Analysen im Zuge der Baubetriebsrechnung.

1.5.3 Unterschiedliche Sichtweisen von Bauauftrags- und Baubetriebsrechnung

Eine besondere Herausforderung der baubetrieblichen Kosten-, Leistungs- und Ergebnisrechnung ergibt sich aus den unterschiedlichen Sichtweisen der Bauauftragsrechnung einerseits und der Baubetriebsrechnung andererseits. Während die Baubetriebsrechnung vergangenheitsgerichtet von einem Stichtag ausgehend auf den Zeitraum einer Rechnungslegungsperiode (Jahr, Quartal, Monat) oder bei der Betrachtung eines einzelnen Bauprojekts auch bis auf den Projektbeginn zurückblickt, schaut die Bauauftragsrechnung (mit Ausnahme der Nachkalkulation) zukunftsgerichtet immer vom Projektbeginn bzw. vom Stichtag ausgehend auf das Bauprojektende voraus (vgl. Abb. 1.10).

1.5.4 Notwendiges Zusammenspiel von Betriebswirtschaft und Technik

Um stichtagsbezogene Informationen liefern zu können, muss die Kosten-, Leistungs- und Ergebnisrechnung Daten von Bauprojekten verarbeiten, die zum Stichtag (Jahres-, Quartals- oder Monatsende) entweder bereits fertiggestellt, aber nicht unbedingt schlussgerechnet sind, oder sich zum Stichtag noch in der Bauausführung befinden. Dies stellt enorme Anforderungen an die zum Stichtag richtige, d. h. verursachungsgerechte Kostenermittlung und -bewertung einerseits und die produktionsgerechte Leistungsermittlung und -bewertung andererseits. Hinzu kommt, dass Kosten und Leistung periodengerecht zu einem Zeitpunkt (Monats-, Quartals-, Jahresabschluss) zu ermitteln sind, in denen das Bauprojekt nicht nur nicht fertiggestellt ist, sondern sich mehrtägige Prozesse – wie z. B. Schalarbeiten – mitten in der Ausführung befinden können.

Ein weiteres Problem der verursachungsgerechten Kostenermittlung besteht darin, dass die in der Baubetriebsrechnung gesammelten Kosten aufgrund verzögerter Buchungsprozesse oftmals nicht mit den durch den Produktionsprozess verbrauchten Ressourcen übereinstimmen: Eingangsrechnungen von Lieferanten und Nachunternehmern werden z. B. erst zum Zeitpunkt des Rechnungseingangs und nicht automatisch zum Zeitpunkt des Ressourcenverbrauchs und damit der Kostenentstehung verbucht. Hier sind Korrekturen notwendig, die die Buchhaltung aber nur dann umsetzen kann, wenn sie die hierfür notwendigen Informationen von der Projektleitung (im Zusammenspiel mit einem ggf. für die Baustellen zuständigen Baukaufmann) erhält.

Ebenso kann das Rechnungswesen auch nicht alleine die Leistung einer unfertigen Baustelle ermitteln. Damit überhaupt produktionsgerechte Leistungswerte in der Betriebsbuchhaltung verbucht werden können, muss die Projektleitung diese Werte ermitteln und an das Rechnungswesen melden.

Hinweis

> Damit im Rechnungswesen ein Stichtagsergebnis ermittelt werden kann, werden Informationen von der Projektleitung zur Kostenabgrenzung und zur Leistungsbewertung benötigt – idealerweise anhand einer „Leistungsmeldung" (vgl. Kapitel 3.2.4). Daher erfordert eine aussagefähige Baubetriebsrechnung eine enge Zusammenarbeit von Kaufleuten (im Rechnungswesen) und Ingenieuren/Technikern/Kaufleuten (im Projektgeschäft).

1.5.5 Baukontenrahmen

Ein Kontenrahmen ist ein überbetriebliches Organisationsschema für das Rechnungswesen eines Wirtschaftszweigs. Es gibt daher für die einzelnen Branchen unterschiedliche Kontenrahmen. Für die Baubranche empfiehlt sich die Anwendung des Baukontenrahmens (BKR) in der aktuellen Fassung (derzeit BKR 2016). Dieser berücksichtigt die Anforderungen des Bilanzrechtsmodernisierungsgesetzes (BilMoG), die Erfordernisse des BilRUG sowie die steuerrechtlichen Anforderungen der E-Bilanz (Taxonomie). Aus dem BKR 2016 können Bauunternehmen entsprechend ihren speziellen Bedürfnissen einen eigenen Kontenplan ableiten.

Hinweis

> Ergänzend sei darauf hingewiesen, dass eine baubetriebliche Kosten-, Leistungs- und Ergebnisrechnung nicht nur auf dem BKR, sondern alternativ auch auf anderen Kontenrahmen aufgebaut werden kann, z. B. auf dem von der DATEV eG herausgegebenen „SKR 04 – Branchenpaket Bau und Handwerk". Allerdings liegt der Vorteil des BKR darin, dass die in der Baubetriebsrechnung übernommenen/erfassten Kosten einheitlich und vergleichbar sind mit den in der Bauauftragsrechnung kalkulierten Kosten. Im BKR sind deshalb die Kontengruppen 60 bis 68 der Kontenklasse 6 nach den Kostenartengruppen der Bauauftragsrechnung (Kalkulation) gegliedert.

1.5.5.1 Kontenschema des Baukontenrahmens

Der BKR 2016 ist unterteilt in Kontenklassen (0 bis 9), Kontengruppen (00 bis max. 99), Kontenarten (000 bis max. 999) und Konten (000000 bis max. 999999). Man spricht von einer Kontenklassengliederung nach dem **Zweikreissystem**, d. h. die Kontenklassen 0 bis 8 bilden den Rechnungskreis des externen Rechnungswesens (wobei die Kontenklassen 5, 6 und 7 auch im internen Rechnungswesen Anwendung finden), während in der Kontenklasse 9 ein gesonderter Rechnungskreis nur für Zwecke des internen Rechnungswesens zur Verfügung steht.

Der Vorteil des Zweikreissystems liegt in der organisatorischen Trennung der beiden Teilbereiche des Rechnungswesens, die eine zweckbezogene Zuordnung der Kontenklassen ermöglicht.

Die Kontenklassengliederung des externen Rechnungswesens folgt im Rechnungskreis I (Kontenklasse 0 bis 8) dem Abschlussgliederungsprinzip: Die Konten für die Aktiv- und Passivseite der Bilanz (Bestandskonten) entsprechen in ihrer Benennung, ihrem Inhalt und ihrer Abfolge der durch das HGB vorgegebenen Bilanzgliederung (gemäß § 266 HGB). Und die Konten für die Aufwendungen und Erträge (Erfolgskonten) entsprechen inhaltlich der HGB-Gliederung für die Gewinn- und Verlustrechnung (GuV) (entsprechend § 275 HGB). In ihrer Abfolge orientieren sich die Aufwandskonten an bauspezifischen Besonderheiten. Durch die Anlehnung an die handelsrechtlichen Gliederungsvorschriften soll sichergestellt werden, dass die Buchführung ohne wesentliche Umbuchungen jederzeit eine durchgehende Erstellung von Bilanzen sowie GuV methodisch unterstützt. Der BKR erleichtert somit die Erstellung des Jahresabschlusses.

Gleichzeitig verfolgt der BKR das Ziel, die Erfordernisse der baubetrieblichen Kosten-, Leistungs- und Ergebnisrechnung abzudecken. Für die Baubetriebsrechnung richtet sich die Ausgestaltung der Kontenklasse 9 (Rechnungskreis II) in der Regel nach dem Prozessgliederungsprinzip, d. h. sie orientiert sich an den Stufen der betrieblichen Leistungserstellung (Beschaffung, Produktion usw.).

Die Überleitung von einem Rechnungskreis auf einen anderen kann entweder in einer statistisch-tabellarischen oder einer kontenmäßigen (buchhalterischen) Abgrenzungsrechnung in der Kontenklasse 9 erfolgen.

Für den Aufbau des BKR 2016 ergibt sich unten stehendes Schema (vgl. Tabelle 1.4).

Tabelle 1.4: Grundkonzeption des BKR

Kontenklasse	Inhalt	Gruppierungsbereiche	
	Rechnungskreis I (Finanzbuchhaltung)		
0	Sachanlagen und immaterielle Anlagewerte	Aktivkonten	Bestandskonten (Bilanz)
1	Finanzanlagen und Geldkonten		
2	Vorräte, Forderungen und aktive Rechnungsabgrenzungsposten		
3	Eigenkapital	Passivkonten	
4	Rückstellungen, Verbindlichkeiten und passive Rechnungsabgrenzungsposten		
5	Erträge	Ertragskonten	Erfolgskonten (GuV)
6	betriebliche Aufwendungen	Aufwandskonten	
7	sonstige Aufwendungen		
8	Eröffnung und Abschluss	Abschlusskonten	
	Rechnungskreis II (Baubetriebsrechnung)		
9	Baubetriebsrechnung einschließlich Abgrenzungsrechnung	Baubetriebsrechnung	

Bestandskonten, Erfolgskonten sowie Konten, die der Abgrenzung, Abstimmung und Zusammenfassung innerhalb des Rechnungswesens dienen, werden konsequent getrennt. Es gilt:

In den Kontenklassen 0 bis 4 werden die Vermögenswerte und Schuldenwerte nach der Bilanzgliederung ausgewiesen.

In der Kontenklasse 5 werden die in die Leistungsrechnung eingehenden betrieblichen Erträge (bzw. Leistungen) sowie die in das neutrale Ergebnis eingehenden sonstigen Erträge erfasst.

Die Kontenklasse 6 dient der Erfassung der betrieblichen Aufwendungen sowie der Abgrenzung von Aufwand und Kosten. Sie stellt damit auch die Klasse der Kostenartengruppen dar.

Die Kontenklasse 7 dient dem Ausweis der sonstigen Aufwendungen. Sie ist das Gegenstück zu den in der Kontenklasse 5 erfassten sonstigen Erträgen und geht in gleicher Weise in das neutrale Ergebnis ein.

In der Kontenklasse 8 werden das betriebliche, das neutrale sowie das Gesamtergebnis (Unternehmenserfolg) ausgewiesen.

Die Kontenklasse 9 enthält primär die Konten der Kosten-, Leistungs- und Ergebnisrechnung, insbesondere die der Kostenstellen- und Kostenträgerrechnung.

Die Abb. 1.11 zeigt die Untergliederung der Kontenklassen im BKR 2016 nach Kontengruppen.

1.5.5.2 Verbindung von Baukontenrahmen und Kosten-, Leistungs- und Ergebnisrechnung

Aufgabe der Finanzbuchhaltung ist es, Geschäftsvorfälle nach Vermögens- und Kapitalarten sowie nach Ertrags- und Aufwandsarten für eine Abrechnungsperiode zu erfassen. Eine so praktizierte Buchführung gewährleistet einen ordnungsgemäßen Nachweis (Dokumentationsfunktion des externen Rechnungswesens). Um jedoch eine wirkungsvolle Kostenkontrolle des Betriebsgeschehens zu gewährleisten und Erkenntnisse für zukünftige Kalkulationen zu gewinnen, ist es notwendig, auch eine Baubetriebsrechnung zu führen. Sie stellt den Kostenansätzen der Bauauftragsrechnung (Angebots-, Vertrags- und Arbeitskalkulation) die tatsächlich angefallenen Kosten einer Abrechnungsperiode in vergleichbarer Gliederung/Abgrenzung gegenüber.

Für die **Baubetriebsrechnung** steht im BKR die Kontenklasse 9 zur Verfügung. Ihre Ausgestaltung richtet sich in der Regel nach dem Prozessgliederungsprinzip; gleichwohl kann jedes einzelne Bauunternehmen die Kontenklasse 9 nach eigenem Ermessen gestalten. Zu beachten ist bei der Ausgestaltung der Kontenklasse 9 nach Kontengruppen, Kontenarten und Konten lediglich, dass Abgrenzungsrechnung, Kostenverrechnung nach Kostenstellen und Kostenträgern sowie Ergebnisausweis erfüllt werden.

Für die Kontenklasse 9 des BKR 2016 werden folgende Gliederungen der Kontengruppen 90 bis 99 vorgeschlagen (vgl. Tabelle 1.5).

Tabelle 1.5: Gliederung der Kontenklasse 9 im System des BKR

90	Übernahmekonto	Übernahmekreis
91	unternehmensbezogene Abgrenzungen	Abgrenzungsrechnung
92	betriebsbezogene Abgrenzungen	
93	Kosten- und Leistungsarten	Baubetriebsrechnung
94	Schlüsselkostenstellen	
95	Verwaltung	
96	Hilfsbetriebe und Verrechnungskostenstellen	
97	Baustellen	
98	Gemeinschaftsbaustellen (Bau-ARGEN)	
99	Ergebnisrechnung	

Kontenklasse 0	
00	ausstehende Einlagen (BilMoG – auslaufend – Aufwendungen für die Ingangsetzung und Erweiterung des Geschäftsbetriebs)
01	immaterielle Vermögensgegenstände
02–04	Grundstücke und grundstücksgleiche Rechte mit Geschäfts-, Fabrik- und anderen Bauten
	Grundstücke und grundstücksgleiche Rechte mit Wohnbauten, anderen Bauten, Bauten auf fremden Grundstücken
05–09	Baugeräte, Betriebsvorrichtungen
	technische Anlagen und stationäre Maschinen
	Betriebs- und Geschäftsausstattung
	sonstige Betriebs- und Geschäftsausstattung
	Anlagen im Bau und geleistete Anzahlungen

Kontenklasse 1	
13–16	Anteile, Beteiligungen und Ausleihungen an verbundene(n) Unternehmen, Ausleihungen an Unternehmen, mit denen ein Beteiligungsverhältnis besteht
	Wertpapiere des Anlagevermögens, Ausleihungen an Gesellschafter, sonstige Ausleihungen
	eigene Anteile, sonstige Wertpapiere
17	Kasse
18–19	Bank

Kontenklasse 2	
20	Roh-, Hilfs- und Betriebsstoffe
21–23	unfertige Bauleistungen, fertige Erzeugnisse und Waren, geleistete Anzahlungen auf Vorräte, aktivische Absetzung erhaltener Abschlagszahlungen
24–27	ausstehende Einlagen
	Forderungen aus Lieferungen und Leistungen einschließlich Wechselforderungen
	Forderungen gegenüber Arbeitsgemeinschaften
	Forderungen gegenüber der Belegschaft, Forderungen gegenüber den Sozialversicherungsträgern
	Forderungen gegenüber verbundenen Unternehmen, Beteiligungsgesellschaften, sonstige Vermögensgegenstände
28, 29	Ansprüche aus dem Besteuerungsverfahren, aktive Rechnungsabgrenzung/Steuerabgrenzung

Kontenklasse 3	
30–39	Kapital, gezeichnetes Kapital
	Privatentnahmen, Privateinlagen
	Kapitalrücklagen, Sonderposten mit Rücklageanteil, sonstige Kapitalkonten, Gesellschafter-Darlehen

Kontenklasse 4	
40	Rückstellungen für Pensionen und ähnliche Verpflichtungen, Steuerrückstellungen, Drohverlustrückstellungen, Gewährleistungsrückstellungen, sonstige Rückstellungen
41–48	Anleihen und Verbindlichkeiten gegenüber Kreditinstituten
	erhaltene Abschlagszahlungen, erhaltene Anzahlungen
	Verbindlichkeiten aus Lieferungen und Leistungen
	Wechselverbindlichkeiten
	Verbindlichkeiten gegenüber verbundenen Unternehmen und Beteiligungsgesellschaften
	Verbindlichkeiten gegenüber stillen Gesellschaftern
	sonstige Verbindlichkeiten
	Verbindlichkeiten gegenüber Arbeitsgemeinschaften
	Verbindlichkeiten gegenüber Gesellschaftern
	Verbindlichkeiten aus Steuern, Verbindlichkeiten im Rahmen der sozialen Sicherheit
	Verbindlichkeiten aus Umsatzsteuer
49	passive Rechnungsabgrenzung, Steuerabgrenzung

Kontenklasse 5	
50–54	Umsatzerlöse aus Bauleistungen
	Umsatzerlöse aus Regie- und Hilfsleistungen, Provisionen
	Erlösschmälerungen
	Bestandsveränderungen unfertige/fertige Bauten
	sonstige betriebliche Erlöse
55, 56	Erträge aus Beteiligungen und sonstigen Finanzanlagen
	sonstige Zinsen und ähnliche Erträge
57, 58	Erträge aus dem Abgang von Gegenständen des Umlaufvermögens und aus der Zuschreibung zu Gegenständen des Anlagevermögens, Erträge aus der Auflösung von steuerlichen Rücklagen
59	außergewöhnliche Erträge

Kontenklasse 6	
(60)*, 61	Lohn- und Gehaltskosten
	Fremdarbeitskosten
62	Kosten der Bau- und Fertigungsstoffe
63	Kosten für Fertigerzeugnisse
64	Kosten des Rüst-, Schal- und Verbaumaterials (RSV) einschließlich der Bauhilfsstoffe
	Kosten der Geräte und Betriebsstoffe
	Kosten der Geschäfts-, Betriebs- und Baustellenausstattung
65	Kosten der technischen Bearbeitung und Projektentwicklung
66	Kosten der Nachunternehmerleistung
67	Kosten der Immobilienbewirtschaftung
68	sonstige Kosten
69	Kosten der innerbetrieblichen Leistungsverrechnung

* optional bei Übernahme DATEV-Schema

Kontenklasse 7	
70–75	Einstellung in die Einzelwertberichtigung auf Forderungen
	Einstellung in die Pauschalwertberichtigung auf Forderungen
	Abschreibung auf Umlaufvermögen
	Sonderabschreibung
	Verlust aus Wertminderung/Abgang von Vorräten
	Forderungsverlust
	Restbuchwert aus Abgang von Gegenständen des Anlagevermögens (bei Buchverlust)
	Aufwendungen für Restrukturierung, Sanierung, außergewöhnliche Abschreibung
	außergewöhnliche Aufwendungen
76	Zinsen und ähnliche Aufwendungen
77–79	Steuern vom Einkommen und Ertrag, Abschreibungen, sonstige Betriebssteuern, sonstige betriebliche Aufwendungen

Kontenklasse 8 und 9	
80–89	Abgrenzung, Abschluss, Saldenvorträge
90	Übernahmekonto
91	Unternehmensbezogene Abgrenzungen
92	betriebsbezogene Abgrenzungen
93	Kosten- und Leistungsarten
94	Schlüsselkostenstellen
95	Verwaltung
96	Hilfsbetriebe und Verrechnungskostenstellen
97	Baustellen
98	Gemeinschaftsbaustellen (Bauarbeitsgemeinschaften)
99	Ergebnisrechnung

Abb. 1.11: Kontenklassen und -gruppen des BKR 2016

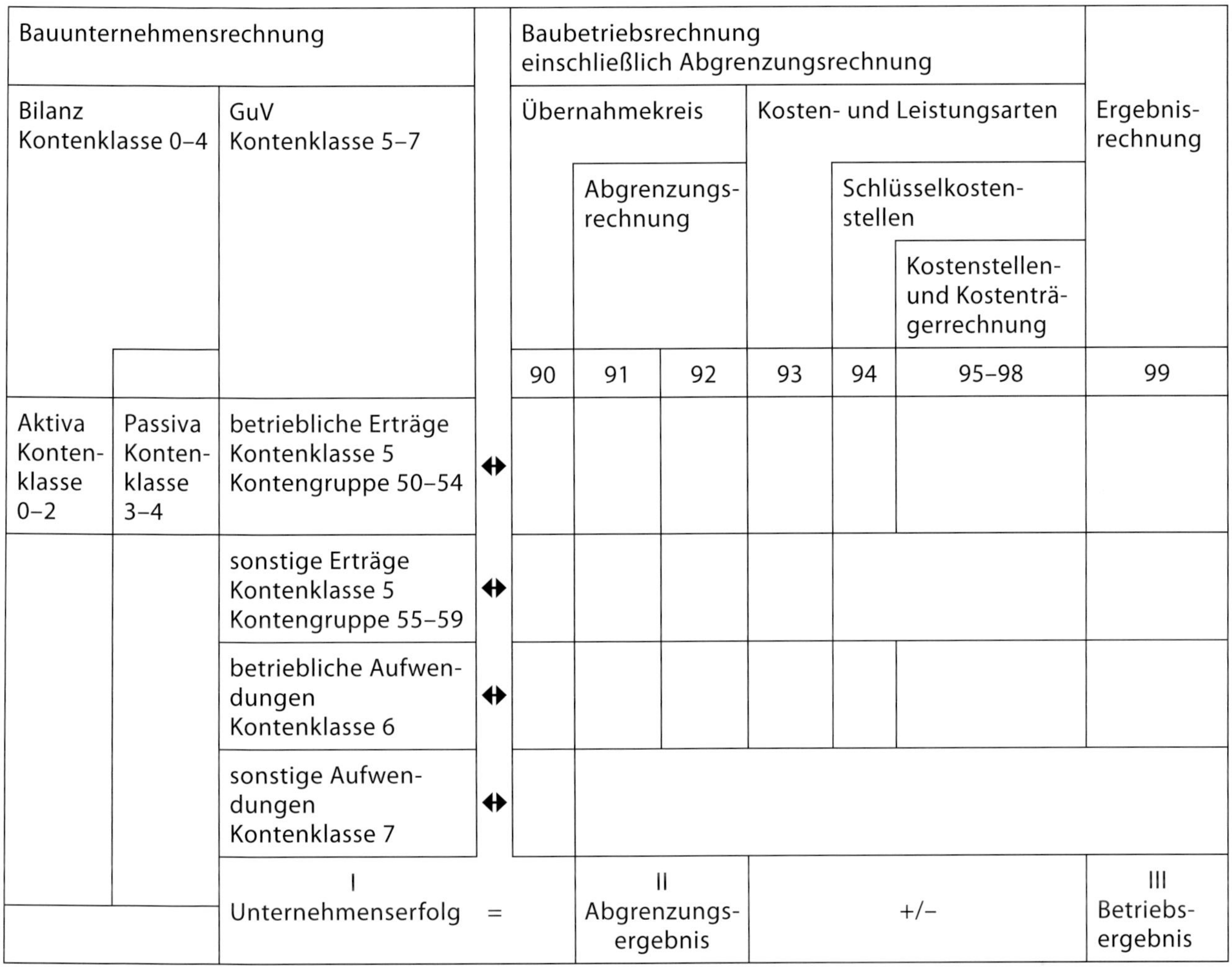

Abb. 1.12: Zusammenhang zwischen internem und externem Rechnungskreis (ohne Kontenklasse 8) (Quelle: Seeling, 1995, S. 47)

Hinweis

Die Konten in der Kontenklasse 9 haben den Charakter sog. Kontokorrentkonten, auf diesen Konten können also sowohl Entlastungen (Gutschriften) als auch Belastungen gebucht werden.

Soll die **Abgrenzungsrechnung** buchhalterisch erfolgen, so sind die Kontenklasse 5 (Erträge), 6 (betriebliche Aufwendungen/Kostenarten) und 7 (sonstige Aufwendungen) der Bauunternehmensrechnung in den Übernahmekreis der Baubetriebsrechnung einzubeziehen.

Den buchhalterischen Zusammenhang zwischen Bauunternehmens- und Baubetriebsrechnung (bzw. externem und internem Rechnungskreis) mit der dazu erforderlichen Abgrenzungsrechnung zeigt Abb. 1.12.

Im BKR ist die Kontenklasse 6 für die buchhalterische Abgrenzungsrechnung von zentraler Bedeutung, da sie im Grunde das Bindeglied zwischen Bauunternehmens- und Baubetriebsrechnung herstellt. Als betriebliche Aufwendungen bzw. Kostenarten werden in der Bauunternehmensrechnung nur solche Aufwendungen erfasst, die der Erfüllung des Betriebszwecks dienen und somit als Kosten in die Baubetriebsrechnung übernommen werden können.

Um eine Vergleichbarkeit der so in die Baubetriebsrechnung übernommenen Kosten mit den in der Bauauftragsrechnung kalkulierten Kosten zu gewährleisten, sind in der Kontenklasse 6 die Kontengruppen (60 bis 68) entsprechend den Kostenartengruppen der Bauauftragsrechnung gegliedert.

Hinweis

Grundsätzlich ist die Gliederung der Bauauftragsrechnung nach Kostenartengruppen immer von der Organisation der baubetrieblichen Kosten-, Leistungs- und Ergebnisrechnung abhängig, d. h. sie sollte immer sparten- bzw. unternehmensindividuell angepasst werden.

1.5.5.3 Kostenartengliederung im System des Baukontenrahmens

Entscheidend für ein reibungsloses Funktionieren der baubetrieblichen Kosten-, Leistungs- und Ergebnisrechnung ist in erster Linie eine in allen Teilbereichen gleichermaßen anwendbare Gliederung der Kostenartengruppen. Der BKR 2016 berücksichtigt hierfür folgendes Gliederungsschema und demnach 11 Kostenartengruppen (vgl. Tabelle 1.6).

Tabelle 1.6: Kostenartengruppen des BKR 2016

BKR		Kosten-, Leistungs- und Ergebnisrechnung Bau				
Konten-gruppe	Konten-art	Kostenartengruppe (Langbezeichnung)	Kostenartengruppe (Kurzbezeichnung)	M-GT	R-GT	Überschriften der Kalkulationsspalten und -zeilen
(60)*, 61		Lohn- und Gehaltskosten	Lohn- und Gehaltskosten	x	x	Lohn
		Fremdarbeitskosten	Fremdarbeitskosten			Fremdarbeit
62		Kosten der Bau- und Fertigungsstoffe	Materialkosten	x	x	Material
63		Kosten für Fertigerzeugnisse	Fertigerzeugnisse			Erzeugnisse
64	640	Kosten des Rüst-, Schal- und Verbaumaterials (RSV) einschließlich der Bauhilfsstoffe	Bauhilfsstoffe einschließlich RSV		x	Bauhilfsstoffe
	641–643	Kosten der Geräte und der Betriebsstoffe	Gerätekosten	x	x	Geräte
	644	Kosten der Geschäfts-, Betriebs- und Baustellenausstattung	Ausstattungskosten		x	Ausstattung
65		Kosten der technischen Bearbeitung und Projektentwicklung	Projektkosten			Projektkosten
66		Kosten der Nachunternehmerleistungen	Nachunternehmerleistungen	x	x	NU
67		Kosten der Immobilienbewirtschaftung	Immobilienbewirtschaftung			Immobilien
68		Sonstige Kosten	Sonstige Kosten	x	x	SoKo

* optional bei Übernahme DATEV-Schema M-GT Mindestgliederungstiefe R-GT Regelgliederungstiefe

Im BKR 2016 sind unter der Kostenartengruppe Lohn- und Gehaltskosten alle Konten für Lohn- und Gehaltsbestandteile für gewerbliche Mitarbeiter sowie technische und kaufmännische Angestellte geschlüsselt. Insofern werden die entsprechenden Lohn- und Gehaltskosten auch in der Baubetriebsrechnung in dieser Kostenartengruppe gebucht. In der Bauauftragsrechnung werden unter der entsprechenden Kostenartengruppe aber meist nur die Lohnkosten der gewerblichen Mitarbeiter kalkuliert. Daher wird für die Überschrift der Kalkulationsspalten und -zeilen die Bezeichnung Lohn gewählt. In der Folge werden Gehaltskostenbestandteile in der Kostenartengruppe Sonstige Kosten (SoKo) kalkuliert.

Diese unterschiedliche Berücksichtigung der Gehaltskostenbestandteile in Bauauftrags- und Baubetriebsrechnung ist notwendig, weil in der Kalkulation die Kostenartengruppen als Zuschlagsbasis für BGK, AGK und Gewinn dienen (vgl. Kapitel 2.4). Da die Gehaltskosten der Angestellten aber meist Bestandteil der BGK und AGK sind, dürfen sie nicht schon im Lohn enthalten sein.

Hinweis

Die im BKR 2016 aufgeführten Kostenartengruppen sind als Organisationsvorschlag zu verstehen. Dabei gilt folgender Grundsatz: In der Baubetriebsrechnung sollen die angefallenen Kosten unter der Kostenartengruppe gebucht werden, unter der sie in der Bauauftragsrechnung kalkuliert wurden bzw. die Kosten sind in der Bauauftragsrechnung unter der Kostenartengruppe zu kalkulieren, unter der sie später in der Baubetriebsrechnung gebucht werden. Jedes Bauunternehmen sollte die relevante Kostenartengliederung individuell festlegen.

Zu empfehlen ist aber, in der Bauauftrags- und Baubetriebsrechnung mindestens die 5 in der Spalte Mindestgliederung markierten Kostenartengruppen zu verwenden. Die in der Spalte Regelgliederung markierten 7 Kostenartengruppen stellen demnach eine optionale Erweiterung dar, ebenso wie die 4 darüber hinaus aufgelisteten weiteren Kostenartengruppen.

Die Abb. 1.13 verdeutlicht, wie die betrieblichen Kostenartengruppen des BKR (Kontenklasse 6) die Bauauftrags-, Baubetriebs- und Bauunternehmensrechnung miteinander verbinden.

Hinweis

Der BKR 2016 wird ab Ende 2016 über die Spitzenverbände der Bauwirtschaft und damit über die Herausgeber der „KLR Bau" zu beziehen sein. In ihm sind die o. g. Kontenklassen, Kontengruppen und Kontenarten weiter in Detailkonten untergliedert. So gliedert sich z. B. in der Kontenklasse 6 die Kontengruppe 64 und darin die Kontenart 642 in weitere Konten (Kontendefinitionen) u. a. für Diesel (642305) und Benzin (642310) auf (vgl. Abb. 1.4). Zur weiteren Erläuterung der vorgeschlagenen Konten sei auf den BKR 2016 verwiesen.

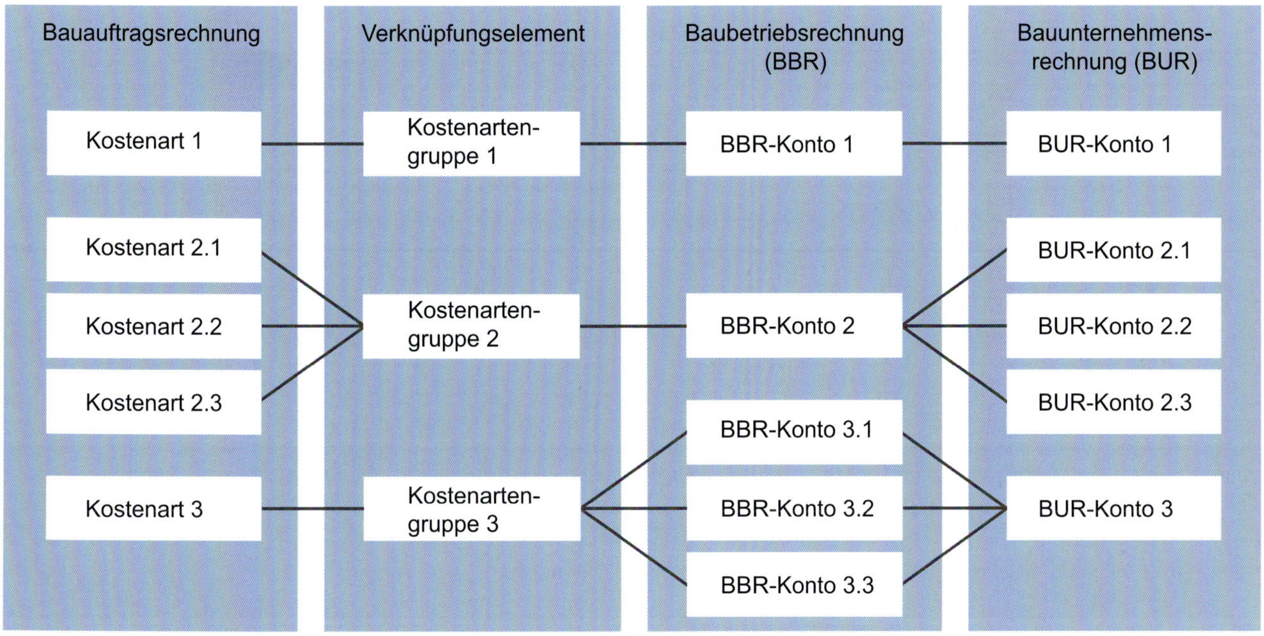

Abb. 1.13: Die Datenintegration des baubetrieblichen Rechnungswesens nach den Kostenartengruppen der Bauauftragsrechnung

1.5.5.4 Kontenmäßige Verbindung von Bauunternehmens- und Baubetriebsrechnung

Wird eine mit der Bauunternehmensrechnung verbundene Baubetriebsrechnung aufgebaut, sind im Hinblick auf ihre Erfassung 4 Gruppen von Geschäftsvorfällen zu unterscheiden:

- Geschäftsvorfälle, die sowohl die Unternehmensrechnung als auch die Baubetriebsrechnung betreffen (1),
- Geschäftsvorfälle, die nur die Unternehmensrechnung betreffen (2),
- Geschäftsvorfälle, die nur die Baubetriebsrechnung betreffen (3) und
- Geschäftsvorfälle, die in der Unternehmensrechnung anders bewertet werden als in der Baubetriebsrechnung (4).

In den Abb. 1.14 und Abb. 1.15 sind 7 Beispiele für derartige Geschäftsvorfälle mit den damit verbundenen Buchungen in der Bauunternehmensrechnung bzw. Baubetriebsrechnung schematisch dargestellt (Die Ziffern in Klammern beziehen sich dabei auf die oben genannten 4 Gruppen von Geschäftsvorfällen.), und zwar:

- Löhne und Gehälter für Baustellen abgerechnet 2.700,00 € = (1)
- Schlussrechnung an den Auftraggeber gestellt 1.700,00 € = (1)
- Dividenden-Ertrag aus Finanzanlagen auf Bankkonto eingegangen 1.350,00 € = (2)
- Spende gezahlt 100,00 € = (2)
- kalkulatorische Miete 250,00 € = (3)
- Bilanzielle Abschreibung 600,00 € = (4)
- kalkulatorische Abschreibung 500,00 € = (4)

Die Kontenklasse 9

Die in der Bauunternehmensrechnung angefallenen Aufwendungen und Erträge sind in die Baubetriebsrechnung zu übernehmen; deshalb wird die Kontengruppe 90 auch als Übernahmekonto bezeichnet. Das Übernahmekonto bildet das Spiegelbild des Gewinn- und Verlustkontos der Bauunternehmensrechnung, da alle Aufwendungen und Erträge der Bauunternehmensrechnung buchungsmäßig in die Baubetriebsrechnung übernommen werden. Hierbei werden die kostengleichen Aufwendungen sowie die leistungsgleichen Erträge direkt den Konten der Kontengruppe 94 bis 98 zugerechnet.

In den Kontengruppen 91 und 92 erfolgt neben der unternehmensbezogenen Abgrenzung von neutralen Aufwendungen bzw. Erträgen und Kosten bzw. Leistungen auch die betriebsbezogene Abgrenzung, die die kostenrechnerischen Korrekturen (kalkulatorische Kosten und etwaige Wertabgrenzungen) berücksichtigt. Die kalkulatorischen Kosten werden mithilfe der Kontengruppe 92 eingeführt. Auch die Kontengruppe 92 ist als Spiegelbild zu nutzen, weshalb die kalkulatorischen Kosten zunächst in der Kontengruppe 93 als Kostenarten gebucht und erst dann auf die Kontengruppen 94 bis 98 verteilt werden.

Demnach erscheinen in der Kontenklasse 9 alle kostengleichen Aufwendungen gemeinsam mit den kalkulatorischen Kosten in der Kontengruppe 93 als Kostenarten der Baubetriebsrechnung. Die Kontengruppe 93 erfüllt dann die Funktion der Kontenklasse 6 (betriebliche Aufwendungen – Kostenarten) des BKR. Sinngemäß gilt dies auch für die Erträge. Diese Buchung der kostengleichen Aufwendungen und leistungsgleichen Erträge wäre allerdings sehr arbeitsaufwendig; deshalb erfolgt in diesem Fall die Buchung direkt in die Kontengruppen 94 bis 98.

Bauunternehmensrechnung									
Bilanz (Bestandskonten)		GuV (Erfolgskonten)						Abgrenzung	
Vermögen und Schulden		Erträge		betriebliche Aufwendungen		sonstige Aufwendungen		Eröffnung und Abschluss	
0–4		5		6		7		8	
	2.700,00			2.700,00					
1.700,00			1.700,00						
1.350,00			1.350,00						
	100,00					100,00			
	600,00			600,00					

Abb. 1.14: Buchung in der Bauunternehmensrechnung (Quelle: Seeling, 1995, S. 48)

Baubetriebsrechnung																	
		Abgrenzungsrechnung				Kostenarten-, Kostenstellen-, Kostenträgerrechnung											
														Baustellen/Bauprojekte			
Übernahmekonto		unternehmensbezogene Abgrenzung		betriebsbezogene Abgrenzung		Kosten- und Leistungsarten		Schlüsselkosten		Verwaltung		Hilfsbetriebe und Verrechnungskostenstellen		eigene		Arbeitsgemeinschaften (ARGEN)	
90		91		92		93		94		95		96		97		98	
	2.700													2700			
1.700															1700		
1.350			1.350														
	100	100															
					250	250											
							250			250							
	600	600															
					500	500											
							500					500					

Abb. 1.15: Buchung in der Baubetriebsrechnung

Hinweis

Die buchhalterische Kontenkreistechnik gehörte in der Vergangenheit zu den wichtigen organisatorischen Merkmalen des baubetrieblichen Rechnungswesens. Die inzwischen eingetretene Entwicklung auf dem Gebiet der Datenverarbeitung hat dieses Problem etwas in den Hintergrund treten lassen. Heute ist es üblich, dass die Daten im Rechnungswesen einmalig elektronisch erfasst und gespeichert werden und dann mehrfach für die Zwecke der Unternehmensrechnung und der Baubetriebsrechnung ausgewertet werden. Die Grundsätze der doppelten Buchführung (Doppik), der buchhalterischen Datenabstimmung, behalten dennoch ihre prinzipielle Bedeutung.

Die Kontenklassen 5 und 6

Der BKR 2016 stellt für die Geschäftsvorfälle, die sowohl die Bauunternehmensrechnung als auch die Baubetriebsrechnung betreffen, über die Kontenklassen 5 und 6 eine unmittelbare kontenmäßige Verbindung her. Während die Kontenklasse 6 aber nur die betrieblichen Aufwendungen erfasst, werden in der Kontenklasse 5 neben den betrieblichen Erträgen auch die sonstigen (neutralen) Erträge berücksichtigt. Insgesamt gliedert der BKR 2016 die Erträge in folgende Kontengruppen (vgl. Tabelle 1.7):

Tabelle 1.7: Gliederung der Kontenklasse 5 im System des BKR

50–54	Umsatzerlöse aus Bauleistungen
	Umsatzerlöse aus Regie- und Hilfsleistungen, Provisionen
	Erlösschmälerungen
	Bestandsveränderungen unfertige/fertige Bauten
	sonstige betriebliche Erlöse
55, 56	Erträge aus Beteiligungen und sonstigen Finanzanlagen
	sonstige Zinsen und ähnliche Erträge
57, 58	Erträge aus dem Abgang von Gegenständen des Umlaufvermögens und aus der Zuschreibung zu Gegenständen des Anlagevermögens, Erträge aus der Auflösung von steuerlichen Rücklagen
59	außergewöhnliche Erträge

Die Kontenklasse 7

Während also die Erträge in einer Kontenklasse erfasst werden, trennt der BKR 2016 die betrieblichen von den sonstigen (neutralen) Aufwendungen. Während die betrieblichen Aufwendungen in der Kontenklasse 6 zu finden sind, werden in der Kontenklasse 7 nur die sonstigen (neutralen) Aufwendungen gruppiert nach folgenden Kontengruppen erfasst (vgl. Tabelle 1.8):

Tabelle 1.8: Gliederung der Kontenklasse 7 im System des BKR

70–75	Einstellung in die Einzelwertberichtigung auf Forderungen
	Einstellung in die Pauschalwertberichtigung auf Forderungen
	Abschreibung auf Umlaufvermögen
	Sonderabschreibung
	Verlust aus Wertminderung/Abgang von Vorräten
	Forderungsverlust
	Restbuchwert aus Abgang von Gegenständen des Anlagevermögens (bei Buchverlust)
	Aufwendungen für Restrukturierung, Sanierung, außergewöhnliche Abschreibung
	außergewöhnliche Aufwendungen
76	Zinsen und ähnliche Aufwendungen
77–79	Steuern vom Einkommen und Ertrag, sonstige Betriebssteuern
	sonstige betriebliche Aufwendungen

Hinweis

In den vorgenannten Ausführungen wurden die Kontenklassen 0 bis 4 sowie 8 des BKR 2016 nicht näher erläutert, da diese primär mit der Bilanzerstellung in Verbindung stehen und daher die Kosten-, Leistungs- und Ergebnisrechnung nur bedingt tangieren.

1.5.5.5 Ergebnisanalyse im System des Baukontenrahmens

Der Unternehmenserfolg errechnet sich durch Saldieren der Erträge und Aufwendungen. Um zu erfahren, aus welchen Bestandteilen sich der Unternehmenserfolg zusammensetzt, ist grundsätzlich zu unterscheiden zwischen:

- dem betrieblichem Erfolg (Betriebsergebnis), der sich aus dem eigentlichen Betriebszweck, z. B. Erbringung von Bauleistungen, ergibt, und
- dem unternehmerischen Erfolg (Unternehmensergebnis), der sich zusätzlich aus der sonstigen unternehmerischen Tätigkeit ergibt, z. B. Kauf bzw. Verkauf von Wertpapieren, Beteiligungen oder Grundstücken.

Dementsprechend unterscheidet man zwischen betrieblichen Aufwendungen/Erträgen und sonstigen Aufwendungen/Erträgen.

Hieraus leitet sich folgendes Schema der Erfolgsrechnung ab:

betriebliche Erträge	BKR Kontengruppe 50 bis 54
– betriebliche Aufwendungen	BKR Kontengruppe 60 bis 68
= betrieblicher Erfolg (Betriebsergebnis)	
+ sonstige Erträge	BKR Kontengruppe 55 bis 59
– sonstige Aufwendungen	BKR Kontengruppe 70 bis 79
= Jahresüberschuss/Jahresfehlbetrag	

In den BKR Kontengruppen 55 bis 59 und 70 bis 79 werden die nicht in die Kosten- und Leistungsrechnung eingehenden Erträge und Aufwendungen unter Berücksichtigung der gesetzlichen Regelungen ausgewiesen.

Der BKR 2016 trennt bei den Aufwandsarten konsequent wie folgt:

- Kontenklasse 6: betriebliche Aufwendungen (Kostenartengruppen)
- Kontenklasse 7: sonstige Aufwendungen

Die Ertragsarten sind dementsprechend untergliedert in:

- Konten 50 bis 54: betriebliche Erträge
- Konten 55 bis 59: sonstige Erträge

Nachfolgende Abbildung zeigt die Zusammenhänge und die Ansatzpunkte der Ergebnisanalyse nach BKR 2016 auf (vgl. Abb. 1.16).

1	Erträge lt. Buchhaltung per Stichtag (BKR Kontenklasse 5)	Aufwendungen lt. Buchhaltung per Stichtag (BKR Kontenklassen 6 und 7)	
2	± periodische Ertragsabgrenzungen	± periodische Aufwandsabgrenzungen	= Bestandsabgrenzungen
3	= Erträge per Stichtag	= Aufwendungen per Stichtag	= Unternehmenserfolg per Stichtag
4	– außerordentliche Erträge	– außerordentliche Aufwendungen	– außerordentliches Ergebnis
5	= Erträge aus **gewöhnlicher** Unternehmenstätigkeit	= Aufwendungen aus **gewöhnlicher** Unternehmenstätigkeit	= Unternehmenserfolg aus **gewöhnlicher** Unternehmenstätigkeit
6	– sonstige Erträge (BKR Kontengruppen 55 bis 59)	– sonstige Aufwendungen (BKR Kontenklasse 7)	– sonstiges Ergebnis
7	= betrieblicher Ertrag (BKR Kontengruppen 50 bis 54)	= betriebliche Aufwendungen (BKR Kontenklasse 6)	= betrieblicher Erfolg
8	– wertmäßige Bauleistungs-abgrenzungen	– kalkulatorische Kostenabgrenzungen	– Abgrenzungsergebnis
9	**= Leistungen**	**= Kosten**	**= Betriebsergebnis**

Aus dem Schaubild sind auch unmittelbar folgende Beziehungen zu ersehen:
Zeile 3: Erträge per Stichtag – Aufwendungen per Stichtag = Unternehmenserfolg per Stichtag
Zeile 5: Erträge aus gewöhnlicher Unternehmenstätigkeit – Aufwendungen aus gewöhnlicher Unternehmenstätigkeit = Unternehmenserfolg aus gewöhnlicher Unternehmenstätigkeit
Zeile 7: betrieblicher Ertrag – betriebliche Aufwendungen = betrieblicher Erfolg
Zeile 9: Leistungen – Kosten = Betriebsergebnis

Abb. 1.16: Zusammensetzung des Unternehmenserfolgs und Ableitung des Betriebsergebnisses im System des BKR

2 Bauauftragsrechnung (Kalkulation)

Die Bauauftragsrechnung (in der Sprache der Bauwirtschaft die Kalkulation) ist die erste Säule der baubetrieblichen Kosten-, Leistungs- und Ergebnisrechnung.

2.1 Aufgaben und Aufbau

Aufgabe der Bauauftragsrechnung ist es, für ein einzelnes Bauprojekt

- die aus der Bauprojektrealisation resultierenden Kosten der Bauausführung zu ermitteln und
- anschließend diese Kosten unter Berücksichtigung weiterer Preisbildungsbestandteile in Preise zu überführen.

In Abhängigkeit von den Aufgabenstellungen kann man die Bauauftragsrechnung nach ihrem Aufgabenschwerpunkt bzw. nach ihren zeitlichen Stufen gruppieren. Schematisch lassen sich die Kalkulationsstufen im Bauablauf wie folgt darstellen (vgl. Abb. 2.1).

Der in Abb. 2.1 gezeigte Ablauf wird in diesem Buch immer wieder aufgegriffen, um den jeweiligen Stand der Bauauftragsrechnung zu zeigen.

Im Hinblick auf ihre Aufgabenschwerpunkte gliedert sich die Bauauftragsrechnung in folgende Kalkulationsstufen:

- die auf die Preisermittlung und damit auf das Außenverhältnis zum Auftraggeber abzielende
  - Angebotskalkulation,
  - Vertragskalkulation (auch Auftragskalkulation bzw. Urkalkulation genannt) und
  - Nachtragskalkulation sowie
- die auf die Berechnung von unternehmensinternen Vorgabewerten, die Ermittlung von projektbezogenen Herstell- und Selbstkosten sowie auf die Überprüfung von Ist-Kosten und damit auf das Innenverhältnis im Unternehmen ausgerichtete
  - Arbeitskalkulation (auch Ausführungskalkulation genannt) und ggf. Prognosekalkulation sowie
  - Nachkalkulation.

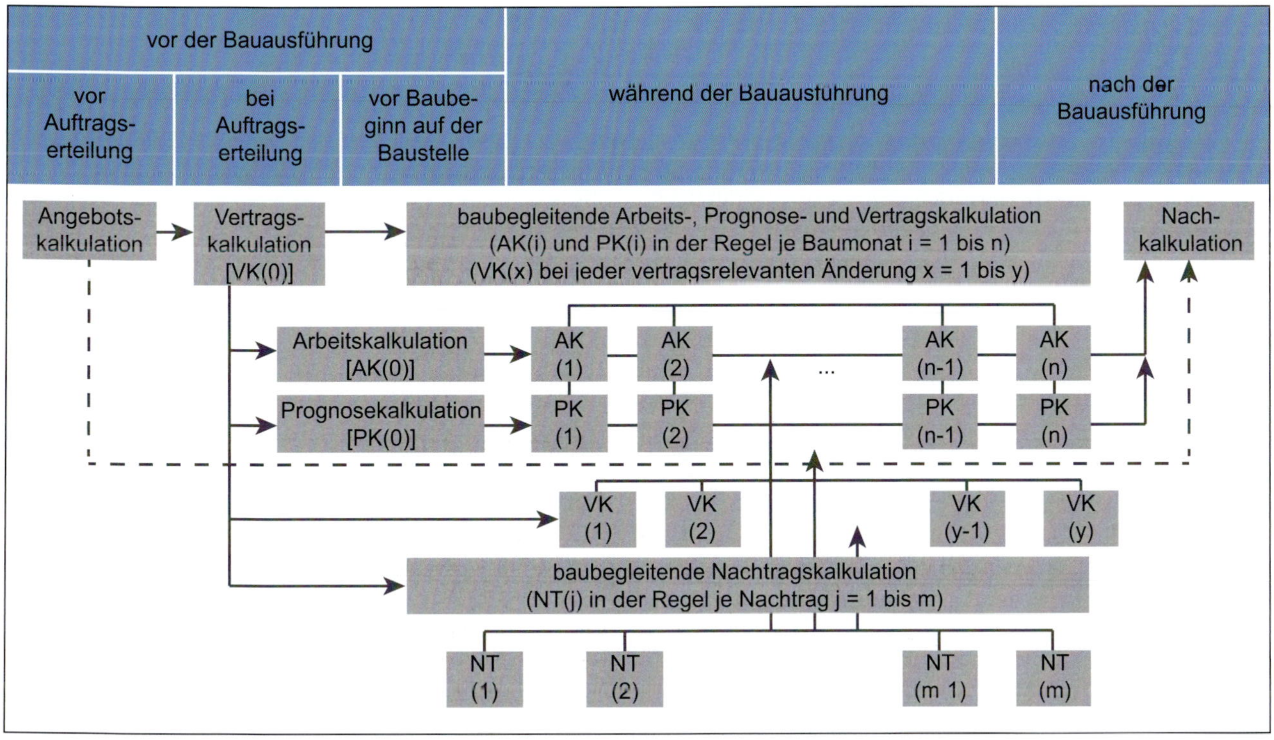

Abb. 2.1: Kalkulationsstufen im Bauablauf

Mit Bezug auf die zeitliche Abfolge lassen sich diese Kalkulationsstufen folgendermaßen den Bauprojektphasen zuordnen:

- vor der Bauausführung
  - und vor Auftragserteilung: Angebotskalkulation – hier wird der Angebotspreis für die Abgabe eines Angebots ermittelt
  - und bei Auftragserteilung: Vertragskalkulation [VK(0)] – hier wird der Vertragspreis ermittelt
  - und bei/nach Auftragserteilung: eine erste Arbeitskalkulation [AK(0)] und ggf. eine erste Prognosekalkulation [PK(0)] zum Projektende – hier werden für unternehmensinterne Zwecke primär die im Projekt entstehenden Herstellkosten ermittelt

Hinweis

Die Benennung der ersten Vertrags-, Arbeits- und Prognosekalkulation kann bezüglich ihrer Indizierung und inhaltlichen Ausgestaltung unternehmensindividuell variieren.

- während der Bauausführung:
  - fortgeschriebene Vertragskalkulation [VK(x = 1 bis y)]
  - fortgeschriebene Arbeitskalkulation [AK(i = 1 bis n)] und fortgeschriebene Prognosekalkulation [PK(i = 1 bis n)]
  - Nachtragskalkulationen [NT(j = 1 bis m)] – hier werden basierend auf den Preisermittlungsgrundsätzen der Vertragskalkulation die Preise für Nachtragsleistungen ermittelt

Hinweis

Die Indizes i, j und x weisen auf die verschiedenen Zeitpunkte der Fortschreibung der Kalkulationsstufen während der Bauausführung hin (vgl. Abb. 2.1).

- nach der Bauausführung:
  - Nachkalkulation – hier werden Wertansätze (z. B. Stunden, Kosten) gesammelt und dokumentiert, die als Erfahrungswerte für neue Kalkulationen verwendet werden können. Die letztmalige Fortschreibung der Arbeitskalkulation entspricht der Nachkalkulation.

Hinweis

Bei öffentlichen Auftraggebern entspricht in aller Regel die Vertragskalkulation wegen des Verhandlungsverbots gemäß § 15 Abs. 3 der Vergabe- und Vertragsordnung für Bauleistungen, Teil A (VOB/A, 2012) der Angebotskalkulation; bei nicht-öffentlichen Auftraggebern werden mögliche Verhandlungsergebnisse in der Vertragskalkulation berücksichtigt.

Bevor nun die grundsätzliche Vorgehensweise bei der Bauauftragsrechnung erklärt wird, werden zunächst die in der Bauwirtschaft gängigen Vertragstypen erläutert, da diese die Vorgehensweise bei der Kostenermittlung und Preisbildung beeinflussen.

2.2 Vertragstypen

Für den Aufbau der Bauauftragsrechnung ist der dem (anvisierten) Bauvertrag zugrunde liegende Vertragstyp entscheidend. Dabei ist zunächst zu unterscheiden, ob sich die angebotene Leistung eines Bauunternehmens auf eine auftraggeberseitige Leistungsbeschreibung bezieht oder ob das Bauunternehmen die Leistungen selbst definiert.

Aufbauend auf dem Werkvertragsrecht des BGB (§ 631 ff.) sind 2 Vertragstypen im privaten Baurecht üblich: der Einheitspreisvertrag und der Pauschalvertrag.

2.2.1 Einheitspreisvertrag

Beim Einheitspreisvertrag erfolgt die Preisbildung in Form von Einheits- und Gesamtpreisen, wobei der Einheitspreis den Preis pro LV-Position (Teilleistung) des vom Auftraggeber vorgegebenen LV bestimmt. Der Gesamtpreis ist dann die Multiplikation des jeweiligen Einheitspreises mit dem ebenfalls im LV definierten Vordersatz (der ausgeschriebenen Menge pro Position). Die Summe aller Gesamtpreise ergibt anschließend den Angebots- bzw. den Vertragspreis.

Während für die Angebotswertung der Angebotspreis (netto) entscheidend ist, werden für die spätere Bauabrechnung die einzelnen Einheitspreise herangezogen, da diese multipliziert mit den tatsächlich ausgeführten Mengen den Abrechnungsbetrag bestimmen. Beim Einheitspreisvertrag muss das Bauunternehmen folglich immer sowohl alle Einheits- und Gesamtpreise als auch den Angebotspreis (netto und brutto) ermitteln. Daher legt die Bauauftragsrechnung beim Einheitspreisvertrag das auftraggeberseitige LV zugrunde.

2.2.2 Pauschalvertrag

Beim Pauschalvertrag wird ein pauschalierter Angebotspreis vereinbart, wobei noch einmal zwischen dem sogenannten Detail- und dem Globalpauschalvertrag zu unterscheiden ist:

- Der Detailpauschalvertrag ist dadurch gekennzeichnet, dass der geschuldete Leistungsumfang durch Angaben in einer vollständigen oder nicht erkennbar unvollständigen Leistungsbeschreibung (mit Mengenermittlungsparametern) näher bestimmt ist. Da sich der damit vertraglich vereinbarte Leistungsumfang des Auftragnehmers vorrangig an den Leistungen orientiert, die aus den Bauunterlagen (z. B. der Bau- und Leistungsbeschreibung und den Plänen) bei Vertragsabschluss ersichtlich sind, wird somit nur der Preis pauschaliert. Es werden also die zu erbringenden Leistungen erschöpfend beschrieben und für diese Leistungen wird eine Vergütungspauschale vereinbart.
- Der Globalpauschalvertrag ist dadurch gekennzeichnet, dass der geschuldete Leistungsumfang durch Angaben in einer nicht detaillierten Leistungsbeschreibung bestimmt ist. Der vertraglich vereinbarte Leistungsumfang des Auftragnehmers orientiert sich auf Basis einer sog. funktionalen Ausschreibung an einem Leistungsziel, unabhängig davon, ob das Werk in der Leistungsbeschreibung mehr oder weniger detailliert beschrieben ist. Für diesen nicht exakt definierten Leistungsumfang wird ein Pauschalpreis vereinbart.

Für einen Detailpauschalvertrag muss gegenüber dem Auftraggeber nur der Angebotspreis – ohne eine weitere Aufteilung nach Einheits- und Gesamtpreisen – ermittelt werden. Insofern kann sich die Bauauftragsrechnung auch von der Reihenfolge und vom Aufbau des auftraggeberseitigen LV lösen.

Beim Globalpauschalvertrag obliegt die Struktur der Bauauftragsrechnung vollumfänglich der unternehmerischen Freiheit. Das Bauunternehmen kann intern ein LV zur Beschreibung der zu kalkulierenden Bauleistung erstellen und die Bauauftragsrechnung hieran ausrichten oder auch andere Gliederungsfolgen, z. B. Gewerkegliederungen, wählen.

Hinweis

> Obwohl Pauschalverträge immer stärker an Bedeutung gewinnen, wird der Vertragstyp Einheitspreisvertrag den nachfolgenden Ausführungen zur Bauauftragsrechnung zugrunde gelegt, denn der Einheitspreisvertrag ist die Grundform. Um Pauschalverträge anbieten zu können, muss die Kalkulation von Einheitspreisen verstanden sein.

2.3 Kalkulationsstufen

Die Bauauftragsrechnung untergliedert sich in mehrere Kalkulationsstufen, die nachfolgend erläutert werden.

2.3.1 Angebotskalkulation

Die Angebotskalkulation ist die erste Stufe der Bauauftragsrechnung. Sie ist Grundlage der Auftragsbeschaffung und zugleich Basis für die finanzielle Bauvertragsabwicklung. Eine methodisch fundierte, transparente und nachvollziehbare Angebotskalkulation ist somit unverzichtbar für die Bildung leistungsgerechter und angemessener Baupreise.

Grundsätzlich stellt die Angebotskalkulation ein zweistufiges Verfahren dar, bei dem zunächst die Ermittlung der bauprojektspezifischen Herstellkosten und erst darauf aufbauend die Bildung des Angebotspreises erfolgen soll. In der Bauwirtschaft empfiehlt sich für den Einheitspreisvertrag das folgende Kalkulationsschema (das grundsätzlich auch bei Pauschalverträgen angewendet werden kann):

	EKT
+	BGK
=	Herstellkosten
+	AGK
=	Selbstkosten
+	Gewinn
=	Angebotssumme vor Skonto und Nachlass (netto)
+	ggf. zu gewährender Skonto
=	Angebotssumme vor Nachlass (netto)
+	ggf. zu gewährender Nachlass
=	Angebotssumme (netto)
+	Umsatzsteuer
=	Angebotssumme (brutto)

Hinweis

> Dieses Kalkulationsschema weicht sprachlich und inhaltlich von den bisherigen Auflagen der „KLR Bau" ab, und zwar in folgenden Punkten:
>
> - Gewinn (bisher: Wagnis und Gewinn)
> - ggf. zu gewährender Skonto
>   (als kalkulatorischer Zuschlag für die voraussichtliche Gewährung eines Skontos)
> - ggf. zu gewährender Nachlass
>   (als kalkulatorischer Zuschlag für die voraussichtliche Gewährung eines Nachlasses)

2.3.2 Vertragskalkulation

Am Ende einer möglichen Vertragsverhandlung bzw. zum Zeitpunkt der Auftragserteilung erfolgt eine Überführung der Angebotskalkulation in eine Vertragskalkulation, die auch als Auftragskalkulation bezeichnet wird. Dabei kann in den Fällen, in denen das Angebot ohne Änderungen angenommen wird, die Angebotskalkulation inhaltsgleich als Vertragskalkulation übernommen werden (dies ist bei öffentlichen Auftraggebern die Regel). In allen anderen Fällen müssen die Ergebnisse der Vertragsverhandlung in die Vertragskalkulation eingearbeitet werden. Einfließen können demnach sowohl Leistungsänderungen als auch Kosten- und Preisveränderungen.

Eine so überführte Vertragskalkulation ist somit das zahlenmäßige Spiegelbild des Vertragsverhältnisses zwischen Auftraggeber und Auftragnehmer zum Zeitpunkt der Auftragserteilung. Grundsätzlich unterscheidet sich der Aufbau der Vertragskalkulation nicht von dem der Angebotskalkulation.

Hinweis

> Die dem (öffentlichen) Auftraggeber übergebene Vertragskalkulation wird im baufachlichen Sprachgebrauch auch als Urkalkulation bezeichnet.

Die Vertragskalkulation hat 2 wesentliche Aufgaben: Aus ihr werden die Daten für die Bauabrechnung und damit für die Rechnungsstellung gegenüber dem Auftraggeber abgeleitet. Sie ist die Basis für die Kostenermittlung und Preisbildung etwaiger Nachtragsleistungen im Zuge geänderter oder zusätzlicher Leistungen. Alle Nachträge müssen nämlich nach dem gängigen Prinzip der Kostenfortschreibung auf der Grundlage der Vertragskalkulation unter Berücksichtigung der Mehr- oder Minderkosten der geforderten Leistung erstellt werden. Daher kann vor allem der an die VOB/A gebundene öffentliche Auftraggeber zur Beweissicherung die Hinterlegung der als Urkalkulation bezeichneten Vertragskalkulation verlangen.

Hinweis

> Der Umgang mit Nachträgen in der Bauauftragsrechnung ist in den Bauunternehmen unterschiedlich. In manchen Bauunternehmen werden die Nachträge in gesonderten „Unteraufträgen" und damit in gesonderten Nachtragskalkulationen verwaltet, in manchen Unternehmen fließen die Nachträge in eine Fortschreibung der Vertragskalkulation ein.

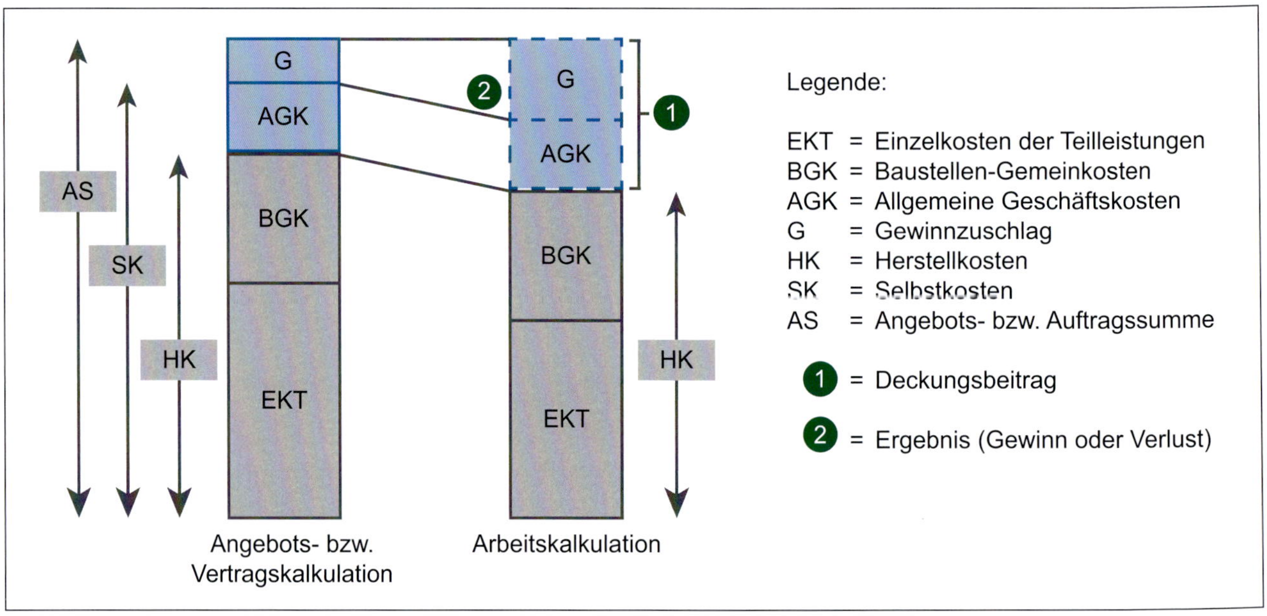

Abb. 2.2: Deckungsbeitrag und Ergebnis in der Angebots- und Arbeitskalkulation

2.3.3 Arbeitskalkulation

Während die Angebotskalkulation und die Vertragskalkulation (primär) dem Außenverhältnis zwischen Bieter/Auftragnehmer und Bauherr/Auftraggeber dienen, besitzt die Arbeitskalkulation einen auf das Innenverhältnis des Bauunternehmens ausgerichteten Informationscharakter. Infolge der (nach Auftragsvergabe) intensivierten Arbeitsvorbereitung/Fertigungsplanung können die voraussichtlichen Herstellkosten in der Arbeitskalkulation wesentlich exakter berechnet werden als in der Angebots- und Vertragskalkulation.

In der Arbeitskalkulation werden die Herstellkosten eines Bauprojekts betrachtet, d. h. es werden die in der Angebots- bzw. Vertragskalkulation ermittelten EKT und BGK überprüft, aktualisiert und fortgeschrieben. Wichtig sind hierbei 2 Punkte:

- Alle Änderungen, die sich aus der Arbeitsvorbereitung/Fertigungsplanung gegenüber der vertraglich vereinbarten Bauleistung ergeben, müssen ebenso kenntlich gemacht und eingearbeitet werden wie die sich später im Baufortschritt ergebenden Veränderungen auf der Kosten- und Erlösseite.
- Alle Kostenbestandteile werden separat dargestellt. Dies bedeutet, dass einzelne Leistungsbereiche in ihre jeweiligen Ausführungsbestandteile unterteilt, zeitabhängige und zeitunabhängige Kosten getrennt ermittelt und voraussichtliche Ausführungs- und Rechnungsmengen eingearbeitet werden müssen. Die Umlage der BGK auf die Leistungspositionen entfällt, vielmehr sind diese spätestens im Zuge der Arbeitskalkulation in sog. internen Positionen eigenständig zu kalkulieren und separat auszuweisen. Auch erfolgt spätestens jetzt eine Aufgliederung der Positionen nach einzelnen Arbeitsgängen in Form von Unterpositionen. In diesen Unterpositionen gliedern sich in Anlehnung an die Baubetriebsrechnung die Kostenartengruppen (z. B. Kosten der Bau- und Fertigungsstoffe) in detaillierte Kostenarten (Beton, Stahl usw.).

Die in der Arbeitskalkulation ermittelten Herstellkosten werden dann der Vertragssumme gegenübergestellt. So ermittelt sich als Differenz von Vertragssumme einerseits und Herstellkosten der Arbeitskalkulation andererseits der projektspezifische Deckungsbeitrag. Addiert man den Herstellkosten der Arbeitskalkulation die anteiligen Allgemeinen Geschäftskosten hinzu, ermittelt sich als Differenz zur Vertragssumme das projektspezifische Ergebnis (vgl. Abb. 2.2).

Die Arbeitskalkulation ist ein dynamisches Instrument, d. h. sie wird über die Laufzeit eines Bauprojekts kontinuierlich fortgeschrieben („rollierende Arbeitskalkulation"). Nur so ist sie in der Lage, die durch eine Vielzahl externer und interner Einflüsse verursachten Abweichungen zwischen Bau-Soll und Bau-Ist zu dokumentieren. So können Kostenabweichungen ihre Ursache

- in Abweichungen, die vom Auftragnehmer zu tragen sind,
- in Abweichungen, die vom Auftraggeber zu tragen sind, oder
- in Anordnungen des Auftraggebers zur Ausführung geänderter bzw. zusätzlicher Leistungen

haben. Diese Ursachen lassen sich mit einer fortgeschriebenen Arbeitskalkulation dokumentieren. Eine so aufgebaute Arbeitskalkulation ist im Vergleich zur Angebots- bzw. Vertragskalkulation der bessere Gegenpart zur Baubetriebsrechnung, da sie aufgrund der wesentlich detaillierteren Kostengliederung einen besseren Vergleich von Soll- und Ist-Kosten ermöglicht und damit näher an der sich im Bauablauf ändernden Ist-Situation eines Bauprojekts ist als die Angebots- oder Vertragskalkulation.

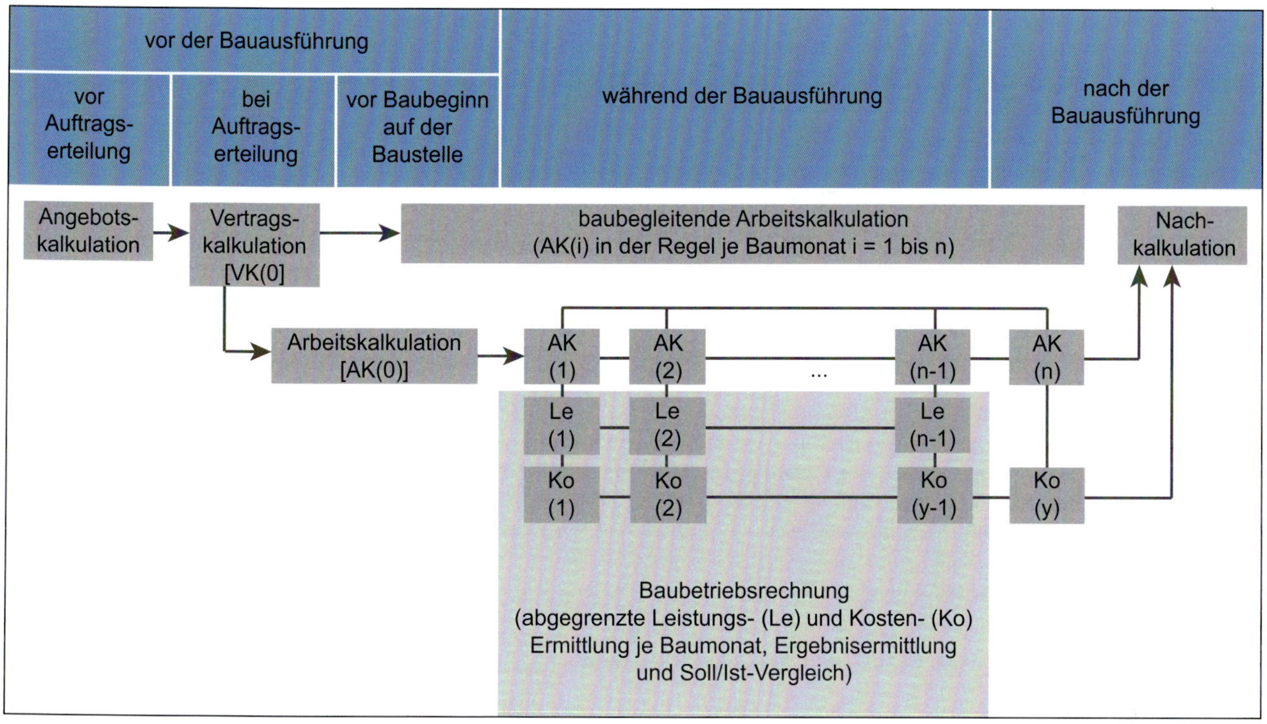

Abb. 2.3: Verbindung von Arbeitskalkulation und Baubetriebsrechnung

Die Arbeitskalkulation hat als Verbindungsglied von Bauauftrags- und Baubetriebsrechnung (vgl. Kapitel 3) 2 Aufgaben:

- Sie ist Datenlieferant für die Leistungsbewertung (vgl. Kapitel 3.2.2.2), für die Ergebnisrechnung und für die Soll/Ist-Vergleichsrechnung. Zudem liefert sie die Prognoseleistung und das Prognoseergebnis zum Bauprojektende sowie Vorgaben für die wirtschaftliche Realisierung des Bauprojekts.
- Gleichzeitig dient sie als Datenspeicher, da sie im Baufortschritt nach Bedarf aktualisiert wird; sich im Bauablauf ergebende Änderungen werden also in die Arbeitskalkulation eingepflegt bzw. gespeichert.

Schematisch lässt sich die Verbindung von Bauauftrags- und Baubetriebsrechnung über die Arbeitskalkulation wie in Abb. 2.3 darstellen, wobei die Arbeitskalkulation die Grunddaten der Soll-Kosten einerseits und der Bauleistung andererseits liefert.

2.3.4 Nachtragskalkulation

Eine Sonderstellung nimmt die Nachtragskalkulation ein. Sie dient – ähnlich wie die Angebots- und Vertragskalkulation des Hauptauftrags – der Kostenermittlung und Preisfindung, und zwar für solche Leistungen, die im Hauptauftrag nicht vorgesehen waren (sogenannte Nachtragsleistungen oder Nachträge). Nachträge sind geänderte Vergütungsansprüche des Auftragnehmers, die aus dem in § 1 der Vergabe- und Vertragsordnung für Bauleistungen, Teil B (VOB/B, 2012) verankerten Leistungsänderungsrecht des Auftraggebers resultieren.

Für die Nachtragskalkulation gelten bestimmte Regeln, die sich aus der ständigen Rechtsprechung zum Bauvertragsrecht ableiten. Grundsätzlich durchläuft die Nachtragskalkulation die üblichen Stufen der Kalkulation, muss aber auf den grundsätzlichen Ansätzen der Vertragskalkulation aufsetzen. Demnach müssen für Produktionsbestandteile, die identisch mit denen der Vertragskalkulation sind, die ursprünglichen Kostenansätze verwendet, die gleichen Zuschlagsfaktoren herangezogen und auch vereinbarte Rabatte und Skonti berücksichtigt werden, um die Nachtragspreise zu ermitteln.

Bei Nachträgen ist es wichtig zu unterscheiden, welchen Status der jeweilige Nachtrag aus Unternehmenssicht hat. Grundsätzlich können 4 Nachtragsstadien unterschieden werden:

- Der Grund für einen Nachtrag wird erkannt und dem Auftraggeber angekündigt bzw. angeboten.
- Der Nachtrag wird vom Auftraggeber dem Grunde nach sachlich anerkannt, die wertmäßige Höhe wird jedoch noch geprüft bzw. bleibt noch offen.
- Der Nachtrag wird dem Grunde und der Höhe nach (mit oder ohne weitere Preisverhandlungen) anerkannt und beauftragt.
- Der Nachtrag wird vom Auftraggeber nicht anerkannt und endgültig abgelehnt.

Die saubere Trennung dieser Stadien und ihre Dokumentation sind aus zweierlei Gründen wichtig:

- Der Zeitraum zwischen Erkennen sowie anschließender Ankündigung eines Nachtrags durch den Auftragnehmer und Anerkennung bzw. Ablehnung durch den Auftraggeber kann sehr lang sein.
- Auch nicht bzw. noch nicht anerkannte Nachträge können im Bauunternehmen Kostenveränderungen nach sich ziehen.

Die verschiedenen Stadien eines Nachtrags haben sehr unterschiedliche Auswirkungen auf die Kosten- und Erlösseite eines Bauprojekts. Während z. B. alle Nachtragsstadien Auswirkungen auf die Ist-Kostenseite eines Bauprojekts haben (zumindest für die Fälle, in denen eine auftragnehmerseitig zu erbringende Bauleistung ausgeführt wird), führt nur der dem Grunde und der Höhe nach (schriftlich) genehmigte Nachtrag auch zu einer gesicherten Erlösveränderung zum Bauprojektende.

Hinweis

> Um Nachträge in ihren verschiedenen Stadien aussagekräftig behandeln zu können, sollte unternehmenseinheitlich vereinbart werden, welcher Nachtragsstatus in welcher Höhe in der Nachtrags-, Vertrags-, Arbeits- und Prognosekalkulation sowie in der Leistungsbewertung – sowohl auf der Kosten- wie auf der Leistungsseite – berücksichtigt werden darf. Jedes Bauunternehmen sollte genaue Bewertungsrichtlinien für Nachträge und Nachtragspotenziale aufstellen. Diese unternehmensindividuellen Bewertungsrichtlinien müssen von allen Projektbeteiligten einheitlich angewendet werden.

2.3.5 Nachkalkulation

Die Nachkalkulation ist ein Instrument zur Gewinnung von Erfahrungswerten für neue Angebots-, Vertrags- und Arbeitskalkulationen. Als Kostenanalyse gibt sie Aufschluss über Abweichungen zwischen geplanten und tatsächlichen Kosten der Bauprojektrealisation. Hierdurch ist zwar kein Einfluss mehr auf das laufende Bauprojekt zu nehmen, dennoch können wichtige Informationen insbesondere im Hinblick auf später folgende Bauprojekte abgeleitet werden. Die Hauptaufgabe der Nachkalkulation besteht daher in der Gewinnung neuer und/oder die Überprüfung bestehender Vorgabewerte für nachfolgende Kalkulationen. Die Nachkalkulation liefert Stammdaten für die Kalkulationen und führt – unter Berücksichtigung auftretender Abweichungen einzelner Teilleistungen – zu neuen, ggf. aktualisierten Vorgabewerten.

Bei der Nachkalkulation ist zu unterscheiden, ob sich die Ermittlung lediglich auf die Ist-Mengen (Leistungswerte) für den Verbrauch der Produktionsfaktoren beschränkt oder der Verbrauch auch wertmäßig berechnet wird. Im erstgenannten Fall spricht man von der sog. technischen bzw. mengenmäßigen, im zweitgenannten Fall von der kaufmännischen bzw. wertmäßigen Nachkalkulation.

In der baubetrieblichen Praxis ist nur selten eine vollumfängliche Nachkalkulation eines abgeschlossenen Bauprojekts ohne eine baubegleitende Arbeitskalkulation vorzufinden. Wenn überhaupt, dann konzentriert man sich ohne eine Arbeitskalkulation auf eine mengenmäßige Nachkalkulation und dabei meist auf den Ist-Verbrauch von Lohnstunden, Gerätestunden, Materialmengen und die gewerkeweisen Abweichungen bei Nachunternehmerleistungen. Um eine vollumfängliche Nachkalkulation im Sinne eines Spiegelbilds des abgeschlossenen Bauprojekts erstellen zu können, ist eine baubegleitende Arbeitskalkulation unabdingbar. Die letztmalige Fortschreibung der Arbeitskalkulation stellt so die mengen- und wertmäßige Nachkalkulation dar.

2.4 Kalkulationsschema

In der Bauauftragsrechnung spielen Kosten, Preise und Mengen eine wichtige Rolle. Zunächst sind die im Kalkulationsschema enthaltenen Punkte nach Kosten- und Preisbestandteilen zu unterscheiden:

	EKT	Kostenbestandteile
+	BGK	
=	Herstellkosten	
+	AGK	
=	Selbstkosten	Preisbestandteile
+	Gewinn	
=	Angebotssumme vor Skonto und Nachlass (netto)	
+	ggf. zu gewährender Skonto	
=	Angebotssumme vor Nachlass (netto)	
+	ggf. zu gewährender Nachlass	
=	Angebotssumme (netto)	
+	Umsatzsteuer	
=	Angebotssumme (brutto)	

2.4.1 Kostenbestandteile

Zur Kostenermittlung werden die 3 nachstehend beschriebenen Kostenbestandteile verwendet:

Einzelkosten der Teilleistungen (EKT)

EKT sind die den einzelnen Teilleistungen (meist LV-Positionen) direkt zuzuordnenden Kosten. Sie werden nach Kostenartengruppen gegliedert, sodass sich vor Abgabe des Angebots die Kostenzusammenstellung erkennen und beurteilen lässt. Gleichzeitig bildet die Aufgliederung der Kostenartengruppen die Grundlage für den späteren Vergleich der Soll-Kosten aus der Kalkulation mit den in der Baubetriebsrechnung erfassten Ist-Kosten. Außerdem ermöglicht diese Aufgliederung eine differenzierte Gemeinkostenumlage durch Zuschlagssätze unterschiedlicher Höhe auf verschiedene Kostenartengruppen.

Baustellengemeinkosten (BGK)

BGK, auch Gemeinkosten der Baustelle genannt, sind Kosten, die durch das Betreiben der Baustelle als Ganzes entstehen und sich keiner Position des LV direkt zuordnen lassen (z. B. Kosten der Einrichtung der Baustelle, notwendige technische Vorrichtungen zum Betrieb der Baustelle). Auch die BGK werden nach Kostenartengruppen gegliedert.

Grundsätzlich empfiehlt es sich, bei den BGK zwischen zeitabhängigen und zeitunabhängigen Kosten zu unterscheiden:

- **Zeitabhängige Kosten** sind Kosten, die sich abhängig von der Bauzeit verändern (z. B. Baustellenvorhaltekosten, Kosten der örtlichen Bauleitung).
- **Zeitunabhängige Kosten** sind Kosten, die unabhängig von der Bauzeit entstehen (z. B. Baustelle einrichten und räumen).

Insbesondere bei Anwendung der Umlagekalkulation (vgl. Kapitel 2.5.2) bietet es sich an, für die explizite Ermittlung der BGK eine interne Kostenaufstellung anzufertigen. Um diese nicht immer wieder neu aufstellen zu müssen, empfiehlt sich der Aufbau eines unternehmensindividuellen BGK-Katalogs, der dann für jedes Projekt nur noch angepasst werden muss.

Hinweis

Der im Anhang abgebildete BGK-Katalog bietet dem Unternehmen eine Hilfe zu entscheiden, welche in einem Bauprojekt anfallenden Kosten als BGK berücksichtigt werden. Generell ist darauf hinzuweisen, dass unternehmensindividuell zu unterscheiden ist, ob bestimmte Kostenbestandteile als BGK oder als AGK Berücksichtigung finden.

Allgemeine Geschäftskosten (AGK)

AGK umfassen alle Kosten, die nicht unmittelbar durch einen bestimmten Bauauftrag, sondern durch das Unternehmen als Ganzes entstehen. Sie stellen daher den einzelnen Teilleistungen und Bauprojekten nicht unmittelbar zuzurechnende Kosten dar und fallen unabhängig davon an, ob ein konkretes Bauprojekt ausgeführt wird oder nicht. AGK werden nicht projektspezifisch kalkuliert und nach Kostenartengruppen aufgegliedert. Sie sind meist ein Sammelposten von Kosten, die an verschiedenen Stellen im Unternehmen anfallen, z. B. Büromiete, Telefon, Steuerberatungs-, Versicherungs- und Finanzierungskosten. Sie können den einzelnen Bauprojekten nur mithilfe von Umlage-/Zuschlagssätzen zugerechnet werden.

Als **Umlage-/Zuschlagsbasis** kommen generell in Betracht:

- Bauleistung/Jahr
- Herstellkosten/Jahr
- Lohn- und Gehaltskosten/Jahr

Dabei kann ein einziger Umlage-/Zuschlagssatz für das gesamte Unternehmen oder mehrere Umlage-/Zuschlagssätze, z. B. nach Sparten differenziert, gebildet werden. Viele Unternehmen setzen ihre geplanten AGK ins Verhältnis zur geplanten Jahres-Bauleistung und wissen so, welchen prozentualen Zuschlag zur Deckung der AGK sie auf die kalkulierten Herstellkosten eines Bauprojekts aufschlagen müssen.

Auf die Ermittlung der Umlage-/Zuschlagssätze wird in Kapitel 2.5 eingegangen.

In der Bauwirtschaft ist es üblich, die Summe von EKT und BGK als **Herstellkosten** zu bezeichnen. Diese beschreiben demnach die Kosten, die unmittelbar aus dem Produktionsprozess in Abhängigkeit von der Leistungserstellung entstehen.

Weiterhin ist es üblich, die Summe von Herstellkosten und anteiligen AGK als **Selbstkosten** zu bezeichnen. Diese beschreiben demnach die Kosten, die mittelbar aus dem Produktionsprozess in Abhängigkeit von der Leistungserstellung entstehen.

Hinweis

Der baubetriebliche Begriff der Herstellkosten ist nicht zu verwechseln mit dem finanzwirtschaftlichen Begriff der Herstellungskosten. Hierunter versteht man die Ansatzgröße für die bilanzielle Bewertung von Vorratsvermögen. Die zum Ende einer Rechnungsperiode als unfertig zu deklarierenden Bauprojekte werden in der Bilanz eines Bauunternehmens im Umlaufvermögen und dort unter den Vorräten ausgewiesen. Unfertige Bauprojekte, die voraussichtlich mit einem positiven Projektergebnis enden, sind in Höhe ihrer Herstellungskosten zu bilanzieren. Aufgrund geltender bilanzieller Pflicht-, Wahl- und Verbotsbestandteile der Herstellungskosten sind diese meist höher als die Herstellkosten, aber geringer als die Selbstkosten.

Da EKT und BGK – anders als die AGK – projektspezifisch kalkuliert werden, ist ihre Unterteilung nach den unter Kapitel 1.5.5.3 erläuterten Kostenartengruppen zu empfehlen. Obwohl dort 11 Kostenartengruppen vorgeschlagen werden, werden in der baubetrieblichen Praxis nicht zwingend alle Kostenartengruppen verwendet. Zu empfehlen ist aber immer eine zumindest fünfstufige Gliederung der Kostenartengruppen, die in den nachfolgenden Ausführungen zur Bauauftragsrechnung verwendet werden (vgl. Tabelle 2.1).

Tabelle 2.1: Empfohlene minimale Gliederung der Kostenartengruppen

Kostenartengruppe (Langbezeichnung)	Kostenartengruppe (Kurzbezeichnung)	Überschriften für Kalkulationsspalten und Kalkulationszeiten
Lohn- und Gehaltskosten	Lohn- und Gehaltskosten	Lohn
Kosten der Bau- und Fertigungsstoffe	Materialkosten	Material
Kosten der Geräte und der Betriebsstoffe	Gerätekosten	Gerate
Kosten für Nachunternehmerleistungen	Nachunternehmerleistungen	NU
Sonstige Kosten	Sonstige Kosten	SoKo

Hinweis

Die Sonstigen Kosten (SoKo) sind nicht gleichzusetzen mit den oben beschriebenen AGK.

Im Anhang werden die Grundlagen zur Ermittlung besonderer Kostenelemente der Bauauftragsrechnung (Mittellohn [ML], personalgebundene Kosten, Gerätekosten) ausführlich – auch anhand von Beispielen – erläutert.

2.4.2 Preisbestandteile

Neben den Kostenbestandteilen werden zur Preisfindung die nachfolgend beschriebenen 4 Preisbestandteile herangezogen:

Gewinn

Der Gewinn entspricht dem geplanten Projektergebnis und dient somit dem Unternehmen zur Erzielung des geplanten betriebswirtschaftlichen Ergebnisses.

Abweichend von bisherigen Vorschlägen zur Kalkulationsgliederung wird empfohlen, nur noch den Begriff „Gewinn" anstelle von „Wagnis und Gewinn" zu verwenden. Mehrere Gründe sprechen dafür:

- Im kalkulatorischen Sinn ist das allgemeine unternehmerische Wagnis kein echter Preisbestandteil, sondern ein Teil des Unternehmensrisikos. Ein nicht eingetretenes Wagnis vergrößert, ein eingetretenes Wagnis verringert den Gewinn und ist damit von diesem nicht zu unterscheiden. Wagnis in diesem kalkulatorischen Sinn ist daher ein Bestandteil des Gewinns oder des Verlusts, denn es ist völlig offen, ob sich Risiken verwirklichen.
- Auch der Leitfaden zur Vergütung bei Nachträgen im „Vergabe- und Vertragshandbuch für die Baumaßnahmen des Bundes" (VHB Bund, Ausgabe: 2008, Stand: 2016) führt in Ziff. 4.8 hierzu aus: „*Wagnis und Gewinn sind keine zwei selbstständigen, voneinander unabhängigen Begriffe; richtigerweise müsste es Gewinn mit Wagnisanteil heißen. Denn es handelt sich kalkulatorisch um den Gewinn und Wagnis umfassenden Gewinnzuschlag, in dem ein Anteil dieses Zuschlags durch das darin enthaltene und dadurch abgedeckte Wagnis ‚bedingt' ist.*"
- Zudem ist zu beachten, dass projektspezifische Risiken nicht durch den Wagnisanteil abgedeckt sind, sondern Bestandteile der EKT bzw. der BGK sind. Die Berücksichtigung von projektspezifischen Risiken wird im Zusammenhang mit der risikoorientierten Kalkulation in Kapitel 2.6.4 näher erläutert.
- In kleineren Bauunternehmen ist es üblich, dass die Zuschläge für Gewinn, AGK und BGK als ein gemeinsamer Zuschlag auf die EKT berechnet werden. Dabei darf aber nicht vergessen werden, dass das allgemeine Unternehmenswagnis ein Bestandteil des Gewinns ist und als solches in die Preisfindung eingehen muss.

Aufgrund dieser Überlegungen wird im Folgenden nur der Begriff Gewinn verwendet, um zum Ausdruck zu bringen, dass das Wagnis ein Bestandteil des Gewinns ist.

Skonto

Der Skonto ist der teilweise Erlass einer Forderung, der an Zahlungsbedingungen gekoppelt ist und bei Zahlung binnen einer bestimmten Frist (sofortige oder vorfristige Zahlung) als prozentualer Abzug vom Rechnungsbetrag gewährt wird. Dem Auftraggeber soll dadurch ein Anreiz zur schnellen (sofortigen oder vorfristigen) Zahlung gegeben werden.

Hinweis

> Mit der Gewährung von Skonto verbindet der Auftragnehmer (als Rechnungssteller) eine schnelle, vorfristige und vollständige Bezahlung der Rechnung, die ihm auf diese Weise einen frühzeitigeren Liquiditätszufluss verschafft. Insofern hat die Skontogewährung ihre Begründung in ersparten Finanzierungskosten durch eine frühere Zahlung.

Nachlass

Der Nachlass ist eine bei Vertragsabschluss gewährte Preisreduktion, die sich erlösschmälernd auswirkt. Dieser Nachlass kann sowohl prozentual als auch als absoluter Wert ausgestaltet sein. Er wird – im Gegensatz zum Skonto – unabhängig von Zahlungseingängen eingeräumt.

Hinweis

> Ob Skonto und/oder Nachlass als eigene Preisbestandteile kalkuliert werden oder nicht, obliegt der unternehmerischen Freiheit. Sollten beide Preisbestandteile nicht separat kalkuliert werden, schmälert ein gezogener Skonto und/oder ein gewährter Nachlass den kalkulierten Gewinn oder der Vertragspreis rutscht sogar unter die kalkulierten Selbstkosten. Insofern sind die beiden Preisbestandteile in der Angebots- und Vertragskalkulation fakultativ zu berücksichtigen. Auf alle Fälle sind jedoch ein gewährter Nachlass und/oder ein gewährter Skonto in der Arbeitskalkulation zu berücksichtigen.

Umsatzsteuer

Die Umsatzsteuer nimmt im Rahmen der betrieblichen Kostenrechnung eine Sonderstellung ein. Sie bedeutet nur für den Endverbraucher im Sinne des Umsatzsteuerrechts eine Kostenbelastung. Hierzu zählen insbesondere alle Privatpersonen, die öffentliche Hand (Bund, Länder, Gemeinden), die Kreditwirtschaft und der Wohnungsbau.

Für alle vorsteuerabzugsberechtigten Unternehmen stellt die Umsatzsteuer dagegen einen kostenneutralen Durchlaufposten dar: Die dem Auftraggeber in Rechnung gestellte Umsatzsteuer (Mehrwertsteuer) wird nach Abzug der an die Lieferanten, Nachunternehmer usw. bezahlten Umsatzsteuer (Vorsteuer) an das Finanzamt abgeführt.

Dies hat zur Konsequenz, dass in einem Unternehmen – sowohl in der Kalkulation als auch im Rechnungswesen – alle Einzelposten ohne Umsatzsteuer (netto) dargestellt werden. Erst bei der Ermittlung der Brutto-Angebotssumme wird auf die Angebotssumme (netto) die Umsatzsteuer mit zurzeit 19,00 % aufgeschlagen.

Im Rahmen eines Vertragsabschlusses ist bei der Angabe der Vergütung also sorgfältig zu unterscheiden, ob der Auftraggeber vorsteuerabzugsberechtigt ist oder nicht und ob der genannte Vertragspreis die Umsatzsteuer bereits enthält oder nicht und diese noch gesondert ausgewiesen werden muss.

Tabelle 2.2: Verwendung von Mengen beim Einheits- und beim Pauschalvertrag

	Einheitspreisvertrag		Pauschalvertrag oder pauschalisierte Positionen auf AG-LV-Basis	
	Kalkulation der Kosten	**Einheitspreise**	**Kosten**	**Gesamtpreis**
Angebotskalkulation	LV-Menge	LV-Menge	VA-Menge	pauschaliert auf Basis der LV-Menge
Vertragskalkulation	VR-Menge inkl. beauftragter Nachträge	VR-Menge inkl. beauftragter Nachträge	VA-Menge inkl. beauftragter Nachträge	pauschaliert auf Basis der LV-Menge inkl. beauftragter Nachträge
Arbeitskalkulation	VA-Menge inkl. beauftragter Nachträge	VA-Menge inkl. beauftragter Nachträge	VA-Menge inkl. beauftragter Nachträge	pauschaliert auf Basis der LV-Menge inkl. beauftragter Nachträge
Prognosekalkulation	VA-Menge inkl. bewerteter Nachträge	VA-Menge inkl. bewerteter Nachträge	VA-Menge inkl. bewerteter Nachträge	pauschaliert auf Basis der LV-Menge inkl. bewerteter Nachträge

Hinweis

Weitere Einzelheiten zur Umsatzsteuer in der Bauwirtschaft (z. B. § 13 b UStG) werden hier nicht weiter behandelt. Sie sind bei Bedarf der einschlägigen Fachliteratur zu entnehmen.

2.4.3 Mengenbestandteile

In der Kalkulation spielen die angesetzten Mengen eine wichtige Rolle. Daher ist eine Mengenermittlung auf Basis der vorliegenden Ausschreibungsunterlagen bereits in der Angebotsphase dringend zu empfehlen. Die zuverlässige Kenntnis der Mengen ist für die Angebotserstellung unentbehrlich, denn der Gesamtpreis einer jeden Position besteht aus 2 Faktoren, nämlich Menge und Einheitspreis.

Diese Kenntnis ist insbesondere für die Pauschalierung eines Einheitspreisangebots wichtig, absolut unentbehrlich ist sie jedoch bei einer funktionalen Ausschreibung.

Im ersten Schritt ist die Mengenermittlung von der Mengenverwendung zu unterscheiden. Im zweiten Schritt sind die unterschiedlichen Ermittlungsquellen und Verwendungszwecke zu kategorisieren.

- **Mengenermittlung:**
  - manuelle Mengenermittlung aus Ausführungsplänen oder Vor-Ort-Aufmaßen
  - digitale Aufmaße
  - Mengenermittlung (manuell erzeugt) nach den Verfahrensbeschreibungen der Richtlinien für Elektronik im Bauwesen (kurz REB-VB)
  - CAD-Mengen
  - Regiemengen (manuell erzeugt)
- **Mengenverwendung:**
  - LV-Menge = vertraglich vereinbarte Menge
  - VA-Menge = voraussichtliche Ausführungsmenge
  - VR-Menge = voraussichtliche Rechnungsmenge

In jedem Unternehmen ist die logisch richtige Zuordnung der Mengenverwendung zu den Kalkulationsstufen – abhängig vom Vertragstyp – festzulegen. Vorgeschlagen wird die in Tabelle 2.2 dargestellte Zuordnung.

Dabei gilt:

- Es ist immer unternehmensindividuell zu entscheiden, in welchen Kalkulationsstufen voraussichtliche Ausführungs- oder Rechnungsmengen berücksichtigt werden sollen. Grundsätzlich ist zu empfehlen, die voraussichtlichen Rechnungsmengen für die Hochrechnung der Einheitspreise zu verwenden.
- Die Mengenzuordnung zu den Kalkulationsstufen muss unbedingt unternehmenseinheitlich geregelt sein, um die Zuverlässigkeit der Prognosen zum Bauprojektende zu gewährleisten.

Deutlich wird, dass möglichst frühzeitig eine eigene Ermittlung der voraussichtlich auszuführenden bzw. abzurechnenden Mengen erforderlich ist. Wenn dies unterbleibt, muss die LV-Menge solange eingesetzt werden, bis Ausführungs- und Rechnungsmengen bekannt sind.

2.5 Kalkulationsverfahren

In Bauunternehmen ist es üblich, mit Kalkulationsverfahren zu rechnen, bei denen die Gemeinkosten den Einzelkosten mithilfe von Zuschlagssätzen zugerechnet werden. Die Betriebswirtschaft bezeichnet solche Verfahren generell als Zuschlagskalkulation.

Je nach der Art der Zuschlagssatzermittlung werden 2 Kalkulationsverfahren unterschieden:

- **Kalkulation mit vorbestimmten Zuschlagssätzen** (häufig auch Zuschlagskalkulation genannt). Hier werden 2 Varianten unterschieden:
  - Variante 1: einstufige Gemeinkostenverteilung
  - Variante 2: mehrstufige Gemeinkostenverteilung
- **Kalkulation über die Endsumme** (häufig auch Umlagekalkulation genannt) mit bauprojektspezifischer Ermittlung der BGK und separatem Ausweis der anteiligen AGK und des Gewinns

Beide Kalkulationsverfahren sind darauf ausgerichtet, letztlich sowohl die Einheitspreise für Teilleistungen als auch die Angebotssumme für die Gesamtleistung auf der Grundlage der bautypischen Leistungsbeschreibung mit LV zu ermitteln. Trotz gleicher Zielsetzung gibt es jedoch

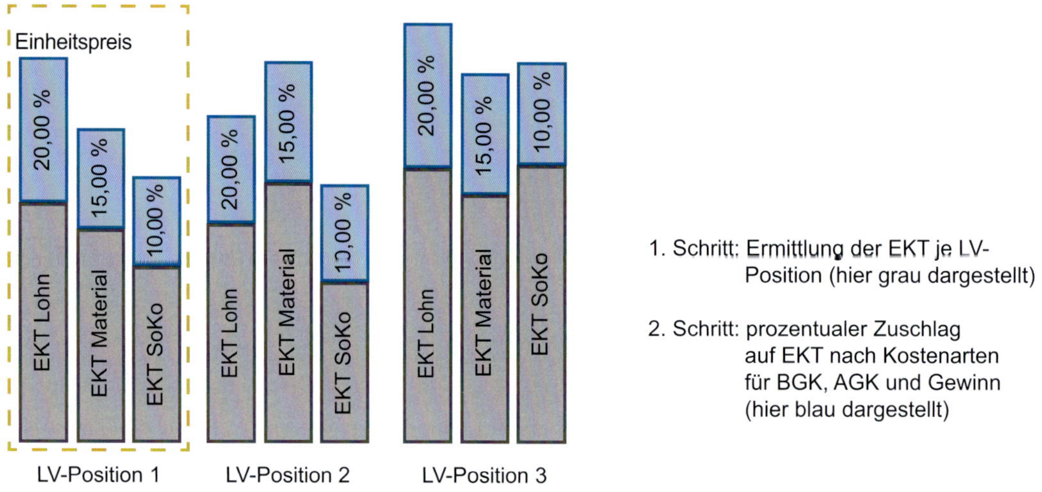

Abb. 2.4: Ermittlung der Einheitspreise einzelner LV-Positionen bei Anwendung der Zuschlagskalkulation

wesentliche Unterschiede, u. a. im Hinblick auf die Vorgehensweise, die Genauigkeit der Ergebnisse und die Praktikabilität bei der weiteren Verwendung der ermittelten Zahlen zur Preisanpassung bei Bauvertragsabweichungen. Beide Kalkulationsverfahren basieren auf der gleichen Terminologie und dem gleichen oben erwähnten Kalkulationsschema. In beiden Kalkulationsverfahren werden zunächst die EKT auf identische Weise ermittelt. Danach unterscheidet sich das weitere Vorgehen.

2.5.1 Kalkulation mit vorbestimmten Zuschlagssätzen

Bei der Kalkulation mit vorbestimmten Zuschlägen (Zuschlagskalkulation) muss zunächst unternehmenseinheitlich oder spartenbezogen festgelegt werden, mit welchen Kostenartengruppen kalkuliert werden soll.

Da bei der Zuschlagskalkulation die Gemeinkosten als vorbestimmte Zuschläge auf die EKT ermittelt werden, müssen die Gemeinkosten als generelle Vorgabewerte aus der Baubetriebsrechnung abgeleitet werden. Dafür müssen zunächst die Gesamtkosten des Vorjahrs eines Bauunternehmens nach Kostenartengruppen gesammelt und ausgewertet werden. Anschließend wird unternehmensindividuell zugeordnet, welche Kostenartengruppen für die Kalkulation als Einzelkosten gelten sollen und somit als Zuschlagsbasis dienen. Die nicht zugeordneten Kostenartengruppen gelten als Gemeinkosten im Sinne der Zuschlagskalkulation, die über die Zuschlagssätze den jeweiligen Einzelkostenarten hinzuaddiert werden.

Die vorbestimmten Zuschläge werden also aus dem Verhältnis von Gemeinkosten zu Einzelkosten ermittelt. In der Zuschlagskalkulation werden demnach die projektspezifischen Einzelkosten separat ermittelt und die Gemeinkosten durch prozentuale Zuschläge zu den EKT addiert.

Dabei ist zu beachten, dass es sich bei den Gemeinkostenzuschlägen meist um Daten der Vorperiode handelt, die Zuschläge selbst aber für die Kalkulation der aktuellen Periode genutzt werden sollen. Erkennbare Änderungen der Gemeinkosten der aktuellen Periode gegenüber der Vorperiode (wie Tariferhöhungen, Preissteigerungen usw.) und evtl. geplante Änderungen der Kostenstruktur (Leistungsausweitung oder -reduzierung, z. B. weniger Rohbau, dafür mehr Schlüsselfertigbau) müssen bei der Ermittlung der Gemeinkosten der aktuellen Periode wertmäßig berücksichtigt werden.

Zusammenfassend ist festzuhalten: Bei der Zuschlagskalkulation werden zunächst für die im auftraggeberseitigen LV enthaltenen Positionen die jeweiligen EKT ermittelt. Alle übrigen Kosten sind Gemeinkosten und werden den ermittelten Einzelkosten als prozentuale Einzelkostenzuschläge auf die verschiedenen Kostenartengruppen hinzugerechnet. Im Zuschlag ist zudem der Gewinnanteil zu berücksichtigen. Dabei können unterschiedliche Kostenarten mit unterschiedlichen Zuschlägen belastet werden, woraus sich die Termini „Kalkulation mit vorbestimmten Zuschlägen“ und „Zuschlagskalkulation“ ableiten lassen.

Auf diese Weise werden zunächst die Einheitspreise gebildet, die multipliziert mit dem Mengenansatz der entsprechenden Position den Positionspreis (Gesamtpreis der Position) bilden. Über die Addition aller Positionspreise ergibt sich dann die Angebotssumme (netto).

Der Einheitspreis pro Position wird bei Anwendung der Kalkulation mit vorbestimmten Zuschlägen also in 2 Schritten berechnet: Zuerst werden die EKT ermittelt, dann werden zu diesen die Gemeinkostenzuschläge addiert (vgl. Abb. 2.4).

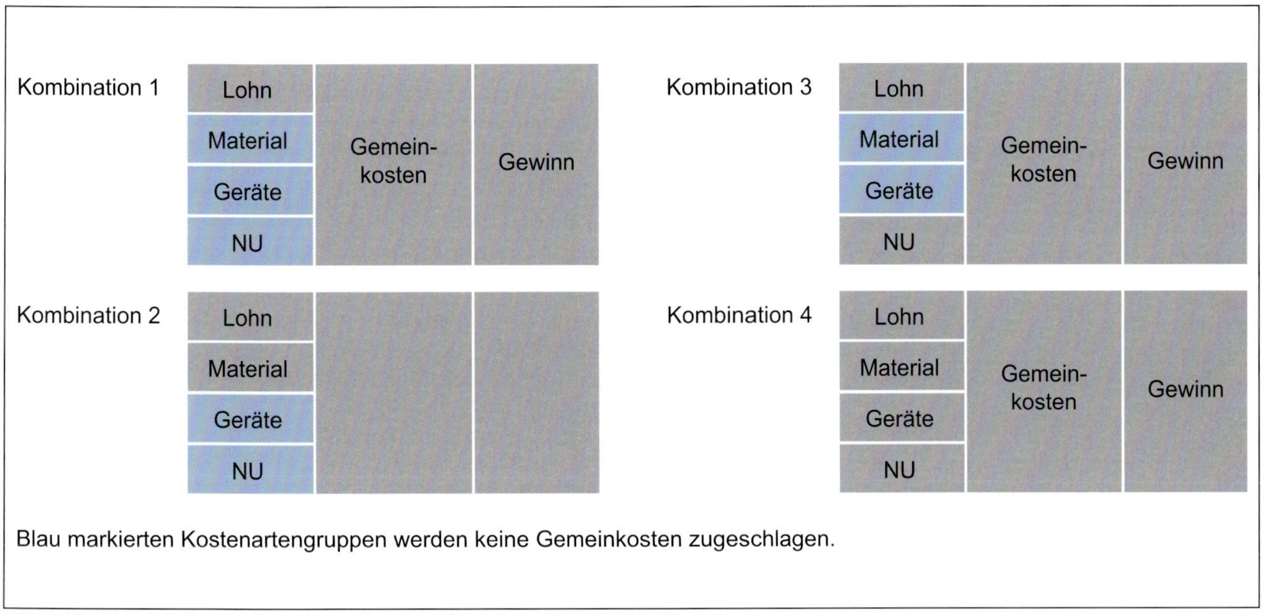

Abb. 2.5: Beispielhafte Kombinationen der einstufigen Gemeinkostenverteilung

Merkmale der Kalkulation mit vorbestimmten Zuschlägen

- Es wird auf eine bauprojektspezifische Trennung von BGK und AGK verzichtet.
- Stattdessen werden durchschnittliche Zuschläge für alle Gemeinkosten angewendet, die in regelmäßigen Zeitabständen – oft jährlich – auf der Grundlage der Baubetriebsrechnung ermittelt oder aus anderen, bereits abgewickelten vergleichbaren Bauprojekten abgeleitet werden. Die Zuschläge beinhalten alle Gemeinkosten sowie den anvisierten Gewinn.
- Charakteristische Vorteile dieses Kalkulationsverfahrens sind die niedrige Komplexität und der geringere Arbeitsaufwand bei der Erstellung der Kalkulation.
- Charakteristischer Nachteil dieses Kalkulationsverfahrens ist die starre Annahme einer gleichen Gemeinkostenstruktur der Bauprojekte ohne Separierung von BGK und AGK.
- Die Zuschlagskalkulation ist zudem eine reine Vorwärtskalkulation, d. h. jede Veränderung im Bereich der Zuschläge führt zu einer Veränderung der gesamten Angebotssumme.

Hinweis

In Kapitel 2.5.3 erfolgt ein bewertender Vergleich zwischen dem Kalkulationsverfahren mit vorbestimmten Zuschlägen und dem Kalkulationsverfahren über die Endsumme.

2.5.1.1 Zuschlagsermittlung mit einstufiger Gemeinkostenverteilung (Variante 1)

Bei Anwendung der Zuschlagskalkulation nach Variante 1 (einstufige Gemeinkostenverteilung) werden die Gemeinkosten direkt auf die Einzelkosten umgelegt (geschlüsselt), wobei eine, mehrere oder alle Kostenartengruppe(n) als Umlagebasis gewählt werden können. Arbeitet ein Bauunternehmen beispielhaft mit 4 Kostenartengruppen (Lohn, Stoffe, Geräte und NU), können die Gemeinkosten und der Gewinnanteil in verschiedenen Kombinationen auf nur eine, auf mehrere oder auf alle Kostenartengruppe(n) (vgl. Abb. 2.5, blau markierten Kostenartengruppen werden keine Gemeinkosten zugeschlagen), verteilt werden.

Es gilt:

- Bei Kombination 1 in Abb. 2.5 werden die Gemeinkosten und der Gewinn ausschließlich der Kostenartengruppe Lohn zugeschlagen.
- Bei den Kombinationen 2 und 3 werden die Gemeinkosten und der Gewinn entweder den Kostenartengruppen Lohn und Material oder Lohn und NU zugeschlagen.
- Bei Kombination 4 werden die Gemeinkosten und der Gewinn allen 4 Kostenartengruppen zugeschlagen.

Beispiel für eine einstufige Gemeinkostenverteilung

Ein Bauunternehmen plant auf Vorjahresbasis mit den in Tabelle 2.3 aufgeführten Daten aus der Baubetriebsrechnung und mit Gesamtkosten von 2,6 Mio. € für das vorangegangene Geschäftsjahr. Es legt zunächst fest, welche der Kostenartengruppen als Einzelkosten und welche als Gemeinkosten für die Kalkulation anzusehen sind.

Hinweis

Alle nachfolgenden Berechnungen wurden mit der Tabellenkalkulation MS-Excel erstellt und berechnet. Stundenansätze wurden auf 4, Kosten- und Preisansätze auf 2 Nachkommastellen gerundet. Die sich so ergebenden gerundeten (Zwischen-)Werte wurden in den Tabellen entsprechend mit 4 bzw. 2 Nachkommastellen ausgewiesen. In allen auf Zwischenwerten aufbauenden Weiterberechnungen wurde mit den gerundeten Zwischenwerten weitergerechnet. In den Kalkulationstabellen werden pro Position die Einzelkostenbeträge je Kostenartengruppe durch Aufsummierung der Einzelkostenbeträge der dazugehörigen Unterpositionen errechnet.

Tabelle 2.3: Aufteilung der Gesamtkosten eines Geschäftsjahrs in Einzel- und Gemeinkosten

Zuschlagsermittlung für Zuschlagskalkulation – Variante 1								
unternehmensindividuelle Kostenarten aus Baubetriebsrechnung des Vorjahrs	**BKR 2016**	**Betrag in €**	**Zuordnung der Einzelkosten zu Kostenartengruppen**	**Einzelkosten in €**	**Gemeinkosten in €**	**BGK in €**	**Vorabzuschläge in %**	**Anteil von Lohn und Gehalt (Arbeiter und Poliere) in %**
Lohn und Gehalt (Arbeiter und Poliere)	60...	300.000	Lohn	300.000				
lohngebundene Kosten	61...	260.760	Lohn	260.760				86,92
Lohnnebenkosten	61...	30.000	Lohn	30.000				10,00
Stoffe (Material)	62...	800.000	Material	800.000				
Schalung und Rüstung	640...	100.000	SoKo	100.000				
Gerätekosten	641...	120.000	Geräte	120.000				
Kleingeräte und Werkzeuge	644...	6.000		0	6.000			
Gehälter	60...	210.000		0	210.000			
Gehaltszusatzkosten	61...	42.000		0	42.000			
Mieten, Pachten	68...	72.000		0	72.000			
Nachunternehmer	66...	600.000	NU	600.000				
verschiedene Kosten	68...	59.240		0	59.240			
Gesamtkosten		**2.600.000**		**2.210.760**	**389.240**	**0**	**0**	

Hinweis

Da in Tabelle 2.3 auf unternehmensindividuelle Kostenarten aus der Baubetriebsrechnung des Vorjahrs zurückgegriffen wurde, weichen die im Unternehmen verwendeten Kostenarten von den im BKR 2016 aufgeführten Kostenartengruppen ab. So sind z. B. die verschiedenen Kosten Bestandteile der Gemeinkosten aus den betriebsindividuellen Kostenarten des Beispiel-Unternehmens und nicht zu verwechseln mit den SoKo, bei denen es sich um eine Kostenartengruppe aus der Kalkulation handelt.

Das Unternehmen entscheidet sich dafür, den Gemeinkostenblock in Höhe von 389.240 € und den Gewinnanteil gleichmäßig auf alle 5 in der Kalkulation verwendeten Kostenartengruppen (Lohn, Material, Geräte, NU und SoKo) umzulegen.

Mit diesen Grundinformationen, einem ML ASL in Höhe von 34,07 €/h (ML ASL enthält lohngebundene Kosten) und einem unternehmensseitig vorgegebenen Gewinnzuschlag von 5,00 % (bezogen auf die Herstellkosten) ermittelt das Bauunternehmen den Zuschlagssatz für die anstehenden Bauprojekte wie in Abb. 2.6 dargestellt.

Hinweis

In Abb. 2.6 und den darauf aufbauenden weiteren Berechnungen (so auch im Beispiel-Projekt „Bau einer Stahlbeton-Stützwand") weicht der Zuschlag für lohngebundene Kosten mit 86,92 % von dem im Anhang unter Kapitel 2.1 ermittelten Zuschlag in Höhe von 82,61 % ab. Hierdurch wird deutlich, dass der Zuschlag für lohngebundene Kosten immer unternehmensindividuell und unter den im Unternehmen geltenden Rahmenbedingungen (z. B. Krankheitstage, Anzahl der Feiertage) ermittelt werden muss.

Ausgehend von einem ML A in Höhe von 17,30 €/h errechnet sich durch Addition des Zuschlags für lohngebundene Kosten (S) in Höhe von 15,04 €/h und Lohnnebenkosten (L) in Höhe von 1,73 €/h der ML ASL in Höhe von 34,07 €/h.

Unter weiterer Hinzurechnung des ermittelten Zuschlags von 23,49 % errechnet sich dann der Kalkulationslohn in Höhe von 42,07 €/h.

Hinweis

Keinesfalls stellt der oben genannte Kalkulationslohn einen „Marktpreis" dar. Vielmehr handelt es sich um einen unternehmens- und projektspezifisch ermittelten Wert, der nur „tragfähig" ist unter der Voraussetzung, dass auch die übrigen, im Unternehmen verwendeten Kostenartengruppen (hier Material, Geräte, SoKo und NU) mit jeweils 23,49 % bezuschlagt werden.

Gemeinkosten = Gesamtkosten abzgl. Einzelkosten	= 2.600.000 € – 2.210.760€ =	389.240 €
Zuschlag Gemeinkosten = Gemeinkosten / Einzelkosten	= 389.240 € / 2.210.760 € =	17,61 %
Gewinnzuschlag (auf EKT)		5,00 %

Gesamtzuschlag auf Einzelkosten = (1 + Zuschlag Gemeinkosten) · (1 + Gewinnzuschlag) – 1

Zuschlag Einzelkosten = (1 + 17,61 %) · (1 + 5,00 %) – 1 = 23,49 %

	Zuschläge in % auf					Kontrollwerte in €	
	Lohn	**Material**	**Geräte**	**SoKo**	**NU**	**errechnet aus Zuschlägen**	**aus Kosten-tabelle**
BGK	0,00	0,00	0,00	0,00	0,00	0	0
AGK	17,61	17,61	17,61	17,61	17,61	389.240	389.240
Gewinnzuschlag	5,88	5,88	5,88	5,88	5,88	130.000	130.000
Gesamtzuschläge	**23,49**	**23,49**	**23,49**	**23,49**	**23,49**	**519.240**	**519.240**

Mittellohn (ML A)		17,30 €/h
Zuschlag für lohngebundene Kosten (ML S)	86,92 %	15,04 €/h
Zuschlag für Lohnnebenkosten (ML L)	10,00 %	1,73 €/h
Mittellohn (ML ASL)		34,07 €/h
Zuschlag auf Lohn	**23,49 %**	8,00 €/h
Kalkulationslohn (Angebotslohn)		42,07 €/h

Abb. 2.6: Zuschlagsermittlung bei Zuschlagskalkulation Variante 1

221

(Preisermittlung bei Zuschlagskalkulation)

Bieter:	**Musterbau GmbH**	Vergabenummer **11-15**	Datum 12.11.2015

Baumaßnahme:

Stützwand

Leistung

öffentlicher Auftraggeber

Angaben zur Kalkulation mit vorbestimmten Zuschlägen

		Zuschlag %	€/h
1.	**Angaben über Verrechnungslohn**		
1.1	**Mittellohn ML** einschl. Lohnzulagen u. Lohnerhöhung, wenn keine Lohngleitklausel vereinbart wird		17,30
1.2	**Lohngebundene Kosten** Sozialkosten und Soziallöhne, als Zuschlag auf **ML**	86,92	15,04
1.3	**Lohnnebenkosten** Auslösungen, Fahrgelder, als Zuschlag auf **ML**	10,00	1,73
1.4	**Kalkulationslohn KL** (Summe 1.1 bis 1.3)		34,07
1.5	**Zuschlag auf Kalkulationslohn KL** (aus Zeile 2.4, Spalte 1)	23,49	8,00
1.6	**Verrechnungslohn VL** (Summe 1.4 und 1.5, VL im Formblatt 223 berücksichtigen)		42,07

2.	**Zuschläge auf die Einzelkosten der Teilleistungen = unmittelbare Herstellungskosten**	Zuschläge in % auf				
		Lohn	Stoffkosten	Gerätekosten	Sonstige Kosten	Nachunter-nehmerleist.
2.1	**Baustellengemeinkosten**	0,00	0,00	0,00	0,00	0,00
2.2	**Allgemeine Geschäftskosten**	17,61	17,61	17,61	17,61	17,61
2.3	**Wagnis und Gewinn**	5,88	5,88	5,88	5,88	5,88
2.4	**Gesamtzuschläge**	23,49	23,49	23,49	23,49	23,49

Abb. 2.7: Formblatt 221 des VHB mit den Daten aus Abb. 2.6 Bund (2016)

Die Zeilen BGK, AGK und Gewinnzuschlag in Abb. 2.6 zeigen die Anteile des Gesamtzuschlags, wobei der Gewinnanteil als Residualwert (Restwert) errechnet wird.

Bezogen auf die Einzelkosten ergibt sich ein höherer Gewinnanteil von 5,88 %, denn:

- 5,88 % · 2.210.760 € (Einzelkosten) = 130.000 € (gerundet)
- 5,00 % · 2.600.000 € (Gesamtkosten) = 130.000 €

Zu beachten ist also, dass der unternehmensindividuell vorgegebene prozentuale Gewinnzuschlag in Höhe von 5,00 % nicht einfach dem errechneten prozentualen Gemeinkostenzuschlag von 17,61 % hinzuaddiert werden darf, sondern – gemäß der oben aufgeführten Berechnung – in Höhe von 5,88 % den Einzelkosten hinzugeschlagen werden muss. Diese Berechnung ist erforderlich, da der Gewinnzuschlag auch auf den Gemeinkostenanteil aufgeschlagen werden muss.

Bei diesem Kalkulationsbeispiel mit einstufiger Gemeinkostenverteilung (Variante 1) ist das „Zuschlagsrisiko" gleichmäßig über die Kostenartengruppen verteilt und die Einheitspreisbestandteile enthalten keine Gewichtungen.

Hinweis

> Im Anhang sind die Grundlagen zur Ermittlung der unterschiedlichen Mittellohnbestandteile erläutert und mit Beispielen unterlegt. Die in diesem Buch verwendeten Mittellohnbegriffe entsprechen der allgemeinen Baubetriebslehre und können von der Begriffsverwendung im VHB Bund (2016) abweichen.

Überführung der Ergebnisse der Zuschlagskalkulation in das Formblatt 221 (ehemals Einheitliches Formblatt Preis – EFB Preis) des VHB Bund (2016)

In Abb. 2.7 ist dargestellt, wo sich die Beispiel-Daten aus Abb. 2.6 im Formblatt 221 wiederfinden.

2.5.1.2 Zuschlagsermittlung mit mehrstufiger Gemeinkostenverteilung (Variante 2)

In der Variante 2 (mehrstufige Gemeinkostenverteilung) der Zuschlagskalkulation erfolgt eine Vorabumlage von Teilen der Gemeinkosten auf die Kostenartengruppen Material, Geräte, NU und/oder SoKo. Zusätzlich können die Gemeinkosten, AGK und BGK aufgeteilt werden.

In der Praxis ist es üblich, bei einer mehrstufigen Gemeinkostenverteilung zu überprüfen, ob Gemeinkostenbestandteile vorliegen, die direkt einer Kostenartengruppe im Sinne einer Kostenverursachung zugeordnet werden können. Diese Gemeinkostenbestandteile werden in einer **errechneten Vorabumlage** (erste Umlagestufe) direkt dieser Kostenartengruppe zugewiesen.

Beispiele für errechnete Vorabumlagen auf Kostenartengruppen sind:

- Kleingerät und Werkzeug auf die Kostenartengruppe Lohn
- Baustofflager auf die Kostenartengruppe Material
- Geräteverwaltung und Platzkosten auf die Kostenartengruppe Geräte

Darüber hinaus ist es auch üblich, weitere Kostenartengruppen mit **frei gewählten Vorabumlagen** zu beaufschlagen (zweite Umlagestufe). Diese Vorabumlage auf eine Kostenartengruppe kann auch als „strategische Umlage" verstanden werden.

Beispiele für frei gewählte Vorabumlagen sind:

- prozentuale Vorabumlage (Zuschlag) auf die Kostenartengruppe NU
- prozentuale Vorabumlage (Zuschlag) auf die Kostenartengruppe SoKo

Die nach den Vorabumlagen verbleibenden Gemeinkosten stellen **Restgemeinkosten** dar und werden auf eine, mehrere oder alle Kostenartengruppe(n) umgelegt (dritte Umlagestufe).

Beispiel für eine mehrstufige Gemeinkostenverteilung

Bei dem bereits in Variante 1 ermittelten Gemeinkostenblock in Höhe von 389.240,00 € wird in der Variante 2 angenommen, dass sich der in der Baubetriebsrechnung erfasste Gemeinkostenblock wie folgt unterteilt (erste Umlagestufe):

- Die materialbezogenen Gemeinkosten setzen sich anteilig aus Gehaltskosten, Mieten und Pachten sowie verschiedenen Kosten zusammen und betragen 104.000 €. Dies entspricht einem Anteil von 13,00 % der Materialkosten in Höhe von 800.000 €.
- Die gerätebezogenen Gemeinkosten setzen sich anteilig aus Mieten und Pachten sowie weitere Kosten zusammen und betragen 15.600 €, demnach ebenfalls 13,00 % der Gerätekosten in Höhe von 120.000 €.

Aus strategischen Gründen wird im Beispiel eine weitere Vorabumlage der übrigen Gemeinkosten von 12,00 % für die Kostenart Schalung und Rüstung auf die Kostenartengruppe SoKo und 10,00 % für die Kostenart Nachunternehmerkosten auf die Kostenartengruppe NU gewählt (zweite Umlagestufe).

Die dann noch verbleibenden Restgemeinkosten werden als Restumlage der Kostenartengruppe Lohn zugeschlagen (dritte Umlagestufe). Die mehrstufige Gemeinkostenverteilung stellt sich dann wie in Abb. 2.8 dar.

Die Gesamtzuschläge zeigen hier eine klare Gewichtung auf der Kostenartengruppe Lohn und somit auf allen lohnintensiven Positionen. So steckt der größte Gewinnzuschlag in Höhe von 22,52 % im Lohnkostenzuschlag.

Bei den Nachunternehmerkosten reicht im Beispiel der Gesamtzuschlag von 15,50 % nicht aus, die gesamten AGK- und BGK-Anteile von 17,61 % abzudecken, was rechnerisch zu einem „negativen Gewinnzuschlag" in Höhe von –2,11 %-Punkten führt. In der unternehmerischen Praxis müsste im dargestellten Beispiel die Zuschlagsverteilung im Unternehmen neu überdacht werden, da der Zuschlagssatz (Vorabumlage) auf die Kostenartengruppe NU zu gering gewählt wurde.

Zuschlagsermittlung für Zuschlagskalkulation – Variante 2

unternehmensindividuelle Kostenarten aus Baubetriebsrechnung des Vorjahrs	BKR 2016	Betrag in €	Zuordnung der Einzelkosten zu Kostenartengruppen	Einzelkosten in €	AGK in €	BGK in €	Vorabzuschläge in %	Vorabzuschläge in €	Anteil von Lohn u. Gehalt (Arbeiter und Poliere) in %
Lohn und Gehalt (Arbeiter und Poliere)	60....	300.000	Lohn	300.000					
lohngebundene Kosten	61....	260.760	Lohn	260.760					86,92
Lohnnebenkosten	61....	30.000	Lohn	30.000					10,00
Stoffe (Material)	62....	800.000	Material	800.000			13,00	104.000	
Schalung und Rüstung	640...	100.000	SoKo	100.000			12,00	12.000	
Gerätekosten	641...	120.000	Geräte	120.000			13,00	15.600	
Kleingeräte und Werkzeuge	644...	6.000		0		6.000			
Gehälter	60....	210.000		0	84.000	126.000			
Gehaltszusatzkosten	61....	42.000		0	16.800	25.200			
Mieten, Pachten	68....	72.000		0	72.000				
Nachunternehmer	66....	600.000	NU	600.000			10,00	60.000	
verschiedene Kosten	68....	59.240		0	18.300	40.940			
Gesamtkosten		**2.600.000**		**2.210.760**	**191.100**	**198.140**		**191.600**	

Gemeinkosten = Gesamtkosten abzgl. Einzelkosten	= 2.600.000 € – 2.210.760 € =	389.240,00 €
davon Anteil AGK		191.100,00 €
davon Anteil BGK		198.140,00 €
Zuschlag AGK = AGK / Einzelkosten	= 191.100 € / 2.210.760 € =	8,64 % } 17,61 %
Zuschlag BGK = BGK / Einzelkosten	= 198.140 € / 2.210.760 € =	8,96 %
Restgemeinkosten = Gemeinkosten – Summe der Vorabzuschläge	= 389.240 € – 191.600 € =	197.640,00 €
Restzuschlag auf Lohngesamtkosten = Restgemeinkosten/Lohnkosten gesamt	= 197.640 € / (300.00 € + 260.760 € + 30.000 €) =	33,46 %
Gewinnzuschlag		5,00 %

Gesamtzuschlag auf Einzelkosten = (1 + Vorabzuschlag) · (1 + Gewinnzuschlag) – 1, beim Lohn ersetzt der Restzuschlag den Vorabzuschlag.

Zuschlag Einzelkosten Lohn	= (1 + 33,46 %) · (1 + 5 %) – 1 = 40,13 %
Zuschlag Einzelkosten Material	= (1 + 13 %) · (1 + 5 %) – 1 = 18,65 %
Zuschlag Einzelkosten Geräte	= (1 + 13 %) · (1 + 5 %) – 1 = 18,65 %
Zuschlag Einzelkosten SoKo	= (1 + 12 %) · (1 + 5 %) – 1 = 17,60 %
Zuschlag Einzelkosten NU	= (1 + 10 %) · (1 + 5 %) – 1 = 15,50 %

	Zuschläge in % auf					Kontrollwerte in €	
	Lohn	Material	Geräte	SoKo	NU	errechnet aus Zuschlägen	aus Kostentabelle
BGK	8,96	8,96	8,96	8,96	8,96	198.140	198.140
AGK	8,64	8,64	8,64	8,64	8,64	191.100	191.100
Gewinnzuschlag	22,52	1,04	1,04	-0,01	-2,11	130.000	130.000
Gesamtzuschläge	**40,13**	**18,65**	**18,65**	**17,60**	**15,50**	**519.240**	**519.240**

Mittellohn (ML A)		17,30 €/h
Zuschlag für lohngebundene Kosten (ML S)	86,92 %	15,04 €/h
Zuschlag für Lohnnebenkosten (ML L)	10,00 %	1,73 €/h
Mittellohn (ML ASL)		34,07 €/h
Zuschlag auf Lohn	40,13 %	13,67 €/h
Kalkulationslohn (Angebotslohn)		47,74 €/h

Abb. 2.8: Zuschlagsermittlung für Zuschlagskalkulation Variante 2

Hinweis

Der Restzuschlag auf die Kostenartengruppe Lohn ist beispielhaft zu sehen. Es können auch andere Kostenartengruppen hierfür gewählt werden. Würden die gesamten Gemeinkosten von 389.240 € ausschließlich auf den Lohn umgelegt, so würde der Kalkulationslohn sogar 56,52 € betragen.

Zuschlagskalkulation anhand des Beispiel-Projekts „Stützwand"

Nachdem die grundsätzliche Vorgehensweise der Zuschlagskalkulation dargestellt wurde, soll diese anhand eines Beispiel-Projekts umgesetzt werden.

Das nachfolgende Beispiel einer Stahlbeton-Stützwand, im Folgenden nur noch Beispiel-Projekt „Stützwand" genannt, soll die Kostenermittlung und Preisfindung bei Anwendung der Zuschlagskalkulation und mehrstufiger Gemeinkostenverteilung zeigen. Das Beispiel-Projekt umfasst die Herstellung einer Stahlbeton-Stützwand, der das LV aus Tabelle 2.4 zugrunde liegt.

Das Beispiel-Projekt „Stützwand" wird in der Folge auch zur Erklärung der weiteren Kalkulationsverfahren und Kalkulationsstufen herangezogen werden.

Die Zuschlagskalkulation erfolgt in 5 zentralen Schritten:

- Ermittlung des Mittellohns: Im Beispiel-Projekt „Stützwand" wird der unter Kapitel 2.5.1.2 ermittelte ML ASL (34,07 €/h) angenommen.
- Ermittlung der Gemeinkostenzuschläge: Im Beispiel-Projekt „Stützwand" werden die unter Kapitel 2.5.1.2 ermittelten Gemeinkostenzuschläge (Zuschläge auf die Kostenartengruppen Material und Geräte in Höhe von jeweils 18,65 %, Zuschlag auf die Kostenartengruppe SoKo in Höhe von 17,60 % und Zuschlag auf die Kostenartengruppe NU in Höhe von 15,50 %) übernommen.
- Kostenermittlung: Hier werden zunächst die Einzelkosten je Mengeneinheit der LV-Positionen – getrennt nach den Kostenartengruppen Lohn, Material, Geräte, NU und SoKo – ermittelt, die dann je Kostenartengruppe und je LV-Position summiert werden (vgl. Tabelle 2.6).

Tabelle 2.4: LV des Beispiel-Projekts „Stützwand"

Projekt: Stützwand, LV			
Titel	**Menge**	**Einheit**	**Positionsbeschreibung**
Position			
1			**Erdarbeiten**
1.010	900,000	m^3	Boden lösen und seitlich lagern Boden nach Angabe des AG lösen und seitlich lagern Abrechnung nach Abtragsprofilen
1.020	150,000	m^3	Abfuhr von überschüssigem Boden Abfuhr von überschüssigem Boden nach Angabe des AG auf Kippe des AG
1.030	750,000	m^3	Arbeitsraum Hinterfüllung des Arbeitsraums mit dem gelagerten Boden
2			**Betonarbeiten**
2.010	225,000	m^2	Sauberkeitsschicht C 8/10, $d = 5$ cm Ortbeton der Sauberkeitsschicht, aus unbewehrtem Beton, als Normalbeton C 8/10 liefern und einbauen, Oberflächen eben abziehen $d = 5$ cm
2.020	120,000	m^3	Fundamentbeton C 20/25, $d = 60$ cm, $h = 1{,}25$ m Ortbeton des Streifenfundaments, obere Betonfläche waagrecht, aus Stahlbeton, als Normalbeton C 20/25 liefern und einbauen, $d = 60$ cm
2.030	200,000	m^2	Schalung der Fundamente Schalung der Streifenfundamente, Bauteilhöhe über 0,50 bis 1,00 m
2.040	12,0	t	Betonstahl 500 S, Durchmesser über 10 bis 16 mm, Längen bis 14,00 m liefern, schneiden, biegen und verlegen
2.050	120,000	m^3	Wandbeton C 20/25, $d = 30$ cm, $h = 2{,}5$ m Ortbeton der tragenden Stahlbetonwände als Normalbeton C 20/25 liefern und einbauen Schalung der Stahlbetonwände, aus glatter Schalung, einseitig sichtbar bleibende Betonoberfläche, Betonfläche absatzfrei, Bauteilhöhe über 2,00 bis 3,00 m Betonstahlmatten 500 M, Ausführung als Lagermatten, liefern, schneiden und verlegen
2.060	9,50	m	Dehnungsfugen Fugenband aus PVC als einbaufertiges System, Breite 300 mm, DIN 18541 für Dehnungsfugen in Fundament und Stahlbetonwänden lotrecht liefern und einbauen, Fugenbreite bis 20 mm
2.070	160,00	m	Arbeitsfugen Fugenbleche für Arbeitsfugen im Streifenfundament liefern und einbauen, Einbaulage horizontal, Blechbreite $b = 30$ cm
2.080	30,00	m	Sollbruchfugen Fugenband aus PVC als einbaufertiges System liefern und einbauen, DIN 18541 für Sollbruchfugen lotrecht, Dichtungsrohr $d > 80$ mm einschließlich erforderlicher Trapezleisten

- Preisfindung: Hier werden die Einheitspreise mit den zuvor ermittelten Zuschlägen für Gemeinkosten und Gewinn je Kostenartengruppe ermittelt.
- Aufsummierung der mit den LV-Mengen multiplizierten Einheitspreise zur Netto-Angebotssumme (vgl. Tabelle 2.5).

Zusammenfassend ist festzuhalten, dass in jeder LV-Position zunächst der Einheitspreisanteil je Position errechnet wird, und zwar durch die Multiplikation der Stundenansätze der einzelnen Teilleistungen mit dem zugrunde gelegten Kalkulationslohn und der EKT mit den zuvor errechneten Zuschlagsfaktoren.

Die Addition aller Einheitspreisanteile ergibt dann den Einheitspreis pro Position. Die Multiplikation der LV-Menge mit dem Einheitspreis je Teilleistung (Position) ergibt den Gesamtpreis je Position. Die Aufsummierung aller Gesamtpreise führt zur Angebotssumme (netto) von 126.130,48 €.

Durch die Wahl verschiedener Kombinationen von unternehmensbezogenen Vorabumlagen lässt diese Variante der Zuschlagskalkulation betriebsindividuelle Gestaltungsmöglichkeiten bei der Ermittlung und Verteilung der BGK zu.

Das zweite Kalkulationsverfahren, die Kalkulation über die Endsumme (siehe Kapitel 2.5.2), ermöglicht aufgrund der projektspezifischen Ermittlung und Verteilung der BGK noch eine detailliertere und genauere Kalkulation.

Tabelle 2.5: Preisermittlung des Beispiel-Projekts „Stützwand"

Projekt: Stützwand, Preisermittlung mit vorbestimmten Zuschlägen				EKT							Einheitspreis-Anteile					Angebotspreise	
Position	Menge	Einheit	Beschreibung	Stunden	Lohn	Material	Geräte	SoKo	NU	EKT	Lohn	Material	Geräte	SoKo	NU	Einheits-preis	Gesamtpreis
		Kostenart	Mittellohn in €/h		34.07						47,74	1,1865	1,1865	1,1760	1,1550		
				in h	in €	in €	in €	in €	in €	in €	in €	in €	in €	in €	in €	in €	in €
1.010	900,000	m³	Aushub und seitliches Lagern														
1.010				0,0300	1,02		1,70			2,72	1,43		2,02			3,45	3.105,00
1.020	150,000	m³	Abfuhr														
1.020								6,50		6,50				7,64		7,64	1.146,00
1.030	750,000	m³	Hinterfüllung														
1.030				0,0500	1,70		1,93			3,63	2,39		2,29			4,68	3.510,00
2.010	225,000	m²	Sauberkeitsschicht 5 cm														
2.010				0,2000	6,82	3,00				9,82	9,55	3,56				13,11	2.949,75
2.020	120,000	m³	Fundamentbeton C 20/25														
2.020				0,5000	17,04	65,00	10,00			92,04	23,87	77,12	11,87			112,86	13.543,20
2.030	200,000	m²	Fundamentschalung														
2.030				0,7500	25,55			10,00		35,55	35,81			11,76		47,57	9.514,00
2.040	12,0	t	Betonstahl 500 S														
2.040									900,00	900,00					1.039,50	1.039,50	12.474,00
2.050	120,000	m³	Wandbeton C 20/25 einschließlich Schalung und Bewehrung														
2.050				7,3566	250,97	65,00	10,00	66,66	90,00	482,63	351,68	77,12	11,87	78,39	103,95	623,01	74.761,20
2.060	9,50	m	Dehnungsfugen														
2.060				1,0000	34,07	9,95				44,02	47,74	11,81				59,55	565,73
2.070	160,00	m	Arbeitsfugen														
2.070				0,3000	10,22	2,50				12,72	14,32	2,97				17,29	2.766,40
2.080	30,00	m	Sollbruchfugen														
2.080				1,0000	34,07	10,20				44,27	47,74	12,10				59,84	1.795,20
Summe Einheitspreis											61.633,18	20.260,20	6.384,30	12.904,80	24.948,00		126.130,48

Tabelle 2.6: Kostenermittlung des Beispiel-Projekts „Stützwand“

Projekt: Stützwand, Kalkulation der EKT/GKT				EKT							GKT						
Position	Menge	Einheit	Beschreibung	Stunden	Lohn	Material	Geräte	SoKo	NU	EKT	Stunden	Lohn	Material	Geräte	SoKo	NU	GKT
		Kostenart	Mittellohn in €/h		34,07							34,07					
				in h	in €	in €	in €	in €	in €	in €	in h	in €	in €	in €	in €	in €	in €
1.010	**900,000**	**m³**	**Aushub und seitliches Lagern**														
1.010			Laderaupe 50 kW, diese leistet 40,00 m³/h														
1.010		641…	Betrieb Laderaupe: 8,00 €/h / 40,00 m³/h				0,20										
1.010		641…	Vorhaltung Laderaupe: 60,00 €/h / 40,00 m³/h				1,50										
1.010		60….	Bedienung 1 Mann: 1 Ak/h / 40,00 m³/h = 0,025 h/m³ + 0,005 h/m³ anteilige Handschachtung	0,0300	1,02												
1.010				0,0300	1,02		1,70			2,72	27,0000	918,00		1.530,00			2.448,00
1.020	**150,000**	**m³**	**Abfuhr**														
1.020		641…	2 Fahrzeuge: 2 · 65,00 €/h / 20,00 m³/h					6,50									
1.020								6,50		6,50					975,00		975,00
1.030	**750,000**	**m³**	**Hinterfüllung**														
1.030			Laderaupe 50 kW, diese leistet 40,00 m³/h														
1.030		641…	Betrieb Laderaupe: 8,00 €/h / 40,00 m³/h				0,20										
1.030		641…	Vorhaltung Laderaupe: 60,00 €/h / 40,00 m³/h				1,50										
1.030		641…	Betrieb Rüttelplatte: 2,00 €/h / 40,00 m³/h				0,05										
1.030		641…	Vorhaltung Rüttelplatte: 7,00 €/h / 40,00 m³/h				0,18										
1.030		60….	Bedienung 2 Mann: 2 Ak/h / 40,00 m³/h	0,0500	1,70												
1.030				0,0500	1,70		1,93			3,63	37,5000	1.275,00		1.447,50			2.722,50
2.010	**225,000**	**m²**	**Sauberkeitsschicht 5 cm**														
2.010			Unterposition 1: C 8/10 einbringen:														
2.010		60….	Lohn: 0,050 m³ · 2,00 h	0,1000	3,41												
2.010		62….	Liefern: 0,050 m³ · 60,00 €			3,00											
2.010			Unterposition 2: Abziehen:														
2.010		60….	Lohn: 0,10 h	0,1000	3,41												
2.010				0,2000	6,82	3,00				9,82	45,0000	1.534,50	675,00				2.209,50
2.020	**120,000**	**m³**	**Fundamentbeton C 20/25**														
2.020		60….	Lohn: Betonieren mit Pumpe	0,5000	17,04												
2.020		641…	Betonpumpe				10,00										
2.020		62….	C 20/25			65,00											
2.020				0,5000	17,04	65,00	10,00			92,04	60,0000	2.044,80	7.800,00	1.200,00			11.044,80
2.030	**200,000**	**m²**	**Fundamentschalung**														
2.030			Unterposition 1: Schalen Vorderwand Fundament:														
2.030		60….	Lohn: 0,5 · 0,40 h	0,2000	6,81												
2.030		644…	Schalung					5,00									
2.030			Unterposition 2: Ausschalen Vorderwand Fundament:														
2.030		60….	Lohn: 0,5 · 0,10 h	0,0500	1,70												
2.030			Unterposition 3: Schalen Rückwand:														
2.030		60….	Lohn: 0,5 · 0,73 h	0,3650	12,44												

Tabelle 2.6 (Fortsetzung): Kostenermittlung des Beispiel-Projekts „Stützwand"

2.030		644…	Schalung: 0,5 · 10,00 €					5,00									
2.030			Unterposition 4: Ausschalen Rückwand:														
2.030		60….	Lohn: 0,5 · 0,27 h	0,1350	4,60												
2.030				0,7500	25,55			10,00		35,55	150,0000	5.110,00			2.000,00		7.110,00
2.040	**12,0**	**t**	**Betonstahl 500 S**														
2.040		66….	Schneiden, Biegen, Liefern und Verlegen						900,00								
2.040									900,00	900,00						10.800,00	10.800,00
2.050	**120,000**	**m³**	**Wandbeton C 20/25 einschließlich Schalung und Bewehrung**														
2.050			Unterposition 1: Beton einbringen:														
2.050		60….	Lohn: Betonieren mit Pumpe	0,7000	23,85												
2.050		641…	Betonpumpe				10,00										
2.050		62….	C 20/25			65,00											
2.050			Wandschalung (6,667 m²/m³)														
2.050			Unterposition 2: Schalen Vorderwand (m²):														
2.050		60….	Lohn: 6,667 · 0,5 · 0,73 h/m²	2,4333	82,90												
2.050		644…	Schalung: 6,667 · 0,5 · 10,00 €/m²					33,33									
2.050			Unterposition 3: Ausschalen Vorderwand (m²):														
2.050		60….	Lohn: 6,667 · 0,5 · 0,27 h/m²	0,9000	30,66												
2.050			Unterposition 4: Schalen Rückwand (m²):														
2.050		60….	Lohn: 6,667 · 0,5 · 0,73 h/m²	2,4333	82,90												
2.050		644…	Schalung: 6,667 · 0,5 · 10,00 €/m²					33,33									
2.050			Unterposition 5: Ausschalen Rückwand (m²):														
2.050		60….	Lohn: 6,667 · 0,5 · 0,27 h/m²	0,9000	30,66												
2.050			Betonstahlmatten 500 M (0,1 t/m³)														
2.050		660…	Unterposition 6: Schneiden, Lieferung und Verlegen						90,00								
2.050				7,3666	250,97	65,00	10,00	66,66	90,00	482,63	883,9920	30.116,40	7.800,00	1.200,00	7.999,20	10.800,00	57.915,60
2.060	**9,50**	**m**	**Dehnungsfugen**														
2.060		60….	Lohn	1,0000	34,07												
2.060		62….	Dehnungsfugenband			9,95											
2.060				1,0000	34,07	9,95				44,02	9,5000	323,67	94,53				418,20
2.070	**160,00**	**m**	**Arbeitsfugen**														
2.070		60….	Lohn	0,3000	10,22												
2.070		62….	Fugenblech			2,50											
2.070				0,3000	10,22	2,50				12,72	48,0000	1.635,20	400,00				2.035,20
2.080	**30,00**	**m**	**Sollbruchfugen**														
2.080		60….	Lohn	1,0000	34,07												
2.080		62….	Sollbruchfuge			10,20											
2.080				1,0000	34,07	10,20				44,27	30,0000	1.022,10	306,00				1.328,10
Summe EKT											**1290,9920**	**43.979,67**	**17.075,53**	**5.377,50**	**10.974,20**	**21.600,00**	**99.006,90**

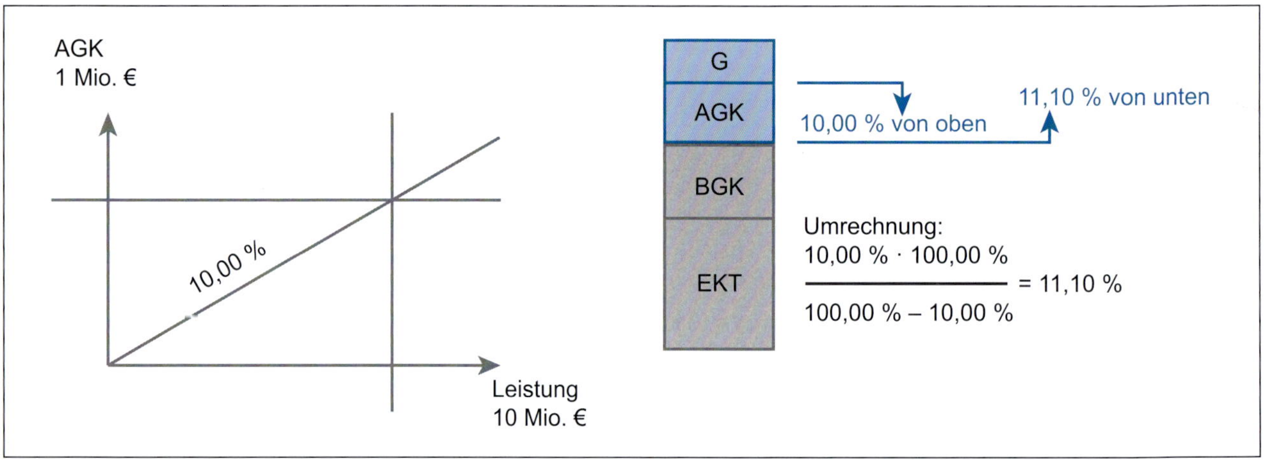

Abb. 2.9: Umrechnung des AGK-Zuschlags „von oben" auf „von unten"

2.5.2 Kalkulation über die Endsumme

Bei der Kalkulation über die Endsumme (Umlagekalkulation) wird zunächst die Endsumme – also in der Angebotskalkulation die Angebotssumme bzw. in der Vertragskalkulation die Vertragssumme – ermittelt. Daher stammt der Terminus „Kalkulation über die Endsumme". Die Ermittlung der Endsumme erfolgt in 4 Schritten:

- Im ersten Schritt werden (wie auch bei der Zuschlagskalkulation) die EKT getrennt nach den im Bauunternehmen verwendeten Kostenartengruppen ermittelt.
- Im zweiten Schritt werden dann die BGK ebenfalls nach diesen Kostenartengruppen ermittelt. Hierfür wird meist eine projektspezifische Aufstellung (ein sog. internes LV, auch Umlageverzeichnis oder BGK-Verzeichnis genannt) all derjenigen Leistungen erstellt, die im Zuge der Projektrealisation notwendig sind, die aber im auftraggeberseitigen LV nicht separat ausgewiesen sind. Die BGK sind die Kosten für diese Leistungen. Im Hinblick auf die auftraggeberseitigen LV-Positionen sind die BGK dann Gemeinkosten, im Hinblick auf das Bauprojekt aber Einzelkosten.
- Im dritten Schritt wird auf die sich aus EKT und BGK zusammensetzenden Herstellkosten ein Zuschlag addiert, der zur Deckung der AGK dient – das Ergebnis sind die Selbstkosten.

Hinweis

Die AGK werden in Bauunternehmen projektunabhängig, meist in Prozent der Jahresbauleistung, ermittelt (in Ausnahmefällen auch in Prozent der Herstellkosten oder der Lohn- und Gehaltssumme). Werden die AGK leistungsabhängig ermittelt (also im Verhältnis zur Jahresbauleistung) ist Folgendes zu beachten: Da in der Kalkulation zunächst die Herstellkosten ermittelt werden, muss der Zuschlag für die AGK auf die Endsumme (Bauleistung) – also „von oben"' – umgerechnet werden in einen Zuschlag auf die Herstellkosten – also „von unten". Beträgt z. B. die geplante Jahresbauleistung 10 Mio. €, die geplanten AGK 1 Mio. €, so beträgt der Zuschlagssatz der AGK „von oben" (also von der Bauleistung) 10,00 %. Umgerechnet auf den Zuschlag „von unten" (also von den Herstellkosten) 11,10 % (vgl. Abb. 2.9).

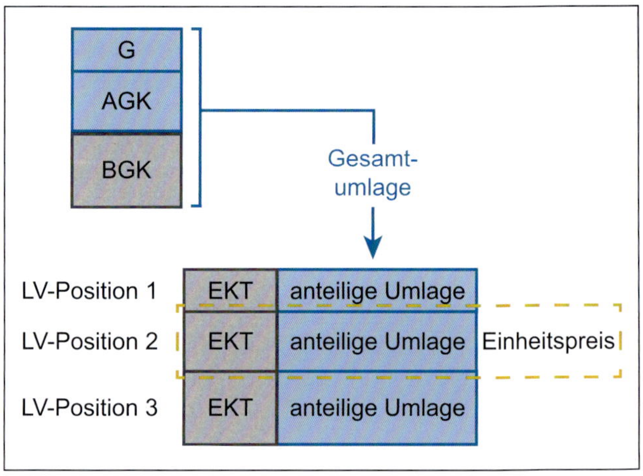

Abb. 2.10: Preisbildung bei Anwendung der Umlagekalkulation

- Im vierten Schritt wird den Selbstkosten ein prozentualer Gewinnzuschlag hinzugerechnet, um zur Angebotssumme bzw. Vertragssumme zu gelangen.

Hinweis

Der Gewinn stellt keinen Kostenbestandteil dar, sondern dient als Preisbestandteil zur Erzielung eines Unternehmensgewinns.

Da beim Einheitspreisvertrag nicht nur die Angebotssumme bzw. Vertragssumme ermittelt werden muss, sondern Einheits- und Gesamtpreise für jede LV-Position zu ermitteln sind, folgen nun weitere 3 Schritte, aus denen sich der Terminus „Umlagekalkulation" ableitet:

- Im fünften Schritt erfolgt die Ermittlung des Gesamtumlagebetrags als Summe von BGK, AGK und Gewinn.
- Im sechsten Schritt wird dieser Gesamtumlagebetrag auf die Kostenartengruppen der LV-Positionen umgelegt. Hier steht einem Bauunternehmen ein weiter Spielraum offen, angefangen von gleichmäßigen Umlagen auf alle Kostenartengruppen bis hin zur Festlegung unterschiedlicher Umlagebeträge für unterschiedliche Kostenartengruppen.
- Im siebten Schritt werden die Einheitspreise ermittelt, die wiederum multipliziert mit dem Mengenansatz der Position die Gesamtpreise pro Position ergeben. Mittels Addition aller Gesamtpreise wird anschließend die Angebots- bzw. Vertragssumme berechnet.

Der Einheitspreis ist also die Addition von EKT und anteiliger Umlage (vgl. Abb. 2.10).

Merkmale der Kalkulation über die Endsumme

- Eine Aufgliederung und Schlüsselung der Gemeinkosten ergibt sich bei der Umlagekalkulation aus der Struktur des Kalkulationsverfahrens.
- Für jedes einzelne Bauprojekt erfolgt eine detaillierte Ermittlung der BGK auf der Basis sog. interner Positionen, sodass dieses Verfahren wegen seiner höheren Kostenrichtigkeit in der Regel der Zuschlagskalkulation vorzuziehen ist.
- Die Umlagekalkulation führt mithin zu projektspezifisch sichereren Kalkulationsergebnissen, während die Zuschlagskalkulation eher zu „Mittelpreisen" tendiert.
- Zudem besteht die Möglichkeit, die Einheitspreise verursachungsgerechter in ihre Kosten- und Preisbestandteile aufzugliedern.
- Das nachträgliche Ändern der Einheitspreise bzw. der EKT-Zuschläge für die Einheitspreise („Rückwärtskalkulation") ist ohne Veränderung der Angebotssumme möglich.

Umlagekalkulation anhand des Beispiel-Projekts „Stützwand"

Da sich die Umlagekalkulation bei der Ermittlung der EKT nicht von der Vorgehensweise der Zuschlagskalkulation unterscheidet, baut das nachfolgende Beispiel auf den unter Kapitel 2.5.1.2 in der Zuschlagskalkulation für das Beispiel-Projekt „Stützwand" ermittelten Einzelkosten auf. Auch der verwendete Mittellohn ist identisch.

Hinweis

Bis zu diesem Schritt sind die Berechnungsmethoden für beide Kalkulationsverfahren also identisch.

Abweichend von der Zuschlagskalkulation werden in der Umlagekalkulation nun aber die BGK projektspezifisch berechnet und die AGK-Umlage wird (dem Regelfall folgend) bezogen auf die Jahresbauleistung ermittelt.

Folgende beispielhafte Annahmen sollen gelten:

- Mit den unter Kapitel 2.5.1.2 ermittelten AGK in Höhe von 191.100,00 € und einer geplanten Jahresbauleistung von 2.730.000,00 € errechnet sich eine AGK-Umlage in Höhe von 7,00 % der Angebotssumme (netto).
- Im Unternehmen wird ein Gewinnzuschlag auf die Kostenartengruppe NU in Höhe von 3,00 % gewählt, auf alle anderen Kostenartengruppen in Höhe von 5,00 %.

Die BGK, die AGK sowie der Gewinnanteil werden mit folgenden unternehmensindividuell festgelegten Zuschlagssätzen auf die EKT zur Ermittlung der Einheitspreise verteilt:

- Vorabumlage in Höhe von 18,65 % auf die Kostenartengruppen Material und Geräte
- Vorabumlage in Höhe von 15,50 % auf die Kostenartengruppe NU
- Vorabumlage in Höhe von 17,60 % auf die Kostenartengruppe SoKo
- Restumlage auf die Kostenartengruppe Lohn

Die Umlagekalkulation erfolgt dann in 3 Schritten:

- Ermittlung der EKT je LV-Position und Summierung der Einzelkosten je Kostenartengruppe (vgl. hierzu Kapitel 2.5.1.2)
- Ermittlung der BGK je interner Position und Summierung der Einzelkosten je Kostenartengruppe
- Ermittlung der Herstellkosten, der Angebotssumme sowie der Einheits- und Gesamtpreise inkl. der Ermittlung des Angebotslohns (Kalkulationslohn)

Die Herstellkosten errechnen sich durch Addition der EKT und der projektspezifischen BGK. Die Herstellkosten zuzüglich der hierauf berechneten Zuschläge für die AGK ergeben die Selbstkosten. Wird dann noch der Gewinnanteil hinzugerechnet, ergibt sich die Angebotssumme (netto).

Da beim Kalkulieren zunächst nur die Herstellkosten bekannt sind, müssen die auf die Angebotssumme bezogenen Zuschlagssätze für die AGK und den Gewinn (X) nach folgender Formel in Zuschläge auf die Herstellkosten (Y) umgerechnet werden:

$$Y\,\% = \frac{X\,\% \cdot 100{,}00\,\%}{(100{,}00\,\% - X\,\%)}$$

Bei einem Umlagesatz von 7,00 % für die AGK und einem Gewinnanteil von 5,00 %, demnach einer Gesamtumlage in Höhe von 12,00 % der Angebotssumme (X %), errechnet sich so folgender Zuschlag auf die Herstellkosten:

$$\frac{12{,}00\,\% \cdot 100{,}00\,\%}{(100{,}00\,\% - 12{,}00\,\%)} = 13{,}64\,\%$$

Zur Ermittlung der Einheitspreise werden die BGK, die AGK sowie der Gewinn mithilfe von Zuschlagssätzen auf die EKT der einzelnen LV-Positionen umgelegt. Durch Subtraktion der Einzelkosten von der Angebotssumme (netto) erhält man den Gesamtumlagebetrag.

Für die Wahl der Zuschlagssätze, nach denen dieser Gesamtumlagebetrag verteilt werden soll, ist ein weiter Spielraum gegeben – angefangen von der gleichmäßigen Umlage auf alle Kostenartengruppen der EKT bis zur Festlegung von unterschiedlichen Zuschlagssätzen für jede Einzelkostenart.

Im hier gewählten Beispiel werden die Kostenartengruppen Material, Geräte, NU und SoKo mit Vorabumlagen beaufschlagt. Die auf diese Weise ermittelten Vorabumlagen werden von der Gesamtumlage subtrahiert, um die Restumlage zu berechnen. Diese Restumlage wird auf die Kostenartengruppe Lohn nach folgender Berechnung umgelegt:

$$\text{Restumlage} \cdot \frac{100{,}00\,\%}{\text{Summe der Lohneinzelkosten}} = \text{Lohnzuschlag in } \%$$

Hinweis

Auch hier ist die Restumlage auf die Kostenartengruppe Lohn nur beispielhaft. Es können demnach auch andere Kostenartengruppen gewählt werden.

Tabelle 2.7: Ermittlung der BGK des Beispiel-Projekts „Stützwand"

Projekt: Stützwand, Kalkulation der BGK				Einzelkosten der internen BGK-Positionen							Gesamtkosten der internen BGK-Positionen						
Position	**Menge**	**Einheit**	**Beschreibung**	**Stunden**	**Lohn**	**Material**	**Geräte**	**SoKo**	**NU**	**EK**	**Stunden**	**Lohn**	**Material**	**Geräte**	**SoKo**	**NU**	**GK**
		Kostenart	**Mittellohn in €/h**		**34,07**							**34,07**					
				in h	**in €**	**in €**	**in €**	**in €**	**in €**	**in €**	**in h**	**in €**	**in €**	**in €**	**in €**	**in €**	**in €**
1	**1,0**	**pauschal**	**Einrichten und Räumen**														
1		60....	Einrichten und Räumen	220,00	7.495,40												
1		644...	für Umformer, Innenrüttler, sonstiges Gerät sowie Schalung und Rüstung					2.500,00									
1				220,00	7.495,40			2.500,00		9.995,40	220,00	7.495,40			2.500,00		9.995,40
2	**3,0**	**Monate**	**Vorhaltekosten**														
2		641...	Geräte				500,00										
2							500,00			500,00				1.500,00			1.500,00
3	**3,0**	**Monate**	**Kosten der örtlichen Bauleitung**														
3		60....	0,50 Bauleiter pro Monat					3.000,00									
3		60....	Vermesser, anteilig					350,00									
3		60....	0,25 Baukaufmann					1.250,00									
3								4.600,00		4.600,00					13.800,00		13.800,00
4	**1,0**	**pauschal**	**Betriebs- und Bedienungskosten**														
4		641...	für Geräteeinsatz				2.400,00										
4							2.400,00			2.400,00				2.400,00			2.400,00
5	**1,0**	**pauschal**	**technische Bearbeitung**														
5		65....	Konstruktion, Planerstellung und Kontrolle					3.000,00									
5								3.000,00		3.000,00					3.000,00		3.000,00
Summe BGK											**220,00**	**7.495,40**		**3.900,00**	**19.300,00**		**30.695,40**

Tabelle 2.8: Ermittlung der Angebotssumme des Beispiel-Projekts „Stützwand"

Projekt: Stützwand							
Ermittlung der Herstellkosten, der Angebotssumme und des Kalkulationslohns							
Kostenartengruppen		**Lohn**	**Material**	**Geräte**	**SoKo**	**NU**	**Summe**
(1)	EKT	43.979,67 €	17.075,53 €	5.377,50 €	10.974,20 €	21.600,00 €	99.006,90 €
(2)	BGK	7.495,40 €	0,00 €	3.900,00 €	19.300,00 €	0,00 €	30.695,40 €
(3)	Herstellkosten (2) + (3)	51.475,07 €	17.075,53 €	9.277,50 €	30.274,20 €	21.600,00 €	**129.702,30 €**
AGK und Gewinn in % der Angebotssumme							
(4)	AGK	7,00 %	7,00 %	7,00 %	7,00 %	7,00 %	
(5)	Gewinn	5,00 %	5,00 %	5,00 %	5,00 %	3,00 %	
(6)	Summe (4) + (5)	12,00 %	12,00 %	12,00 %	12,00 %	10,00 %	
(7)	Umrechnung auf Herstellkosten (% · 100) / (100 – %)	13,64 %	13,64 %	13,64 %	13,64 %	11,11 %	
(8)	Gesamtzuschlag (7) · (3)	7.021,20 €	2.329,10 €	1.265,45 €	4.129,40 €	2.399,76 €	**17.144,91 €**
Angebotssumme ohne Mehrwertsteuer (3) + (8)							**146.847,21 €**
Ermittlung der Einzelkosten-Zuschläge (Umlage)							
(9)	abzüglich EKT (1)						-99.006,90 €
(10)	umzulegende Gesamtkosten (3) + (8) – (1) oder (2) + (8)						47.840,31 €
	abzüglich gewähltem Vorab-Zuschlag auf:	Lohn	Material	Geräte	SoKo	NU	
(11)	Zuschlag auf EKT		18,65 %	18,65 %	17,60 %	15,50 %	
(12)	Vorabumlage (11) · (1)	0,00 €	3.184,59 €	1.002,90 €	1.931,46 €	3.348,00 €	9.466,95 €
(13)	Rest-Umlage (10) – (12) (zu verrechnender Zuschlag auf Lohnkosten)						38.373,36 €
(15)	Mittellohn (ML ASL)					34,07 €/h	
(16)	Zuschlag auf Lohn (13) / (1)	38.373,36 €	/	43.979,67 €	**87,25 %**	29,73 €/h	
(17)	Kalkulationslohn (Angebotslohn)					**63,80 €/h**	

In Tabelle 2.7 wird die Berechnung der BGK, in Tabelle 2.8 der Angebotssumme sowie in Tabelle 2.9 der Einheits- und Gesamtpreise dargestellt.

Hinweis

Die in Tabelle 2.8 ausgewiesenen Zuschläge für AGK und Gewinn (vgl. Zeilen 4 und 5) können unternehmensindividuell grundsätzlich gleich oder auch unterschiedlich für die verschiedenen Kostenartengruppen gewählt werden.

Hinweis

Abweichend von der Baubetriebsrechnung (dort in der Kostenartengruppe Lohn- und Gehaltskosten) sind in der Bauauftragsrechnung die Gehaltskosten der kaufmännischen und technischen Angestellten in der Kostenartengruppe SoKo geschlüsselt.

Zusammenfassend ist festzuhalten: Bei der Umlagekalkulation werden zur Einheitspreisermittlung zunächst die EKT je Kostenartengruppe in der LV-Position mit den gewählten oder berechneten Zuschlagssätzen für die umzulegenden Gesamtkosten multipliziert. Die Addition der EKT mit den Zuschlägen je Kostenartengruppe ergibt den Einheitspreis für die LV-Position.

Durch die Multiplikation der Einheitspreise mit den LV-Mengen ergibt sich der Gesamtpreis je Position. Die Addition der Gesamtpreise je Position ergibt wiederum die Angebotssumme (netto).

Hinweis

Die marginale Abweichung der aus der Addition aller Gesamtpreise ermittelten Angebotssumme in Höhe von 146.859,10 € (vgl. Tabelle 2.9) von der per Umlagekalkulation ermittelten Angebotssumme in Höhe von 146.847,21 € (vgl. Tabelle 2.8) resultiert aus Rundungsdifferenzen bei der Rückberechnung und Multiplikation mit den LV-Mengen der einzelnen Einheitspreise und ist damit dem Kalkulationsverfahren geschuldet.

Tabelle 2.9: Ermittlung der Einheits- und Gesamtpreise des Beispiel-Projekts „Stützwand"

Projekt: Stützwand, Ermittlung der Einheitspreise, Endsummen-Kalkulation				EKT							Einheitspreis-Anteile					Angebotspreise	
Position	Menge	Einheit	Beschreibung	Stunden	Lohn	Material	Geräte	SoKo	NU	EKT	Lohn	Material	Geräte	SoKo	NU	Einheits-preis	Gesamtpreis
		Kostenart	Mittellohn in €/h		34,07						63,80	1,1865	1,1865	1,1760	1,1550		
				in h	in €	in €	in €	in €	in €	in €	in €	in €	in €	in €	in €	in €	in €
1.010	900,000	m^3	Aushub und seitliches Lagern														
1.010				0,0300	1,02		1,70			2,72	1,91		2,02			3,93	3.537,00
1.020	150,000	m^3	Abfuhr														
1.020								6,50		6,50				7,64		7,64	1.146,00
1.030	750,000	m^3	Hinterfüllung														
1.030				0,0500	1,70		1,93			3,63	3,19		2,29			5,48	4.110,00
2.010	225,000	m^2	Sauberkeitsschicht 5 cm														
2.010				0,2000	6,82	3,00				9,82	12,76	3,56				16,32	3.672,00
2.020	120,000	m^3	Fundamentbeton C 20/25														
2.020				0,5000	17,04	65,00	10,00			92,04	31,90	77,12	11,87			120,89	14.506,80
2.030	200,000	m^2	Fundamentschalung														
2.030				0,7500	25,55			10,00		35,55	47,85			11,76		59,61	11.922,00
2.040	12,0	t	Betonstahl 500 S														
2.040									900,00	900,00					1.039,50	1.039,50	12.474,00
2.050	120,000	m^3	Wandbeton C 20/25 einschließlich Schalung und Bewehrung														
2.050				7,3666	250,97	65,00	10,00	66,66	90,00	482,63	469,99	77,12	11,87	78,39	103,95	741,32	88.958,40
2.060	9,50	m	Dehnungsfugen														
2.060				1,0000	34,07	9,95				44,02	63,80	11,81				75,61	718,30
2.070	160,00	m	Arbeitsfugen														
2.070				0,3000	10,22	2,50				12,72	19,14	2,97				22,11	3.537,60
2.080	30,00	m	Sollbruchfugen														
2.080				1,0000	34,07	10,20				44,27	63,80	12,10				75,90	2.277,00
Summe Einheitspreis											82.361,80	20.260,20	6.384,30	12.904,80	24.948,00		146.859,10

Tabelle 2.10: Vergleich der beiden Kalkulationsverfahren anhand des Beispiel-Projekts „Stützwand"

	Lohn in €	Material in €	Geräte in €	SoKo in €	NU in €	gesamt in €	Differenz-summen in €
Einheitspreisanteile Zuschlagskalkulation	61.633,18	20.260,20	6.384,30	12.904,80	24.948,00	126.130,48	
Einheitspreisanteile Umlagekalkulation	82.361,80	20.260,20	6.384,30	12.904,80	24.948,00	146.859,10	
Differenz	-20.728,62	0,00	0,00	0,00	0,00	-20.728,62	-20.728,62
BGK-Zuschlagskalkulation	3.941,69	1.530,40	481,96	983,57	1.935,91	8.873,52	
BGK-Umlagekalkulation	7.495,40	0,00	3.900,00	19.300,00	0,00	30.695,40	
Differenz	-3.553,71	1.530,40	-3.418,04	-18.316,43	1.935,91	-21.821,88	
AGK-Zuschlagskalkulation	3.801,64	1.476,02	464,84	948,62	1.867,12	8.558,24	
AGK-Umlagekalkulation	4.095,70	1.358,64	738,18	2.408,82	1.679,83	10.281,17	
Differenz	-294,06	117,38	-273,34	-1.460,20	187,29	-1.722,93	
Gewinn-Zuschlagskalkulation	9.904,82	178,16	56,11	-0,73	-455,03	9.683,33	
Gewinn-Umlagekalkulation	2.925,50	970,46	527,27	1.720,58	719,93	6.863,74	
Differenz	6.979,32	-792,30	-471,16	-1.721,31	-1.174,96	2.819,59	-20.725,21

2.5.3 Vergleich der beiden Kalkulationsverfahren anhand des Beispiel-Projekts „Stützwand"

In Tabelle 2.10 sind die Kalkulationsergebnisse der beiden Kalkulationsverfahren unter Berücksichtigung der Beispiel-Daten des Projekts „Stützwand" gegenübergestellt.

Die Gegenüberstellung zeigt eine Differenz der Angebotssummen in Höhe von etwa 20.729 €, die auf Einzelabweichungen in den BGK, den AGK und im Gewinn beruhen. Da die Zuschläge für die Kostenartengruppen Material, Geräte, SoKo und NU in beiden Kalkulationsverfahren identisch gewählt wurden, kann die Differenz nur aus den Einheitspreisanteilen der Kostenartengruppe Lohn resultieren.

Es zeigt sich, dass die größte Abweichung im Bereich der BGK liegt: Diese wurden bei der Zuschlagskalkulation nicht projektspezifisch, sondern mit einem durchschnittlichen, pauschalen Zuschlag von 8,96 % angesetzt, während die BGK im konkreten Projekt mit 30.695,40 € (entspricht 31,00 % der EKT) tatsächlich mehr als dreimal so hoch sind. Das führt dazu, dass die Angebotssumme bei (projektspezifischer) Kalkulation über die Endsumme korrekterweise um etwa 20.000 € höher ausfallen muss. Demnach besteht im Beispiel-Projekt die Gefahr, dass bei Auftragserteilung auf Basis der Zuschlagskalkulation die tatsächlich entstehenden BGK nicht vollumfänglich gedeckt werden.

Unternehmensbezogen sollte sich aber über alle Bauprojekte (und damit übers Jahr gesehen) die Differenz zwischen beiden Kalkulationsverfahren reduzieren. Dies ist dann der Fall, wenn

- die Durchmischung der Baustellen im Geschäftsjahr ungefähr dem Vorjahr entspricht,
- die realisierte Gesamtleistung annähernd deckungsgleich zur Plan-Leistung ist und
- der Plan-Ansatz der BGK tatsächlich dem realen Ist nahe kommt.

Hinweis

Bei der Kalkulation einzelner Bauprojekte werden die Kalkulationsverfahren im Ergebnis meist zu unterschiedlichen Einheits- und Gesamtpreisen gelangen, da in der Regel die projektbezogen ermittelten BGK bei Anwendung der Umlagekalkulation von den vorbestimmten BGK-Zuschlägen (Durchschnittssätze) bei Anwendung der Zuschlagskalkulation abweichen werden. Dies kann bei Anwendung der Zuschlagskalkulation sowohl zu einer Überdeckung als auch zu einer Unterdeckung der projektspezifisch zu berücksichtigenden BGK führen.

Grundsätzlich hängt die Wahl des Kalkulationsverfahrens von der Größe des Unternehmens und seiner Aufträge, von der Art der zu kalkulierenden Bauvorhaben, von der Art und Detailtiefe der Ausschreibung sowie von der Qualität der baubetrieblichen Kosten-, Leistungs- und Ergebnisrechnung ab.

Die Zuschlagskalkulation wird tendenziell in kleineren, handwerklich geprägten Baubetrieben mit einem weniger aufwendigen Rechnungswesen eingesetzt. Sie findet auch dann Anwendung, wenn Bauprojekte zu kalkulieren sind, bei denen die BGK weniger ins Gewicht fallen oder wenn bei den zu kalkulierenden Bauprojekten eine fast gleichbleibende Höhe der BGK angenommen werden kann.

Bei Bauprojekten mit unterschiedlicher Kostenstruktur und unterschiedlicher Höhe der BGK kommt es dagegen bei der Verwendung vorbestimmter Zuschlagssätze leicht zu Kalkulationsfehlern. In diesen Fällen und bei allen größeren und/oder komplexeren Bauprojekten sollte daher die Umlagekalkulation gewählt werden. Größere Bauunternehmen verfügen im Allgemeinen auch über eine detailliertere Kosten-, Leistungs- und Ergebnisrechnung, bei der einzelne Bauprojekte dann in der Baubetriebsrechnung ausgewertet werden. Diese Vorgehensweise erleichtert die Berechnung der notwendigen Kalkulationsansätze erheblich.

Andererseits bedeutet die projektspezifische Ermittlung der BGK auch einen größeren Arbeits- und Zeitaufwand bei der Kalkulationserstellung, weil jedes Bauprojekt individuell zu sehen ist und die einzelnen Kostenbestandteile (EKT und BGK) individuell zu ermitteln sind. Da die Kapazität der Kalkulationsabteilung – je nach Marktlage und eingehenden Anfragen – knapp ist und die für eine Kalkulationserstellung zur Verfügung stehende Zeit oft kurz ist, gilt es hier, Zeitaufwand und Kalkulationsgenauigkeit gegeneinander abzuwägen.

Auf jeden Fall gilt: Falls eine Umlagekalkulation mit vertretbarem Aufwand aus Sicht des einzelnen Bauunternehmens nicht umgesetzt wird, ist die Zuschlagskalkulation einer Angebotsabgabe ohne Kalkulation (reine Preisschätzung) auf jeden Fall vorzuziehen.

2.6 Sachgerechter Umgang mit Kostenbestandteilen

Unabhängig vom Kalkulationsverfahren ist es notwendig, die aufgeführten Kostenkomponenten sachgerecht zu behandeln. Während der Umgang mit den aus der Bauproduktion direkt abzuleitenden Produktionskosten als wesentlicher Kostenbestandteil der EKT für Bauunternehmen meist kein Problem darstellt, kommt es bei den BGK wie auch bei den AGK immer wieder zu Unsicherheiten. Des Weiteren werden zwar in den vorgestellten Kalkulationsverfahren die Produktionskosten exakt ermittelt, 2 Kostengruppen – nämlich die Finanzierungs- und die Risikokosten – finden dabei jedoch kaum Berücksichtigung, die zumindest bei größeren und komplexeren Bauprojekten einer separaten Ermittlung bedürfen. Deshalb wird im Folgenden der sachgerechte Umgang mit den BGK und AGK sowie den Finanzierungs- und Risikokosten erläutert.

2.6.1 Sachgerechter Umgang mit Baustellengemeinkosten

Die Kosten für das Einrichten einer Baustelle entstehen am Anfang eines Bauprojekts; die Kosten der Baustellenräumung dagegen erst am Ende. Beide Kostenbestandteile sind zeitunabhängige Kosten, d. h. sie hängen nicht von der Dauer der Bauausführung ab. Die Kosten der Baustellenunterhaltung dagegen sind zeitabhängig.

Stellen diese Leistungen sog. Nebenleistungen dar, weil sie im auftraggeberseitigen LV nicht explizit aufgeführt sind, so sind sie auf die Ausführungspositionen umzulegen und in den Einheitspreisen der LV-Positionen zu berücksichtigen. Hierdurch werden sie Preisbestandteil der Ausführungspositionen, wodurch unterstellt wird, dass die BGK leistungsabhängig anfallen.

Solange es nicht zu Abweichungen auf der Mengen- und Zeitebene eines Bauprojekts kommt, entstehen durch die leistungsabhängige Behandlung der BGK auch keine Konfliktpotenziale zwischen Auftraggeber und Auftragnehmer. Anders kann dies sein, wenn es zu Mehr- oder Mindermengen, geänderten oder zusätzlichen Leistungen oder Bauzeitveränderungen kommt. Für die Anpassung der Vergütung bei Mengenänderungen hält die VOB/B den § 2 Abs. 3 vor. Ansonsten wird nach dem Prinzip der Kostenfortschreibung auf die Ansätze der Urkalkulation zurückgegriffen. Reine Bauzeitveränderungen ohne Mehr- oder Mindermengen stellen sich in der Abrechnung regelmäßig als besonders problematisch dar.

Wenn im auftraggeberseitigen LV eigene BGK-Positionen ausgewiesen sind, für die dann auch eigenständige Einheitspreise zu ermitteln sind, kann auf die sonst notwendige Umlage der BGK verzichtet werden. Der Auftraggeber müsste dann die BGK-Positionen im LV nach zeitunabhängigen (z. B. Baustelleneinrichtung und Baustellenräumung) und zeitabhängigen (z. B. Baustellenvorhaltung, örtliche Bauleitung) Teilleistungen differenzieren. Für diese BGK-Positionen könnten dann – wie für EKT-Positionen – Einheits- und Gesamtpreise ermittelt werden.

Hinweis

Beim separaten Ausweis von BGK-Positionen entfällt die Trennung von EKT und BGK, da beide Kostenbestandteile den Charakter von Einzelkosten erhalten. Sprachlich kann man dann z. B. von leistungsspezifischen und projektspezifischen Einzelkosten reden.

Im Beispiel-Projekt „Stützwand" würde sich der Umlagebetrag bei Ausweis separater BGK-Positionen (alle Werte gerundet) von bisher 47.840 € um 30.695 € (Höhe der BGK) auf 17.145 € reduzieren. Die unter Kapitel 2.5.2 ermittelten BGK auf Basis der internen BGK-Positionen würden dann EKT der BGK-Positionen im LV des Auftraggebers werden. Dabei verhalten sich die in Tabelle 2.7 aufgelisteten internen Positionen 1, 4 und 5 zeitunabhängig, die internen Positionen 2 und 3 zeitabhängig. Der verbliebene Umlagebetrag in Höhe von 17.145 € würde sowohl auf die EKT-Positionen als auch auf die BGK-Positionen umgelegt werden.

ohne eigene BGK-Positionen		mit eigenen BGK-Positionen	
BGK	Umlagebestandteil des Einheitspreises, daher aus Sicht der LV-Position Gemeinkosten	BGK	unmittelbarer Kostenbestandteil des Einheitspreises, daher aus Sicht der LV-Position Einzelkosten

Abb. 2.11: Zur unterschiedlichen Berücksichtigung von BGK

Hinweis

Der (öffentliche) Auftraggeber kann bei konsequenter Anwendung der VOB/C ATV DIN 18299 „VOB Vergabe- und Vertragsordnung für Bauleistungen – Teil C: Allgemeine Technische Vertragsbedingungen für Bauleistungen (ATV) – Allgemeine Regelungen für Bauarbeiten jeder Art“ (2012) jederzeit frei entscheiden, ob er z. B. die Baustelleneinrichtung, Baustellenräumung und Baustellenunterhaltung als separate LV-Positionen ausschreibt oder diese als Nebenleistungen behandelt.

Zwei Sachverhalte bleiben aber weiterhin konfliktbehaftet:

- Über die Laufzeit eines Bauvorhabens fallen nicht konstant gleich hohe BGK an. So gibt es z. B. Phasen, in denen nur ein Projektleiter, und Phasen, in denen zusätzlich ein weiterer Bauleiter vor Ort sein muss. Solche Schwankungen sind bei gestörten Bauabläufen zusätzlich zu berücksichtigen.
- Nachtragsleistungen können Mehrkosten im BGK-Bereich nach sich ziehen, ohne dass es hierdurch zu einer Verlängerung der Bauzeit kommt. Auch solche Veränderungen im BGK-Bereich sind zusätzlich zu berücksichtigen (z. B. Einsatz eines zusätzlichen Poliers zur Überwachung der zusätzlichen Bauleistung).

Beim Ausweis separater BGK-Positionen werden neben den Einzelkostenanteilen weiterhin AGK- und Gewinn-Anteile in den Einheitspreisen berücksichtigt. Damit stehen eigene BGK-Positionen auch dem zentralen Charakter eines Einheitspreisvertrags nicht entgegen.

Die Übersicht in Abb. 2.11 zeigt die unterschiedliche Berücksichtigung der BGK im LV – ohne und mit separaten BGK-Positionen.

2.6.2 Sachgerechter Umgang mit Allgemeinen Geschäftskosten

AGK sind aus Sicht eines Bauprojekts Gemeinkosten, da sie dem Bauprojekt nur mittelbar zugeordnet werden können. In der unter Kapitel 2.5.2 durchgeführten Umlagekalkulation des Beispiel-Projekts „Stützwand“ kalkuliert das Bauunternehmen mit AGK in Höhe von 7,00 %; bei 146.847,21 € sind das 10.279,30 €. Dies darf keinesfalls so verstanden werden, dass die AGK bei diesem Bauprojekt tatsächlich bei 10.279,30 € liegen werden. Denn der berücksichtigte AGK-Anteil in Höhe von 7,00 % der Angebotssumme basiert auf der Annahme geplanter Geschäftskosten in Höhe von 191.100,00 € und einer geplanten Jahresbauleistung in Höhe 2.730.000,00 €. Er stellt insofern einen Durchschnittswert über alle zu realisierenden Bauprojekte des Geschäftsjahrs dar und ist auch nur dann korrekt, wenn die geplante Bauleistung erreicht und/oder die geplanten AGK nicht über- oder unterschritten werden.

Auch die Umlage der AGK auf die LV-Positionen darf nicht so verstanden werden, dass sich die AGK leistungsabhängig verhalten. Sie werden nur rechnerisch so behandelt, weil es einen Umlageschlüssel geben muss, um die AGK-Anteile in der Bauauftragsrechnung berücksichtigen zu können.

Interessant ist die Frage, wie sich AGK verhalten, wenn es zu Abweichungen vom Bauvertrag kommt. Die nach wie vor vorherrschende Methode zur Ermittlung der aus Abweichungen vom Bauvertrag resultierenden Vergütungshöhe (Nachtragsleistungen) erfolgt nach dem Modell der Preisfortschreibung, basierend auf der Vertragskalkulation (Urkalkulation).

AGK können beispielsweise Kosten der Bauleitung, der Kalkulation, des Einkaufs, der Arbeitsvorbereitung, des Lagers oder der Werkstatt enthalten. Alle diese Kosten stehen mehr oder weniger in unmittelbarem Zusammenhang mit der Bauprojektrealisation. Insofern wirken sich Nachtragsleistungen mit oder ohne Änderung der Bauzeit auch auf die AGK aus: Die im Nachtrag zu berücksichtigende Leistung ist zu kalkulieren, die hierfür notwendigen Material- und Nachunternehmerpreise sind über den Einkauf zu erfragen, das Material ist zu bestellen, die anfallenden Mehrstunden auf der Baustelle sind in der Lohnbuchhaltung zu verarbeiten. Die daraus resultierende Kostensteigerung wird dem konkreten Bauprojekt üblicherweise nicht unmittelbar zugerechnet, da der Erfassungsaufwand viel zu hoch wäre. Es handelt sich dabei um die sog. Kosten der Betriebsbereitschaft, die – als AGK bezeichnet – im Unternehmen anfallen und die aufgrund ungeplanter Änderungen im konkreten Bauprojekt durchaus höher ausfallen können.

Würde die Anpassung der AGK unterbleiben, würde unterstellt werden, dass die AGK aus Sicht eines Bauprojekts fix wären. Dies ist aber keinesfalls so. Geänderte und/oder zusätzliche Leistungen führen absolut gesehen auch zu höheren AGK auf Bauprojekt- wie auch auf Bauunternehmensebene. Hinzu kommt, dass geänderte oder zusätzliche Leistungen Ausführungs- und/oder Leitungskapazitäten binden können, die dann zur Deckung der AGK an anderer Stelle nicht zur Verfügung stehen.

2.6.3 Sachgerechter Umgang mit Finanzierungskosten

Die Vorfinanzierungspflicht eines Bauunternehmens führt – abgesehen vom seltenen Fall der Vorauszahlung – zu einem zeitlichen Verzug zwischen der Bezahlung von Material, Geräten, Lohn etc. durch den Auftragnehmer

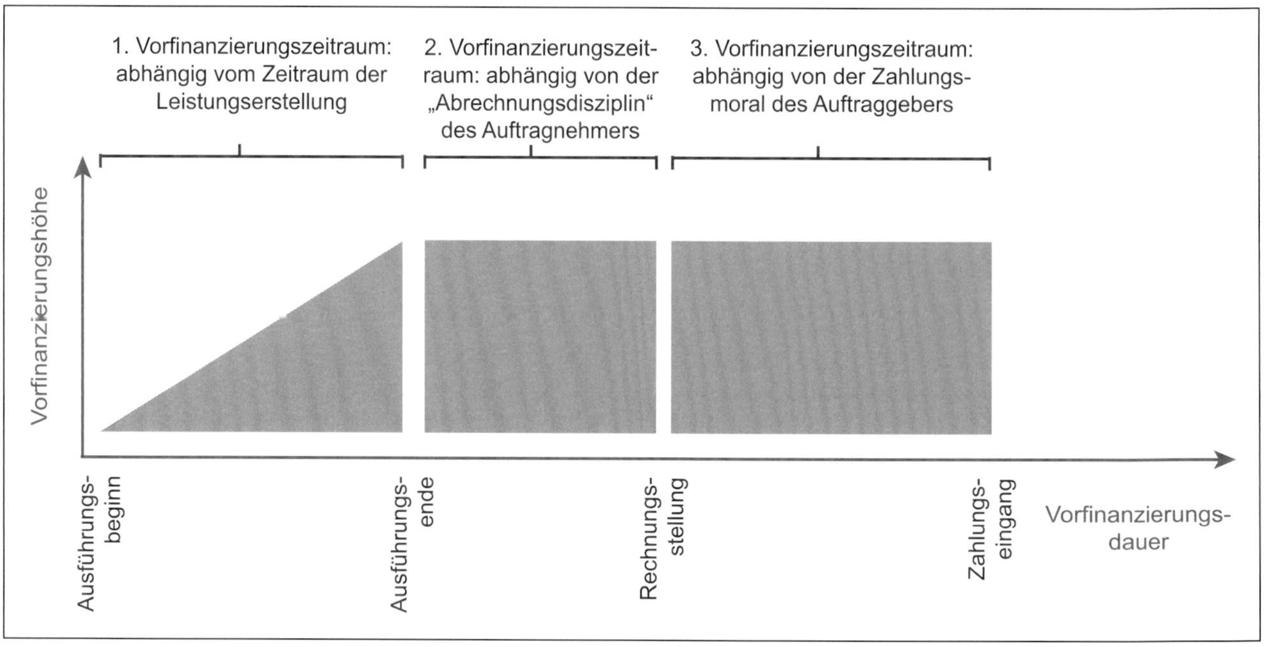

Abb. 2.12: Bauprojekttypische Finanzierungskosten

(Zahlungsausgang) und der Bezahlung der erstellten Leistung durch den Auftraggeber (Zahlungseingang). Dieser zeitliche Verzug erfordert einen Vorfinanzierungsbedarf, der durch eigene Liquidität oder Fremdkapital gedeckt werden muss. Zwar mildern Zahlungseingänge aus gestellten Abschlagsrechnungen die Vorfinanzierungspflicht, dennoch bleibt sie grundsätzlich vorhanden.

Wird die Vorfinanzierungspflicht über Fremdkapital (Kontokorrentkredit) gedeckt, so sind die daraus resultierenden Fremdkapitalkosten üblicherweise Bestandteil der AGK. Insofern bedarf es bei normalen Bauprojekten nicht unbedingt einer projektindividuellen Ermittlung der Finanzierungskosten. Anders verhält es sich bei lang laufenden Bauprojekten oder bei Bauprojekten mit zwar kurzen Bauzeiten, aber sehr hohen Monatsleistungen.

In diesen Fällen kann es sinnvoll sein, die Kosten der Vorfinanzierung projektspezifisch zu ermitteln. Berücksichtigt werden müssen hierfür die aus dem Bauablauf resultierenden Aus- und Einzahlungen. Da der allergrößte Teil der entstehenden Kosten unmittelbar oder zumindest sehr kurzfristig Auszahlungen verursacht, kann man den Kostenverlauf der Bauprojektrealisation mit den Auszahlungen gleichsetzen. Diese Auszahlungen fallen üblicherweise relativ regelmäßig an. Demgegenüber erfolgen die Einzahlungen seitens des Auftraggebers meist unregelmäßig. Aus der Differenz von Aus- und Einzahlungen errechnet sich der benötigte Kapitalbedarf, der dann – multipliziert mit dem relevanten Zinssatz – in Form der Finanzierungskosten in der Kalkulation zu berücksichtigen ist. In diesem Fall bietet sich eine eigene BGK-Position für die Berücksichtigung der Finanzierungskosten an.

Hinweis

Die Höhe der Finanzierungskosten ist auch abhängig von der Zahlungsmoral des Auftraggebers. Insofern ist bei fehlender Erfahrung im Umgang mit dem Auftraggeber eine Bonitätseinschätzung des Auftraggebers hilfreich, um die Zahlungsmoral, insbesondere aber auch das Ausfallrisiko von Zahlungsansprüchen abschätzen zu können.

Für die Ermittlung des Kapitalbedarfs sind 3 Zeiträume zu betrachten:

- der Zeitraum der Leistungserstellung
- der Zeitraum zwischen Leistungserstellung und Rechnungsstellung
- der Zeitraum zwischen Rechnungsstellung und Zahlungseingang

Während im Zeitraum der Leistungserstellung wegen des stetigen Leistungsfortschritts durchschnittlich 50,00 % der realisierten Bauleistung vorzufinanzieren sind, sind in den übrigen Zeiträumen 100,00 % der Bauleistung vorzufinanzieren (vgl. Abb. 2.12).

Im Beispiel-Projekt „Stützwand" beträgt – wie unter Kapitel 2.5.2 ermittelt – die Angebotssumme 146.847,21 €. Bei einer Bauzeit von 3 Monaten entspricht demnach die durchschnittliche Monatsbauleistung etwa 48.949,07 €. Diese ist nun gemäß den in Abb. 2.12 dargestellten Zeiträumen vorzufinanzieren. Wird unterstellt, dass das Bauunternehmen zum 20. des Folgemonats seine jeweilige Abschlagsrechnung erstellt (der Zeitpunkt ist abhängig von der Abrechnungsdisziplin des Auftragnehmers) und der Auftraggeber seinen Zahlungsverpflichtungen nach 25 Kalendertagen (dieser Zeitpunkt ist abhängig von der Zahlungsmoral des Auftraggebers) nachkommt, so ist die Monatsbauleistung insgesamt über 60 Tage (15 Kalendertage im Baumonat zzgl. 20 + 25 Tage) vorzufinanzieren. Bei einer Bauzeit von 3 Monaten ist demnach von einer

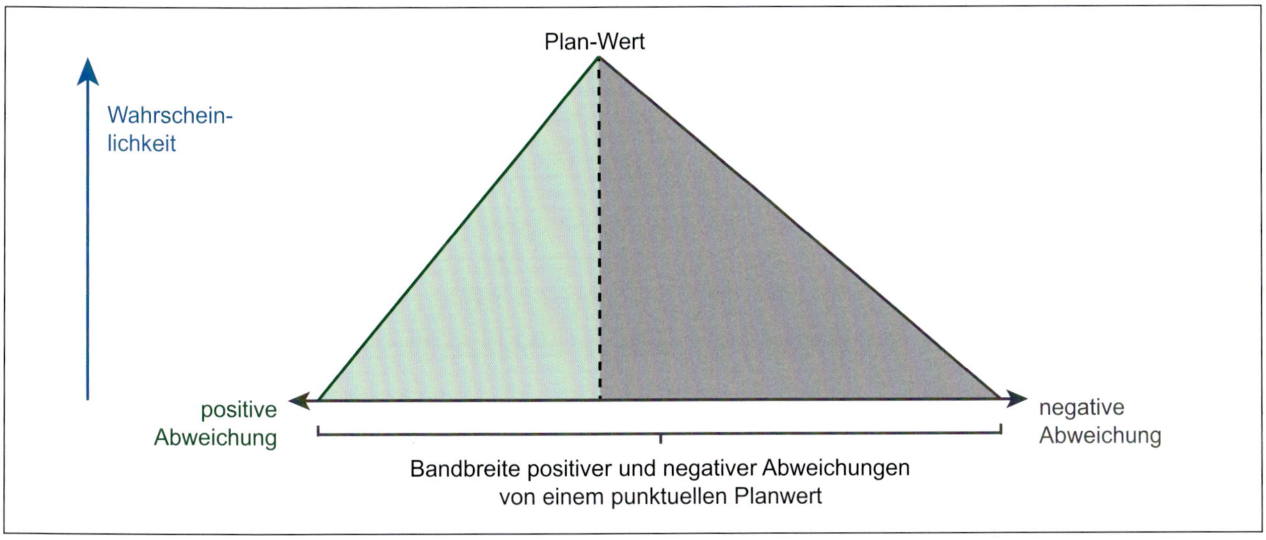

Abb. 2.13: Bandbreite der Risikokosten

180-tägigen Vorfinanzierung auszugehen. Die Finanzierungskosten ermitteln sich bei einem unterstellten Zinssatz von 7,00 % demnach wie folgt:

$$\frac{\text{Kapitalbedarf} \cdot \text{Zinssatz}}{365 \text{ Tage}} \cdot \text{Tage Kapitalbindung} = \text{Finanzierungskosten}$$

$$\frac{48.949{,}07 \text{ €} \cdot 7{,}00 \text{ \%}}{365 \text{ Tage}} \cdot 180 \text{ Tage} = 1.689{,}75 \text{ €}$$

Zu beachten ist, dass der Kapitalbedarf zunimmt, wenn

- Preise vereinbart wurden, die nicht die vollen Selbstkosten decken,
- die Abrechnung im Bauunternehmen nicht zeitnah zur Leistungserstellung erfolgt und/oder die erbrachte Leistung nur unvollständig abgerechnet wird,
- der Zahlungseingang des Auftraggebers verzögert erfolgt oder sogar teilweise bzw. vollständig ausfällt und wenn
- der Auftraggeber (z. B. wegen fehlender Bürgschaften) anteilige Rechnungsbeträge (meist 10,00 % der Rechnungssumme bei Abschlagsrechnungen) einbehält.

Demgegenüber verringert der beschleunigte Zahlungseingang durch eine auftragnehmerseitige Optimierung der Bauabrechnung sowie ein effizientes Forderungsmanagement den projektspezifischen Kapitalbedarf.

Hinweis

> Jedem Bauunternehmen ist dringend zu empfehlen, nicht nur zeitnahe und möglichst vollständige Abschlagsrechnungen zu stellen, sondern auch darauf zu achten, die Rechnungen prüfbar (vgl. § 14 Abs. 1 VOB/B) zu erstellen. Zudem sollten die Differenzbeträge zwischen realisierter und (mittels Abschlagsrechnungen) abgerechneter Bauleistung einerseits sowie letztem Abschlagsrechnungsbetrag und Schlussrechnungsbetrag andererseits so gering wie möglich gehalten werden.

2.6.4 Sachgerechter Umgang mit Risikokosten

Die Berücksichtigung möglicher kostenverursachender Risiken kommt bei Kalkulationen meist deutlich zu kurz. Unter dem Begriff Risiko wird generell die mögliche Abweichung von einem punktuell ermittelten Plan-Wert verstanden, wobei positive Abweichungen als Chance, negative Abweichungen als Gefahr bezeichnet werden. Wegen der negativen Assoziation des Begriffes Risiko wird oftmals aber nur die negative Abweichung (Gefahr) als Risiko bezeichnet, sodass man auch von Chancen und Risiken spricht. Wird unterstellt, dass positive und negative Abweichungen um einen punktuellen Plan-Wert streuen, so bezeichnen Risikokosten demnach die Bandbreite möglicher positiver und negativer Abweichungen von einem Plan-Wert (vgl. Abb. 2.13).

Hinweis

> Betrachtet man die unter Kapitel 2.5.2 ermittelten Herstellkosten des Beispiel-Projekts „Stützwand" in Höhe von 129.702,30 € als Plan-Wert, so beschreiben die Risikokosten mögliche Über- oder Unterschreitungen der Herstellkosten durch im Bauprojekt wirkende Risiken. Es kann also notwendig sein, neben Produktions- und Finanzierungskosten auch projektspezifische Risikokosten in die Ermittlung der Herstellkosten einzubeziehen. Diese projektspezifischen Risiken sind dann als Kostenbestandteile im EKT- und/oder BGK-Bereich zu kalkulieren. Das allgemeine Unternehmenswagnis wird dagegen im Ansatz des Gewinnzuschlags einkalkuliert.

Um die Risikokosten berücksichtigen zu können, müssen im Zuge der Bauauftragsrechnung die (möglicherweise) in der Bauprojektrealisation auftretenden Risiken zunächst erkannt (Risikoidentifikation) und anschließend bewertet (Risikobewertung) werden.

2.6.4.1 Risikoidentifikation

Um die projektspezifischen Risiken zu erkennen, ist eine detaillierte Auseinandersetzung mit der Leistungsbeschreibung und allen begleitenden Ausführungsunterlagen notwendig. Gesucht werden muss nach denjenigen Ursachen, die im späteren Projektverlauf zu maßgeblichen Plan-Abweichungen führen können. Um diese Suche zu erleichtern, bietet es sich an, unternehmensindividuelle Checklis-

Tabelle 2.11: Beispiel für eine Risikocheckliste

Haupt-/Einzelrisiken	Bemerkungen	Bewertung (ankreuzen)			
		gering	mittel	hoch	sehr hoch
Kundenrisiken					
Bonität					
Zahlungsverhalten					
Nachtragsverhalten					
Verlässlichkeit					
Vertragsrisiken					
Vertragsform					
Vertragsstrafen/Schadensersatz					
Gewährleistungsbedingungen					
Zahlungsbedingungen					
Ausführungsrisiken					
widersprechende Detailplanungen					
Ausführungszeiten					
unvollständige Planungsunterlagen					
unklare Leistungsabgrenzungen/Schnittstellen					

ten (Risikoinventar) mit möglichen – den jeweiligen Projektarten innewohnenden – Risiken zu erarbeiten. Anhand dieser Checklisten kann für jedes Bauprojekt überprüft werden, ob die aufgeführten Risikofelder im konkreten Bauprojekt zu erkennen sind oder nicht. Beim Aufbau von Risikochecklisten kann in übergeordnete Hauptrisiken und dazugehörige Einzelrisiken unterschieden werden. Mögliche Hauptrisiken sind vor allem:

- **Kundenrisiken** – Risiken, die sich aus dem jeweiligen Umfeld des Auftraggebers ergeben, z. B. Bonitätsrisiken, Kundenzufriedenheitsrisiken, Kundenerfolgsrisiken oder Kundenveränderungsrisiken.
- **Vertragsrisiken** – Einzelrisiken, die sich aus dem jeweiligen Bauvertrag ableiten lassen. Dabei muss insbesondere die Risikoverteilung zwischen Auftraggeber und Auftragnehmer beachtet werden, die je nach Vertragstyp sehr unterschiedlich ausfallen kann.
- **Ausführungsrisiken** – Einzelrisiken, die sich auf die zu erbringende Bauleistung beziehen. Typische Einzelrisiken resultieren z. B. aus sich widersprechenden Detailplanungen, aus problematisch kurzen Ausführungszeiten, aus nicht exakt zu greifenden Ausführungsbedingungen oder aus zu erwartenden Bauablaufstörungen.

Bemerkungsfelder in der Checkliste erlauben es, Anmerkungen zu dokumentieren, wo bestimmte Risiken gesehen wurden (z. B. in einzelnen LV-Positionen oder eher in den Rahmenbedingungen der Bauprojektrealisation) und welche Chancen und/oder Gefahren hieraus erwachsen können. Sinnvollerweise sollte es in einer Risikocheckliste die Möglichkeit geben, die erkannten Risiken grob einzustufen (Risikoklassifizierung). Tabelle 2.11 zeigt beispielhaft eine einfach gestaltete Risikocheckliste.

Hinweis

> Risikochecklisten sollten unternehmens- und spartenindividuell gestaltet werden, da z. B. im Tiefbau andere Risiken auftreten als im Hochbau. Insofern ist die in Tabelle 2.11 gezeigte Risikocheckliste nur exemplarisch und im Hinblick auf die Haupt- und Einzelrisiken auch als nicht vollständig anzusehen. Da die Checkliste zur Überprüfung der potenziell in einem Bauprojekt enthaltenen Risiken dient, sollte der Umfang aus Gründen der Übersichtlichkeit und Bearbeitungszeit auf wesentliche Risiken (Empfehlung: maximal 30 bis 40 Einzelrisiken) beschränkt werden. Eine Aufstellung wesentlicher Risiken enthält die dem Anhang beigefügte Checkliste zur Projektbeurteilung vor Vertragsabschluss (vgl. Tabelle A.4.1).

Selbstverständlich muss ein Bauunternehmen sorgfältig abwägen, ob es möglich ist, erkannte Risiken durch bestimmte Maßnahmen entweder zu vermeiden oder zumindest zu minimieren (z. B. durch die Vereinbarung von Ausschlusskriterien im Bauvertrag).

Zentrale Ansatzpunkte der Risikominimierung sind entweder durch unternehmensinterne Maßnahmen (z. B. Sicherstellung von Einkaufspreisen durch Vertragsbindungen) oder unternehmensexterne Maßnahmen (z. B. Berücksichtigung erkannter Risiken in der Vertragsgestaltung) umzusetzen.

Hinweis

Während bei privaten Auftraggebern im Zuge der Vertragsgestaltung grundsätzlich die Möglichkeit besteht, über die Verminderung identifizierte Risiken zu verhandeln, so sind die Möglichkeiten der Risikoreduzierung bei öffentlichen Auftraggebern dagegen deutlich eingeschränkt.

Um unbeherrschbare Risiken zu vermeiden, sollten unternehmensindividuell sog. K.o.-Kriterien definiert werden. Diese beschreiben Risiken mit gravierenden Auswirkungen auf den späteren Projekterfolg. Werden solche Risiken im Rahmen der Angebotserstellung erkannt, empfiehlt es sich, im Zweifel das Angebot nicht weiter zu bearbeiten. Beispiele für K.o.-Kriterien können sein:

- eine unzureichende Bonität eines potenziellen Auftraggebers
- Haftungsrisiken durch intransparente Gesellschaftsstruktur
- Übernahme von Baugrundrisiken

2.6.4.2 Risikobewertung

Für die identifizierten und nicht zu vermeidenden Risiken müssen nun im nächsten Schritt die resultierenden Risikokosten (Risikobewertung) ermittelt werden. Zu unterscheiden sind dabei qualitative und quantitative Methoden.

Qualitative Risikobewertung

Bei der qualitativen Risikobewertung wird das zu kalkulierende Bauprojekt auf Basis der identifizierten Risiken in (unternehmensindividuelle) Risikoklassen eingeordnet. Hierfür werden die identifizierten Risiken anhand der Risikocheckliste bewertet. Ein identifiziertes Risiko mit geringem Risikopotenzial wird z. B. mit 1 Punkt, eines mit einem sehr großen Risikopotenzial mit 4 Punkten bewertet. Über alle identifizierten und bewerteten Risiken summieren sich so die Gesamtrisikopunkte. Setzt man dann die Risikopunkte ins Verhältnis zur Anzahl der identifizierten Risiken, lassen sich Risikoklassen bilden. Mögliche Risikoklassen wären:

- Risikoklasse 1 – Bauprojekt ohne oder mit nur geringem Risikopotenzial
- Risikoklasse 2 – Bauprojekt mit normalem Risikopotenzial
- Risikoklasse 3 – Bauprojekt mit erhöhtem Risikopotenzial
- Risikoklasse 4 – Bauprojekt mit großem Risikopotenzial

Die Eingruppierung eines Bauprojekts in eine dieser Risikoklassen entspricht der qualitativen Risikobewertung. Jeder Risikoklasse ist ein bestimmter unternehmensindividueller Risikozuschlag auf die Herstellkosten zugeordnet. So erhalten z. B. Bauprojekte der Risikoklasse 3 einen höheren prozentualen Risikokostenzuschlag als Projekte der Risikoklasse 2. Die so ermittelten qualitativen Risikokosten werden zweckmäßigerweise im Bereich der BGK (z. B. als interne BGK-Position Risikokosten) angesiedelt.

Die einfache Bewertung mittels Punkteskala kann weiter verfeinert werden. Hierzu wird zu jedem identifizierten Risiko neben dem Risikopotenzial (z. B. 1 bis 4 Punkte) eine Risikoauswirkung (z. B. 1 bis 9 Punkte) ermittelt. Das Einzelrisiko berechnet sich dann aus der Multiplikation von Risikopotenzial mit Risikoauswirkung; das Gesamtrisiko aus der Addition der so ermittelten Einzelrisiken. Auch hier erfolgt anschließend die Eingruppierung in Risikoklassen. Der Vorteil dieser differenzierteren Ermittlung der Einzelrisiken besteht darin, dass Risiken mit einer hohen Risikoauswirkung einen höheren Einfluss auf die Zuordnung in eine Risikoklasse haben als Risiken mit einer geringen Risikoauswirkung. Bei der einfachen Bewertung anhand eines Punkteschemas ist die Eintrittswahrscheinlichkeit bei allen Risiken gleich gewichtet. Im Unterschied dazu ist bei der genaueren Bewertung anhand des Risikopotenzials und der Risikoauswirkung je Einzelrisiko die Eintrittswahrscheinlichkeit unterschiedlich gewichtet, sodass Risiken mit geringer Eintrittswahrscheinlichkeit die Risikoklasse weniger beeinflussen.

Hinweis

Generell ist bei der qualitativen Risikobewertung darauf zu achten, dass bei der Bildung der Risikoklassen hohe Einzelrisiken im Zuge der Durchschnittsbildung nicht zwischen eher vernachlässigbar kleinen Einzelrisiken untergehen. Hohe Einzelrisiken sollten vielmehr wie K.o.-Kriterien behandelt werden.

Quantitative Risikobewertung

Bei einer quantitativen Risikobewertung werden die aus den identifizierten Risiken resultierenden Risikokosten der Höhe nach explizit ermittelt. Dabei ist zwischen sog. Streurisiken (Dreiecksverteilung) und Punktrisiken (Binomialverteilung) zu unterscheiden:

Streurisiko

Ein Streurisiko unterstellt eine Bandbreite möglicher Kosten. So können die Kosten bei einer zu kalkulierenden Leistung zwischen einem Minimal- und einem Maximalwert streuen. Ist z. B. eine große Menge Bodenaushub zu bewältigen und der in der Kalkulation anzusetzende Aufwandswert nicht exakt planbar (z. B. wegen nicht genau bekannten Bodenbeschaffenheiten oder Ausführungsbedingungen), so kann neben einem Plan-Auftragswert von z. B. 0,70 h/m³ zusätzlich mit einem Minimalwert von z. B. 0,50 h/m³ und einem Maximalwert von z. B. 1,30 h/m³ gerechnet werden. Für 5.000,000 m³ Bodenaushub errechnen sich bei Einzelkosten von 35,00 €/h dementsprechend:

- ein Plan-Wert von 122.500,00 € (0,70 h/m³ · 5.000,000 m³ · 35,00 €/h),
- ein Minimalwert von 87.500,00 € (0,50 h/m³ · 5.000,000 m³ · 35,00 €/h) und
- ein Maximalwert von 227.500,00 € (1,30 h/m³ · 5.000,000 m³ · 35,00 €/h).

Welche Kosten tatsächlich für den Bodenaushub entstehen werden, ist zum Zeitpunkt der Kalkulation ungewiss. Kalkulatorisch sollten neben dem Plan-Wert in Höhe von

Tabelle 2.12: Risikobewertung im Beispiel-Projekt „Stützwand

	Risiko	Menge	Einheit	Minimum	Maximum	Wahrscheinlichkeit	Minimalwert	Plan-Wert	Maximalwert	Erwartungswert
EKT ohne Risikokostenbetrachtung								**99.007,00 €**		
• davon Position 2.020	Risiko 1: Preisschwankung	120,000	m^3	–5,00 €	10,00 €	–	10.444,00 €	11.044,00 €	12.244,00 €	11.244,00 €
• davon Position 2.040	Risiko 2: Preissteigerung	12,0	t	0,00 €	100,00 €	–	10.800,00 €	10.800,00 €	12.000,00 €	11.200,00 €
EKT inkl. Risikokostenbetrachtung							**98.407,00 €**	**99.007,00 €**	**101.407,00 €**	**99.607,00 €**
BGK ohne Risikokostenbetrachtung								**30.695,00 €**		
• davon interne Position 2	Risiko 3: Bauzeitverlängerung	0,5	Monat	0,00 €	500,00 €	–	1.500,00 €	1.500,00 €	1.750,00 €	1.583,33 €
• davon interne Position 3	Risiko 3: Bauzeitverlängerung	0,5	Monat	0,00 €	4.600,00 €	–	13.800,00 €	13.800,00 €	16.100,00 €	14.566,67 €
• davon interne Position 6 (neu)	Risiko 4: Einsatz einer Spezialpumpe	1,0	pauschal	0,00 €	5.000,00 €	40,00 %	0,00 €	0,00 €	5.000,00 €	2.000,00 €
BGK inkl. Risikokostenbetrachtung							**30.695,00 €**	**30.695,00 €**	**38.245,00 €**	**33.545,00 €**
Herstellkosten inkl. Risikokostenbetrachtung							**129.102,00 €**	**129.702,00 €**	**139.652,00 €**	**133.152,00 €**
Risikokosten							**–600,00 €**	**0,00 €**	**9.950,00 €**	**3.450,00 €**
AGK								**10.279,00 €**		
Selbstkosten								**139.981,00 €**		
Gewinn								**6.866,00 €**		
Angebotssumme (netto)								**146.847,00 €**		
Deckungsbeitrag inkl. Risikokostenbetrachtung							**7.466,00 €**	**6.866,00 €**	**–3.084,00 €**	**3.416,00 €**
Ergebnis inkl. Risikokostenbetrachtung							**17.745,00 €**	**17.145,00 €**	**7.195,00 €**	**13.695,00 €**

122.500,00 € (Produktionskosten) zusätzliche Risikokosten von mindestens 23.333,00 € berücksichtigt werden. Diese Risikokosten ermitteln sich aus der Differenz des Mittelwerts von Plan-, Minimal- und Maximalwert (dem sog. **Erwartungswert**) abzüglich des Plan-Werts wie folgt:

$$\frac{(122.500,00\,€ + 87.500,00\,€ + 227.500,00\,€)}{3} - 122.500,00\,€ = 23.333,00\,€$$

Punktrisiko

Bei einem Punktrisiko hat der Kalkulator die Wahl zwischen 2 Kostenansätzen, die auf 2 unterschiedlichen Szenarien beruhen. Dies ist z. B. dann der Fall, wenn im Rahmen der Bauausführung ungewiss ist, ob der Einsatz eines Spezialgeräts notwendig wird (Szenario 1) oder nicht (Szenario 2). In diesem Fall muss geschätzt werden, wie hoch die Wahrscheinlichkeit (prozentuale Eintrittswahrscheinlichkeit) für die Einsatznotwendigkeit des Spezialgeräts ist. Die aus dem Einsatz des Spezialgeräts resultierenden Kosten stellen multipliziert mit dem Erwartungswert in Prozent dann die Risikokosten dar. Würde der Einsatz z. B. Kosten in Höhe von 40.000,00 € verursachen und die Eintrittswahrscheinlichkeit auf 30,00 % geschätzt, würden die Risikokosten mit 12.000,00 € anzusetzen sein. In diesem Fall erhöhen sich die ursprünglich kalkulierten Kosten (Kostenansatz 1) um 12.000,00 € (Kostenansatz 2 = Kostenansatz 1 + 12.000,00 €).

Die Risikokosten ermitteln sich also pro Einzelrisiko aus der Differenz des Plan-Werts zum Erwartungswert, wobei der Plan-Wert dem Ansatz der Angebotskalkulation entspricht, der Erwartungswert dagegen das Risiko berücksichtigt.

Risikokosten können entweder auf einzelne LV-Positionen oder aber auf das Bauprojekt als Ganzes wirken. Treten in einem Bauprojekt mehrere Risiken gleichzeitig auf, so sind die Risikokosten eines jeden einzelnen Risikos zu ermitteln und zu aggregieren. Wie dies erfolgen kann, wird nun anhand des Beispiel-Projekts „Stützwand" gezeigt.

Ermittlung der Risikokosten im Beispiel-Projekt „Stützwand"

Zunächst sind für das Beispiel-Projekt „Stützwand" anhand der (unternehmensindividuellen) Risikocheckliste die relevanten Risiken im Hinblick auf den Kunden, den abzuschließenden Bauvertrag und die auszuführende Bauleistung zu identifizieren:

- Risiko 1 – Preisschwankung in Position 2.020 in Höhe von –5,00 €/m^3 bis +10,00 €/m^3.
- Risiko 2 – Preissteigerung der Position 2.040 um 100,00 €/t.
- Risiko 3 – auftragnehmerseitig zu tragende Bauzeitverlängerung im Umfang von 0,5 Monaten (betrifft Kostenansätze der internen Position 2 und 3).
- Risiko 4 – Mehrkosten von 5.000,00 € durch Einsatz einer Spezialpumpe im BGK-Bereich mit einer Eintrittswahrscheinlichkeit von 40,00 % (abgebildet in der neuen internen Position 6).

Tabelle 2.13: Ermittlung der Angebotssumme unter Berücksichtigung der Risikokosten

	Risiko	Minimalwert	Plan-Wert	Maximalwert	Erwartungswert
EKT inkl. Risikokostenbetrachtung		98.407,00 €	99.007,00 €	101.407,00 €	99.607,00 €
BGK inkl. Risikokostenbetrachtung		30.695,00 €	30.695,00 €	38.245,00 €	33.545,00 €
Herstellkosten inkl. Risikokostenbetrachtung		129.102,00 €	129.702,00 €	139.652,00 €	133.152,00 €
AGK	7,93 %	10.231,45 €	10.279,00 €	11.067,55 €	10.552,42 €
Selbstkosten		139.333,45 €	139.981,00 €	150.719,55 €	143.704,42 €
Gewinn	5,29 %	6.834,24 €	6.866,00 €	7.392,72 €	7.048,63 €
Angebotssumme (netto)		146.167,69 €	146.847,00 €	158.112,27 €	150.753,05 €
Deckungsbeitrag inkl. Risikokostenbetrachtung		6.834,24 €	6.866,00 €	7.392,72 €	7.048,63 €
Ergebnis inkl. Risikokostenbetrachtung		17.065,69 €	17.145,00 €	18.460,27 €	17.601,05 €

Wie sich diese Risiken auf die unter Kapitel 2.5.2 erstellte Umlagekalkulation auswirken, zeigt Tabelle 2.12.

Die Spalte Plan-Wert enthält die in der Umlagekalkulation unter Kapitel 2.5.2 ermittelten Kosten. Die Spalte Minimalwert zeigt die Kosten, die sich bei Addition aller Chancen ergeben, die Spalte Maximalwert die Kosten bei Addition aller Gefahren. Beide Spalten unterstellen, dass entweder alle positiven oder alle negativen Abweichungen vom Plan-Wert zeitgleich in vollem Umfang eintreten. Die Spalte Erwartungswert zeigt dagegen diejenigen Kosten, die mit gleicher Wahrscheinlichkeit entweder über- oder unterschritten werden. Es empfiehlt sich daher, auf die ursprünglich ermittelten Herstellkosten (129.702,00 €) Risikokosten in Höhe von 3.450,00 € aufzuschlagen.

Hinweis

Die besondere Problematik von Risiken ist, dass ungewiss ist, ob und, wenn ja, in welcher Höhe die Chancen und Gefahren eintreten. Insofern kann auch die Berücksichtigung von Risikokosten nicht sicherstellen, dass die tatsächlichen Kosten eines Bauprojekts die kalkulierten Herstellkosten inklusive Risikokosten nicht noch überschreiten werden. So liegt im Beispiel-Projekt „Stützwand" der Maximalwert der Herstellkosten inkl. Risikokosten (139.652,00 €) um 6.500,00 € über dem Erwartungswert (133.152,00 €).

Jedes Bauunternehmen muss individuell entscheiden, welche Risikokosten es bei der Ermittlung der Angebotssumme berücksichtigen möchte. Im Beispiel-Projekt „Stützwand" liegt die Bandbreite der möglichen Risikokosten zwischen –600,00 € und +9.950,00 €, im Mittel bei 3.450,00 €. Tabelle 2.12 zeigt zudem, in welcher Bandbreite das Ergebnis (Angebotssumme abzüglich Selbstkosten) bzw. der Deckungsbeitrag (Angebotssumme abzüglich Herstellkosten) streuen kann, wenn sich Risiken realisieren.

Werden die Risikokosten nun in der Bauauftragsrechnung berücksichtigt, so ergibt sich eine neue Angebotssumme (vgl. Tabelle 2.13):

Abhängig von den berücksichtigten Risikokosten variiert nun die Angebotssumme (netto) zwischen 146.167,69 € und 158.112,27 €. Es ist zu empfehlen, bei der Ermittlung der Angebotssumme diejenigen Risikokosten miteinzubeziehen, die mit gleicher Wahrscheinlichkeit über- oder unterschritten werden (Erwartungswert = 3.450,00 €). Die resultierende Angebotssumme (netto) beträgt dann 150.753,05 € und liegt dementsprechend 3.905,84 € über der unter Kapitel 2.5.2 ermittelten Angebotssumme des Beispiel-Projekts „Stützwand" in Höhe von 146.847,21 €. Die höhere Angebotssumme entsteht deshalb, weil sie auch höhere AGK sowie einen höheren Plan-Gewinn enthält (daher resultiert die Differenz von 3.905,84 € zu 3.450,00 €).

Die kalkulierten Risikokosten sollten einer eigenen internen BGK-Position zugeordnet werden, um sie auf die Einheitspreise der übrigen LV-Positionen umlegen zu können.

Hinweis

Bei der Abgabe des Angebots muss ein Bauunternehmen selbstverständlich immer abwägen, wie die Auftragschancen im Hinblick auf die ermittelte Angebotssumme stehen. Nun aber nur unter dem Aspekt der Auftragschancen Risiken nicht zu identifizieren und zu bewerten, wäre fahrlässig: Die Kenntnis über die in einem Bauprojekt wirkenden Risiken ist auch dann notwendig, wenn sich im Wettbewerb um einen Bauauftrag Risikokosten im Angebot nicht durchsetzen lassen, denn der Eintritt der Risiken führt zu Verlusten, die durch Eigenkapital gedeckt werden müssen.

Noch exakter lassen sich Risikokosten in einer Simulationsrechnung ermitteln. Dabei wird eine große Zahl von Risikoszenarien in der Bandbreite zwischen Minimal- und Maximalwert durchgespielt, um den Erwartungswert genauer bestimmen zu können. Der Vorteil gegenüber der tabellarischen Ermittlung des Erwartungswerts in Tabelle 2.13 ist die grafische Darstellung der Risikobandbreite, die die Häufigkeitsverteilung zeigt und damit eine bessere Einschätzung des Gesamtrisikos zulässt. Aus der Wahrscheinlichkeitsverteilung wird z. B. ersichtlich, welche Selbstkosten eines Bauprojekts mit welcher Wahrschein-

Tabelle 2.14: Risikoorientierte Angebotskalkulation des Beispiel-Projekts „Stützwand"

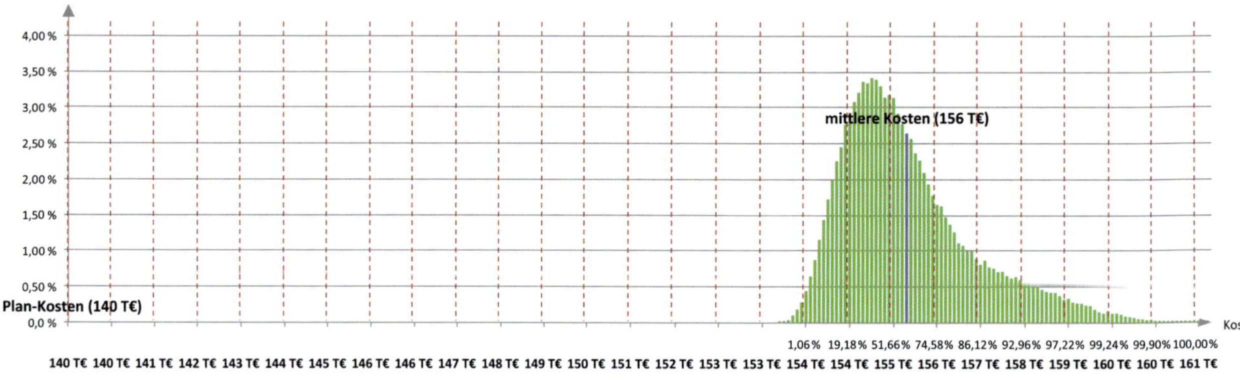

	Plan-Werte	mittlere Werte	< 5.00 %	< 10.00 %	< 20.00 %	< 30.00 %	< 40.00 %	< 50.00 %	< 60.00 %	< 70.00 %	< 80.00 %	< 90.00 %	< 100.00 %
Plan-Auftragswert	146.847,00 €	146.847,00 €	146.847,00 €	146.847,00 €	146.847,00 €	146.847,00 €	146.847,00 €	146.847,00 €	146.847,00 €	146.847,00 €	146.847,00 €	146.847,00 €	146.847,00 €
Herstellkosten mit identifizierten Risiken		36.017,04 €	34.374,91 €	34.601,69 €	34.928,86 €	35.197,17 €	35.455,53 €	35.729,05 €	36.035,97 €	36.416,83 €	36.969,75 €	37.955,31 €	42.115,58 €
Herstellkosten ohne identifizierte Risiken		109.602,16 €	109.602,16 €	109.602,16 €	109.602,16 €	109.602,16 €	109.602,16 €	109.602,16 €	109.602,16 €	109.602,16 €	109.602,16 €	109.602,16 €	109.602,16 €
Herstellkosten Gesamt	129.702,16 €	145.619,20 €	143.977,07 €	144.203,85 €	144.531,02 €	144.799,33 €	145.057,69 €	145.331,21 €	145.638,13 €	146.018,99 €	146.571,91 €	147.557,47 €	151.717,74 €
AGK	10.279,00 €	10.279,00 €	10.279,00 €	10.279,00 €	10.279,00 €	10.279,00 €	10.279,00 €	10.279,00 €	10.279,00 €	10.279,00 €	10.279,00 €	10.279,00 €	10.279,00 €
Selbstkosten	139.981,16 €	155.898,20 €	154.256,07 €	154.482,85 €	154.810,02 €	155.078,33 €	155.336,69 €	155.610,21 €	155.917,13 €	156.297,99 €	156.850,91 €	157.836,47 €	161.996,74 €
Ergebnis absolut	6.865,84 €	–9.051,20 €	–7.409,07 €	–7.635,85 €	–7.963,02 €	–8.231,33 €	–8.489,69 €	–8.763,21 €	–9.070,13 €	–9.450,99 €	–10.003,91 €	–10.989,47 €	–15.149,74 €
Ergebnis in %	4,68 %	–6,16 %	–5,05 %	–5,20 %	–5,42 %	–5,61 %	–5,78 %	–5,97 %	–6,18 %	–6,44 %	–6,81 %	–7,48 %	–10,32 %
Deckungsbeitrag absolut	17.144,84 €	1.227,80 €	2.869,93 €	2.643,15 €	2.315,98 €	2.047,67 €	1.789,31 €	1.515,79 €	1.208,87 €	828,01 €	275,09 €	–710,47 €	–4.870,74 €
Deckungsbeitrag in %	11,68 %	0,84 %	1,95 %	1,80 %	1,58 %	1,39 %	1,22 %	1,03 %	0,82 %	0,56 %	0,19 %	–0,48 %	–3,32 %

Die Simulationsrechnung wurde mit der Bausoftwarelösung der BRZ Deutschland GmbH erstellt.

lichkeit entstehen. Tabelle 2.14 zeigt das Ergebnis einer solchen Simulationsrechnung für das Beispiel-Projekt „Stützwand".

2.7 Berücksichtigung von Sonderpositionen

In der Bauauftragsrechnung treten neben den „normalen" LV-Positionen (Ausführungspositionen) auch Sonderpositionen auf. Dabei kann zwischen auftraggeber- und auftragnehmerseitigen Sonderpositionen unterschieden werden. Auftragnehmerseitige Sonderpositionen werden auch als Kalkulationspositionen bezeichnet.

2.7.1 Auftraggeberseitige Sonderpositionen

Bei der Ausschreibung von Bauleistungen unterscheidet man neben Ausführungspositionen (oft Normalposition oder kurz Position genannt) folgende Sonderpositionen:

- Alternativposition zur Grundposition, auch als Wahlposition bezeichnet
- Bedarfsposition, auch als Eventualposition bezeichnet
- Zulageposition

Alternativ-, Bedarfs- und Zulagepositionen werden als **Sonderpositionen** bezeichnet. Sie sind in der VOB weder in Teil A noch in Teil B, sondern lediglich in den Vorschriften und Ausschreibungsrichtlinien der Auftraggeber der öffentlichen Hand erwähnt. Dabei ist zu beachten, dass für die Behandlung von Bedarfspositionen unterschiedliche Richtlinien, z. B. innerhalb der Hochbau- und der Straßenbauverwaltungen, bestehen.

Als **Grundpositionen** werden Leistungen ausgeschrieben, die wahrscheinlich zur Ausführung gelangen, für die sich der Auftraggeber aber eine oder mehrere Ausführungsvarianten anbieten lässt. Letzteres sind die **Alternativpositionen**. Sie sind ebenfalls im LV als solche zu kennzeichnen. Sie gelten für Teilleistungen, deren Ausführung an die Stelle einer zugehörigen Grundposition treten kann, wobei für sie nur ein Einheitspreis anzubieten ist.

Bedarfspositionen sind als solche zu kennzeichnen. Sie beschreiben Teilleistungen, bei denen zum Zeitpunkt der Ausschreibung noch nicht feststeht, ob, und falls ja, in welchem Umfang sie zur Ausführung kommen werden.

Durch **Zulagepositionen** werden üblicherweise Erschwernisse bei der Ausführung von zugehörigen Normalpositionen beschrieben und vergütet. Hierfür sind im LV Einheits- und Gesamtpreise anzubieten.

2.7.1.1 Grund- und Alternativpositionen

Wenn alternativ angebotene Leistungen zur Ausführung gelangen sollen, dann müssen die Einheitspreise der Alternativpositionen so bestimmt sein, dass es im Vergleich zur Ausführung der zugehörigen Grundposition nicht zu einer Gemeinkostenunterdeckung kommt. Eine Einheitspreisberechnung, die in den Alternativpositionen eine volle Gemeinkostendeckung enthalten soll, lässt sich aber mit keinem der beiden oben beschriebenen Kalkulationsverfahren gewährleisten. Die Ermittlung des Einheitspreises einer Alternativposition soll anhand von 2 beispielhaft ausgeschriebenen Positionen gezeigt werden.

Beispiel für die Verwendung von Grund- und Alternativpositionen

Bei der ausgesuchten Teilleistung handelt es sich um eine Mauerwerkswand eines Treppenhauses für ein mehrgeschossiges Verwaltungsgebäude. Für die sichtbar bleibende Oberfläche lässt sich der Auftraggeber 2 Ausführungsvarianten anbieten, eine in Form einer Alternativposition. Dies zeigt nebenstehender Auszug des LV (vgl. Tabelle 2.15).

Tabelle 2.15: Grund- und Alternativposition in einem LV

Projekt: 6-geschossiges Verwaltungsgebäude			
Titel / Position	Menge	Einheit	Positionsbeschreibung
1			**Mauerwerksarbeiten**
1.018	200,000	m²	Mauerwerk der Innenwand, zweiseitig als Sichtmauerwerk, Fugenglattstrich/Verfugung wird gesondert vergütet, Kalksandstein DIN 106, KSL 1,4/150/2DF (240 · 115 · 113), MG II, Mauerwerksdicke 24 cm
1.019	200,000	m²	Alternativ Mauerwerk der Innenwand, Mauerziegel DIN 105, HlzA 1,4/150/2DF (240 · 115 · 113), MG II, Mauerwerksdicke 24 cm

Der Berechnung der Einheitspreise sind folgende Werte zugrunde gelegt:

- ML ASL: 34,07 €/h
- Zuschlag auf Mittellohn: 40,13 %
- Kalkulationslohn: 47,74 €/h
- Zuschlag auf Materialkosten: 10,00 %

Mit diesen Werten ergeben sich die nachstehend berechneten Einheitspreise (vgl. Tabelle 2.16).

Tabelle 2.16: Einheitspreisberechnung der Grund- und Alternativposition

Projekt: 6-geschossiges Verwaltungsgebäude				EKT							Zuschlags-Anteile			Preis
Position	Menge	Einheit	Beschreibung	Stunden	Lohn	Material	Geräte	SoKo	NU	EKT	Lohn	Material	Umlage	Einheitspreis
		Kostenart	Mittellohn in €/h		34,07						40,13 %	10,00 %		
				h	in €	in €	in €	in €	in €	in €	in €	in €	in €	in €
1.018	200,000	m²	Grundposition: KSL-Sichtmauerwerk											
1.018		60....	Mauern	1,85	63,03									
1.018		62....	Kalksandstein			22,00								
1.018				1,85	63,03	22,00	0,00	0,00	0,00	85,03	25,29	2,20	27,49	112,52
1.019	200,000	m²	Alternativ: HlzA-Mauerwerk											
1.019		60....	Mauern	1,50	51,10									
1.019		62....	Mauerziegel			18,00								
1.019				1,50	51,10	18,00	0,00	0,00	0,00	69,11	20,51	1,80	22,31	91,42
											Umlagefehlbetrag		5,18 €/m²	

Tabelle 2.17: Berücksichtigung des Umlagebetrags bei der Einheitspreisberechnung der Grund- und Alternativposition

Projekt: 6-geschossiges Verwaltungsgebäude				EKT							Zuschlags-Anteile			Preis
Position	Menge	Einheit	Beschreibung	Stunden	Lohn	Material	Geräte	SoKo	NU	EKT	Lohn	Material	Umlage	Einheitspreis
		Kostenart	Mittellohn in €/h		34,07						49,49 %	12,22 %		
				h	in €	in €	in €	in €	in €	in €	in €	in €	in €	in €
1.019	200,000	m²	Alternativ: HlzA-Mauerwerk											
1.019		60....	Mauern	1,50	51,11									
1.019		62....	Mauerziegel			18,00								
1.019				1,50	51,11	18,00	0,00	0,00	0,00	69,11	25,29	2,20	27,49	96,60

Bei dieser Art der Einheitspreisberechnung ergibt sich ein Umlagefehlbetrag in Höhe von 5,18 €/m², wenn die Alternativposition zur Ausführung gelangt. Da die Ausführung der Alternativposition nicht zu einer Gemeinkostenunterdeckung führen soll, ist der in der Grundposition enthaltene Umlagebetrag auch der zugehörigen Alternativposition zuzurechnen (vgl. Tabelle 2.17).

Damit ist gewährleistet, dass bei der Ausführung von Alternativpositionen die Gemeinkostendeckung erhalten bleibt. Sollte es in einer Leistungsbeschreibung mehrere Alternativpositionen zu einer Grundposition geben, so sind für alle Ausführungsvarianten die Einheitspreise in analoger Weise zu ermitteln. Wird die Gesamtmenge einer Grundposition in mehrere gleiche oder ungleiche Teile geteilt und werden diese in Alternativpositionen ausgeschrieben, die allerdings zusammen eine Ausführungseinheit bilden, dann ist der Gemeinkostenbetrag der Grundposition entsprechend dem Verhältnis der Einzelkosten der Alternativpositionen auf diese aufzuteilen.

Hinweis

Bei Alternativpositionen gleichen die gängigen Kalkulationsprogramme Unterdeckungen der BGK meist nicht automatisch aus, sodass diese manuell einbezogen werden müssen.

2.7.1.2 Bedarfspositionen

Gemäß § 7 Abs. 1 Nr. 4 VOB/A ist die Aufnahme von Bedarfspositionen in die Leistungsbeschreibung grundsätzlich zu vermeiden. Bedarfspositionen sollen daher nur für Teilleistungen überwiegend untergeordneter Art vorgesehen werden, die zusammen nur einen unerheblichen Anteil am Bauprojekt haben.

Im VHB Bund (2016) wird in Richtlinie 100, Nr. 4.6 der allgemeinen Richtlinien zum Vergabeverfahren vorgegeben: *„Bedarfs- und Wahlpositionen dürfen weder in das Leistungsverzeichnis noch in die übrigen Vergabeunterlagen aufgenommen werden."*

Der Gesamtbetrag dieser Position ist nicht auszuweisen und nicht in die Angebotssumme einzubeziehen. Somit dürfen auch keine BGK bei der Endsummen-Kalkulation auf die Bedarfspositionen umgelegt werden.

Ebenfalls heißt es im „Handbuch für die Vergabe und Ausführung von Bauleistungen im Straßen- und Brückenbau" (2016) des Bundesministeriums für Verkehr und digitale Infrastruktur, Abteilung Straßenbau, Abschnitt 1.4: *„Bedarfspositionen (§ 7 Abs. 1 Nr. 4 Satz 1 VOB/A) und Positionen (Verrechnungssätze) für Stundenlohnarbeiten (§ 7 Abs. 1 Nr. 4 Satz 2 VOB/A) sind grundsätzlich nicht zu verwenden."*

2.7.1.3 Zulagepositionen

In Leistungsbeschreibungen werden häufig Teilleistungen als Zulage zu bereits zuvor beschriebenen Positionen ausgeschrieben. Die in einer solchen Zulageposition angesprochene Leistung ist zunächst wie jede andere Ausführungsposition zu kalkulieren. Die Einzelkosten derjenigen Position, auf die die Zulageposition Bezug nimmt, sind dann von den berechneten Einzelkosten der Zulageposition abzuziehen. In der Zulageposition werden somit nur die zusätzlichen Kosten (der teureren Ausführung) ausgewiesen. Die Gesamtkosten (der teureren Ausführung) ergeben sich durch die Addition der Bezugsposition mit der Zulageposition. Bei der Ermittlung der Einzelkosten bzw. bei der Einheitspreisberechnung wird die Zulageposition wie eine Ausführungsposition behandelt. Die Vorgehensweise soll an dem folgenden Beispiel verdeutlicht werden.

Beispiel für die Verwendung von Zulagepositionen

Bei der hier gewählten Teilleistung handelt es sich um Trockenbauarbeiten. Der Auftraggeber sieht in seinem LV eine Zulageposition für eine zweilagige Beplankung vor. Dies zeigt das nachfolgende LV (vgl. Tabelle 2.18).

Tabelle 2.18: Beispiel für eine Zulageposition in einem LV

Projekt: 6-geschossiges Verwaltungsgebäude			
Titel Position	**Menge**	**Einheit**	**Positionsbeschreibung**
5			**Trockenbauarbeiten**
5.011	1.000,000	m²	nichttragende innere Trennwand DIN 4103-1 als Montagewand, Einbaubereich 1, Höhe 2,75 m, Dicke 75 mm, Feuerwiderstandsklasse DIN 4102-2 F30-A, umlaufende Anschlüsse starr; Metallständerwand W 111 oder gleichwertiger Art, Unterkonstruktion aus verzinkten Stahlblechprofilen DIN 18182-1/ DIN 18183, als Einfachständerwerk; Dämmschicht aus mineralischem Faserdämmstoff DIN 18165-1, einlagig, dicht stoßend, abrutschsicher verlegen, Dicke 40 mm **Beplankung**, beidseitig, Verarbeitung DIN 18181, **einlagig**, aus Gipskarton-Feuerschutzplatten GKF, DIN 18180, Plattendicke 12,5 mm, befestigen mit Schnellbauschrauben DIN 18182-2, Fugen füllen, sichtbare Befestigungsmittel und Fugen spachteln
5.012	100,000	m²	Zulageposition Zulage zu Position 5.011 für **zweilagige Beplankung** aus Gipskarton-Bauplatten GKB DIN 18180, Plattendicke 12,5 mm

Der Berechnung der Einheitspreise sind folgende Annahmen zugrunde gelegt:

- im Bereich der Lohnkosten:
  - Metallständerwand, einfach beplankt 0,57 h/m²
  - Metallständerwand, zweifach beplankt 0,77 h/m²
  - Differenz = Zulage 0,20 h/m²
- im Bereich der Materialkosten:
  - Metallständerwand, einfach beplankt 15,00 €/m²
  - Metallständerwand, zweifach beplankt 20,00 €/m²
  - Differenz = Zulage 5,00 €/m²

Tabelle 2.19: Einheitspreisberechnung der Zulageposition

Projekt: 6-geschossiges Verwaltungsgebäude				EKT				Zuschlagsanteile			Preis
Position	Menge	Einheit	Beschreibung	Stunden	Lohn	Material	EKT	Lohn	Material	Umlage	Einheitspreis
		Kostenart	Mittellohn in €/h		34,07			40,13 %	10,00 %		
				in h	in €	in €	in €	in €	in €	in €	in €
5.011	1.000,000	m²	**Metallständerwand Beplankung einlagig**								
5.011		60....	Montage und Verfugen	0,57	19,42						
5.011		62....	Gipskartonplatten inkl. Ständerwerk			15,00					
5.011				0,57	19,42	15,00	34,42	7,79	1,50	9,29	43,71
5.012	100,000	m²	**Zulage: Beplankung zweilagig**								
5.012		60....	Montage und Verfugen	0,20	6,81						
5.012		62....	Gipskartonplatten inkl. Ständerwerk			5,00					
5.012				0,20	6,81	5,00	11,81	2,73	0,50	3,23	15,04

Es errechnen sich so die in Tabelle 2.19 dargestellten Einheitspreise.

2.7.2 Auftragnehmerseitige Sonderpositionen (Kalkulationspositionen)

Bei den auftragnehmerseitigen Kalkulationspositionen unterscheidet man zwischen internen Positionen und Unterpositionen.

2.7.2.1 Interne Positionen

Interne Positionen stellen Kostenbestandteile eines Bauprojekts dar, die nicht unmittelbar einer Position (Teilleistung) zugeordnet werden können und für die somit kein Einheitspreis errechnet wird.

Sie müssen mittelbar allen oder auch nur ausgewählten LV-Positionen zugeschlüsselt werden und bilden zusammen mit den leistungsabhängigen Kalkulationsbestandteilen der AGK und des Gewinnanteils die Umlage in den entsprechenden LV-Positionen.

Interne Positionen werden für die BGK gebildet (vgl. Beispiel-Projekt „Stützwand" in Kapitel 2.5.2). Sie gliedern sich – falls diese Leistungen nicht als eigene Positionen ausgeschrieben sind – z. B. in interne Positionen für Baustelleneinrichtung, -unterhaltung und -räumung sowie Kosten der örtlichen Bauleitung.

2.7.2.2 Unterpositionen

Unterpositionen sind Bestandteile der Kalkulation und stellen in Form von Produktionseinheiten oder Arbeitsgängen die einzelnen Produktionsschritte für eine Teilleistung (Position) dar.

So beinhaltet z. B. die Position 2.050 „Wandbeton C 20/25 einschließlich Schalung und Bewehrung" des Beispiel-Projekts „Stützwand" verschiedene Produktionsschritte wie Betonieren, Schalen und Verlegen der Bewehrung. Diese Teilleistungen können dann im Rahmen der Kalkulation in Unterpositionen (im Beispiel: Unterposition 1 bis 6) aufgegliedert werden.

Der Vorteil solcher Unterpositionen ist, dass diese eigene Mengen – die sogenannten „inneren Mengen" – beinhalten, mit denen dann in der Kalkulation operiert werden kann.

Somit kann die ausgeschriebene LV-Menge (z. B. m³ Betonieren) auf die eigentliche Kalkulationsmenge (z. B. m² Schalung) als innere Menge (z. B. m² Schalung/m³ Betonieren) umgerechnet werden.

2.8 Überführung der Angebots- über die Vertrags- in die Arbeitskalkulation und deren Fortschreibung

Die zunächst für die Angebotserstellung erarbeitete Angebotskalkulation sollte spätestens bei Auftragserteilung in eine Vertragskalkulation überführt werden, die dann vor Beginn der Bauausführung zusätzlich in eine erste Arbeitskalkulation fortgeschrieben wird.

2.8.1 Überführung der Angebots- in die Vertragskalkulation

Basis ist zunächst die Angebotskalkulation, die bei Vertragsabschluss in eine Vertragskalkulation überführt wird (vgl. Abb. 2.14).

Wird unterstellt, dass die Angebotskalkulation im Verfahren der Umlagekalkulation erstellt wurde, so sind bereits interne Positionen mit entsprechenden BGK vorhanden. Daher greifen die nachfolgenden Ausführungen auf die im Verfahren der Umlagekalkulation ermittelte Angebotskal-

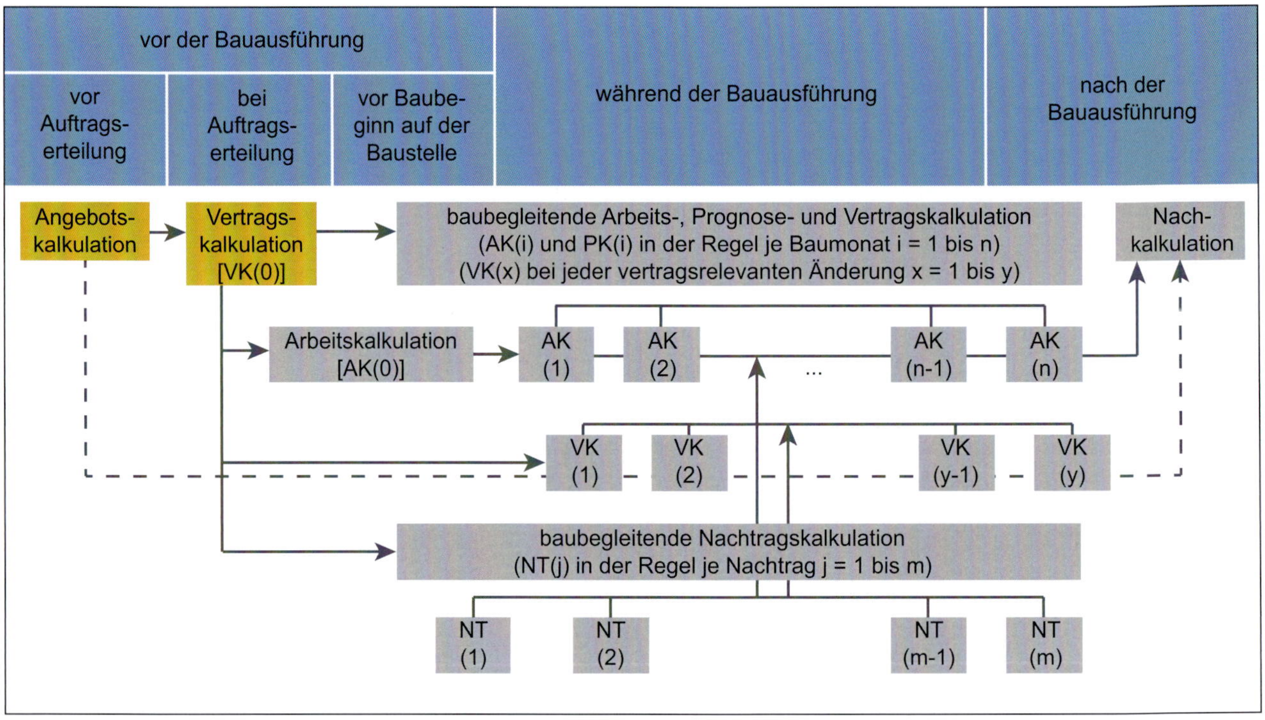

Abb. 2.14: Überführung einer Angebotskalkulation in eine Vertragskalkulation

kulation des Beispiel-Projekts „Stützwand" zurück (vgl. Kapitel 2.5.2.).

Beispielhaft wird nunmehr unterstellt, dass der Auftragnehmer dem Auftraggeber in der Auftragsverhandlung einen Nachlass von 2,00 % über die gesamte Vertragssumme gewährt hat und zudem vereinbart wurde, dass dieser Nachlass in den einzelnen Einheitspreisen berücksichtigt wird. Durch den Nachlass verringert sich die ursprüngliche Angebotssumme (netto) in Höhe von 146.859,10 € um 2.939,08 € auf die Vertragssumme (netto) in Höhe von 143.920,02 €.

Hinweis

> Wird ein Nachlass nicht in den einzelnen Einheitspreisen berücksichtigt, so muss im Zuge der Leistungsermittlung bei Anwendung der klassischen Methode der Leistungsbewertung der gewährte prozentuale Nachlass von der ermittelten Bauleistung abgezogen werden (vgl. Kapitel 3.2.2.2).

Die Angebotskalkulation muss daher in eine Vertragskalkulation überführt werden (vgl. Tabelle 2.20).

Ausgewiesen werden am Ende der Vertragskalkulation die reduzierte Vertragssumme, der Gesamt-Deckungsbeitrag und das Bauprojektergebnis (die beiden letzteren absolut und in %). Der Deckungsbeitrag berechnet sich aus der Subtraktion der Herstellkosten von der Vertragssumme; das Ergebnis resultiert aus der Subtraktion der Selbstkosten von der Vertragssumme. Das Bauprojektergebnis reduziert sich durch die Nachlassgewährung auf 2,88 % der Vertragssumme gegenüber 4,68 % der ursprünglichen Angebotssumme.

Hinweis

> Die Differenz zwischen prozentualem Gesamt-Deckungsbeitrag und prozentualem Bauprojektergebnis entspricht immer dem AGK-Satz in Prozent der Vertragssumme.

2.8.2 Überführung der Vertrags- in die Arbeitskalkulation

Ebenfalls vor Beginn der Arbeiten wird die Vertragskalkulation in eine erste Arbeitskalkulation [AK(0)] überführt (vgl. Abb. 2.15).

Hinweis

> Spätestens bei der Überführung der Vertrags- in die Arbeitskalkulation müssen einerseits BGK-Bestandteile in eigenen Positionen ausgewiesen und andererseits Ausführungspositionen positionsorientiert in Arbeitsvorgänge (Unterpositionen) aufgegliedert werden. Insofern setzt die Arbeitskalkulation das Verfahren der Umlagekalkulation voraus.

Die erste Arbeitskalkulation, hier als [AK(0)] bezeichnet, weist das Plan-Ergebnis des Bauprojekts als unternehmerische Zielvorgabe aus.

Daher werden in die [AK(0)] die Grenzwerte für die Vergabe der Nachunternehmerleistungen und den Einkauf von Material oder neue Vorgabewerte für Stundenansätze als Budgetwerte eingestellt.

Im Beispiel-Projekt „Stützwand" wird hierbei unterstellt, dass im Zuge der Arbeitsvorbereitung entschieden wurde, die zunächst als Eigenleistung kalkulierten Erdarbeiten nunmehr als Nachunternehmerleistung zu realisieren. Diese Änderung muss in der Arbeitskalkulation berücksichtigt werden. Als Vergabegrenzwerte werden die EKT

Tabelle 2.20: Vertragskalkulation [VK(0)] des Beispiel-Projekts „Stützwand"

Projekt: Stützwand, Vertragskalkulation [VK(0)]																			
				EKT							GKT							Vertragspreise	
Position	Menge	Einheit	Beschreibung	Stunden	Lohn	Material	Geräte	SoKo	NU	EKT	Stunden	Lohn	Material	Geräte	SoKo	NU	GKT	Einheitspreis	Gesamtpreis
		Kostenart	Mittellohn in €/h		34,07							34,07						−2 %	
				in h	in €	in €	in €	in €	in €	in €	in h	in €	in €	in €	in €	in €	in €	in €	in €
1.010	**900,000**	**m³**	**Aushub und seitliches Lagern**																
1.010			Laderaupe 50,0 kW, diese leistet 40,00 m³/h																
1.010		641...	Betrieb Laderaupe: 8,00 €/h / 40,00 m³/h				0,20												
1.010		641...	Vorhaltung Laderaupe: 60,00 €/h / 40,00 m³/h				1,50												
1.010		60...	Bedienung 1 Mann: 1 Ak/h / 40,00 m³/h = 0,025 h/m³ + 0,005 h/m³ anteilige Handschachtung	0,0300	1,02														
1.010				0,0300	1,02		1,70			2,72	27,0000	918,00		1.530,00			2.448,00	3,85	3.465,00
1.020	**150,000**	**m³**	**Abfuhr**																
1.020		641...	2 Fahrzeuge: 2 · 65,00 €/h / 20,00 m³/h					6,50											
1.020								6,50		6,50					975,00		975,00	7,49	1.123,50
1.030	**750,000**	**m³**	**Hinterfüllung**																
1.030			Laderaupe 50,0 kW, diese leistet 40,00 m³/h																
1.030		641...	Betrieb Laderaupe: 8,00 €/h / 40,00 m³/h				0,20												
1.030		641...	Vorhaltung Laderaupe: 60,00 €/h / 40,00 m³/h				1,50												
1.030		64...	Betrieb Rüttelplatte: 2,00 €/h / 40,00 m³/h				0,05												
1.030		64...	Vorhaltung Rüttelplatte: 7,00 €/h / 40,00 m³/h				0,18												
1.030		60...	Bedienung 2 Mann: 2 Ak/h / 40,00 m³/h	0,0500	1,70														
1.030				0,0500	1,70		1,93			3,63	37,5000	1.275,00		1.447,50			2.722,50	5,37	4.027,50
2.010	**225,000**	**m²**	**Sauberkeitsschicht 5 cm**																
2.010			Unterposition 1: C 8/10 einbringen:																
2.010		60....	Lohn: 0,050 m³ · 2,00 h	0,1000	3,41														
2.010		62....	Liefern: 0,050 m³ · 60,00 €			3,00													
2.010			Unterposition 2: Abziehen:																
2.010		60....	Lohn: 0,10 h	0,1000	3,41														
2.010				0,2000	6,82	3,00				9,82	45,0000	1.534,50	675,00				2.209,50	15,99	3.597,75
2.020	**120,000**	**m³**	**Fundamentbeton C 20/25**																
2.020		60....	Lohn: Betonieren mit Pumpe	0,5000	17,04														
2.020		641...	Betonpumpe				10,00												
2.020		62....	C 20/25			65,00													
2.020				0,5000	17,04	65,00	10,00			92,04	60,0000	2.044,80	7.800,00	1.200,00			11.044,80	118,47	14.216,40
2.030	**200,000**	**m²**	**Fundamentschalung**																
2.030			Unterposition 1: Schalen Vorderwand Fundament																

Tabelle 2.20 (Fortsetzung): Vertragskalkulation [VK(0)] des Beispiel-Projekts „Stützwand"

Projekt: Stützwand, Vertragskalkulation [VK(0)]																			
				EKT							GKT							Vertragspreise	
Position	Menge	Einheit	Beschreibung	Stunden	Lohn	Material	Geräte	SoKo	NU	EKT	Stunden	Lohn	Material	Geräte	SoKo	NU	GKT	Einheitspreis	Gesamtpreis
		Kostenart	Mittellohn in €/h		34,07							34,07						–2 %	
				in h	in €	in €	in €	in €	in €	in €	in h	in €	in €	in €	in €	in €	in €	in €	in €
2.030		60....	Lohn: 0,5 · 0,40 h	0,2000	6,81														
2.030		644...	Schalung:					5,00											
2.030			Unterposition 2: Ausschalen Vorderwand Fundament																
2.030		60....	Lohn: 0,5 · 0,10 h	0,0500	1,70														
2.030			Unterposition 3: Schalen Rückwand																
2.030		60....	Lohn: 0,5 · 0,73 h	0,3650	12,44														
2.030		644...	Schalung: 0,5 · 10,00 €					5,00											
2.030			Unterposition 4: Ausschalen Rückwand																
2.030		60....	Lohn: 0,5 · 0,27 h	0,1350	4,60														
2.030				0,7500	25,55			10,00		35,55	150,0000	5.110,00			2.000,00		7.110,00	58,42	11.684,00
2.040	**12,0**	**t**	**Betonstahl 500 S**																
2.040		66....	Schneiden, Biegen, Liefern und Verlegen						900,00										
2.040									900,00	900,00						10.800,00	10.800,00	1.018,71	12.224,52
2.050	**120,000**	**m³**	**Wandbeton C 20/25 einschließlich Schalung und Bewehrung**																
2.050			Unterposition 1: Beton einbringen																
2.050		60....	Lohn: Betonieren mit Pumpe	0,7000	23,85														
2.050		641...	Betonpumpe				10,00												
2.050		62....	C 20/25			65,00													
2.050			Wandschalung (6,6667 m^2/m^3)																
2.050			Unterposition 2: Schalen Vorderwand (m^2)																
2.050		60....	Lohn: 6,6667 · 0,5 · 0,73 h/m^2	2,4333	82,90														
2.050		644...	Schalung: 6,6667 · 0,5 · 10,00 €/m^2					33,33											
2.050			Unterposition 3: Ausschalen Vorderwand (m^2)																
2.050		60....	Lohn: 6,6667 · 0,5 · 0,27 h/m^2	0,9000	30,66														
2.050			Unterposition 4: Schalen Rückwand (m^2)																
2.050		60....	Lohn: 6,6667 · 0,5 · 0,73 h/m^2	2,4333	82,90														
2.050		644...	Schalung: 6,6667 · 0,5 · 10,00 €/m^2					33,33											
2.050			Unterposition 5: Ausschalen Rückwand (m^2)																
2.050		60....	Lohn: 6,6667 · 0,5 · 0,27 h/m^2	0,9000	30,66														
2.050			Betonstahlmatten 500 M (0,1 t/m^3)																
2.050		660...	Unterposition 6: Schneiden, Liefern und Verlegen						90,00										
2.050				7,3666	250,97	65,00	10,00	66,66	90,00	482,63	883,9920	30.116,40	7.800,00	1.200,00	7.999,20	10.800,00	57.915,60	726,49	87.178,80

Tabelle 2.20 (Fortsetzung): Vertragskalkulation [VK(0)] des Beispiel-Projekts „Stützwand"

2.060	**9,50**	**m**	**Dehnungsfugen**																
2.060		60....	Lohn	1,0000	34,07														
2.060		62....	Dehnungsfugenband			9,95													
2.060				1,0000	34,07	9,95				44,02	9,5000	323,67	94,53				418,19	74,10	703,95
2.070	**160,00**	**m**	**Arbeitsfugen**																
2.070		60....	Lohn	0,3000	10,22														
2.070		62....	Fugenblech			2,50													
2.070				0,3000	10,22	2,50				12,72	48,0000	1.635,20	400,00				2.035,20	21,67	3.467,20
2.080	**30,00**	**m**	**Sollbruchfugen**																
2.080		60....	Lohn	1,0000	34,07														
2.080		62....	Sollbruchfuge			10,20													
2.080				1,0000	34,07	10,20				44,27	30,0000	1.022,10	306,00				1.328,10	74,38	2.231,40
Summe EKT											**1.290,9920**	**43.979,67**	**17.075,53**	**5.377,50**	**10.974,20**	**21.600,00**	**99.006,89**		
BGK				**Einzelkosten der internen BGK-Positionen**							**Gesamtkosten der internen BGK-Positionen**								
Position	**Menge**	**Einheit**	**Beschreibung**	**Stunden**	**Lohn**	**Material**	**Geräte**	**SoKo**	**NU**	**EK**	**Stunden**	**Lohn**	**Material**	**Geräte**	**SoKo**	**NU**	**GK**		
		Kostenart	**Mittellohn in €/h**		**34,07**							**34,07**							
				in h	**in €**	**in €**	**in €**	**in €**	**in €**	**in €**	**in h**	**in €**	**in €**	**in €**	**in €**	**in €**	**in €**		
1	**1,000**	**pauschal**	**Einrichten und Räumen**																
1		60....	Einrichten und Räumen	220 0000	7.495,40														
1		644...	für Umformer, Innenrüttler, sonstiges Gerät sowie Schalung und Rüstung					2.500,00											
1				220,0000	7.495,40			2.500,00		9.995,40	220,0000	7.495,40			2.500,00		9.995,40		
2	**3,000**	**Monate**	**Vorhaltekosten**																
2		641...	Geräte				500,00												
2							500,00			500,00				1.500,00			1.500,00		
3	**3,000**	**Monate**	**Kosten der örtlichen Bauleitung**																
3		60....	0,50 Bauleiter pro Monat					3.000,00											
3		60....	Vermesser, anteilig					350,00											
3		60....	0,25 Baukaufmann					1.250,00											
3								4.600,00		4.600,00					13.800,00		13.800,00		
4	**1,000**	**pauschal**	**Betriebs- und Bedienungskosten**																
4		641...	für Geräteeinsatz				2.400,00												
4							2.400,00			2.400,00				2.400,00			2.400,00		
5	**1,000**	**pauschal**	**technische Bearbeitung**																
5		65....	Konstruktion, Planerstellung und Kontrolle					3.000,00											
5								**3.000,00**		**3.000,00**					**3.000,00**		**3.000,00**		
Summe BGK											**220,0000**	**7.495,40**		**3.900,00**	**19.300,00**		**30.695,40**		**Summe Gesamtpreis**
Summe Herstellkosten / Summe Gesamtpreis = Auftragssumme											**1.510,9920**	**51.475,07**	**17.075,53**	**9.277,50**	**30.274,20**	**21.600,00**	**129.702,29**		**143.920,02**
Gesamt-Deckungsbeitrag (Auftragssumme – Herstellkosten)																			**14.217,73**
Gesamt-Deckungsbeitrag (% Auftragssumme)																			**9,88 %**
Bauprojektergebnis = Auftragssumme – Herstellkosten – AGK-Anteil																			**4.143,33**
Bauprojektergebnis (% Auftragssumme)																			**2,88 %**

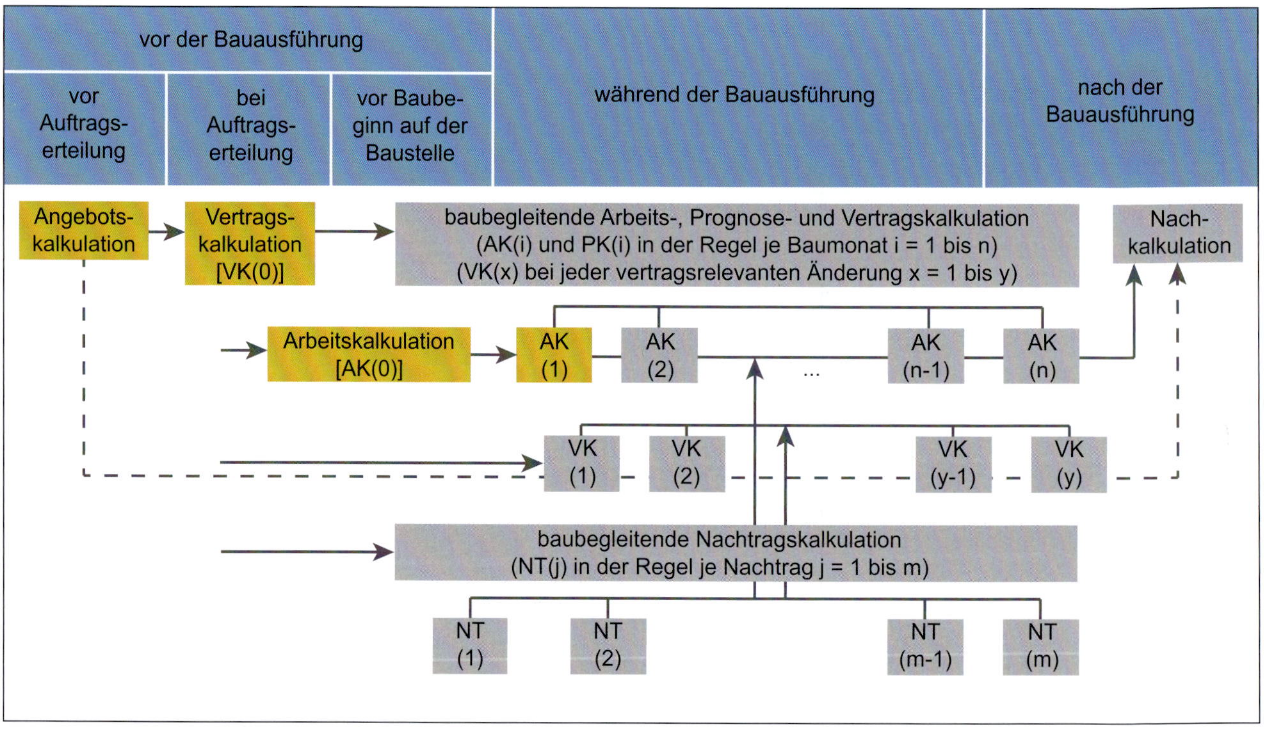

Abb. 2.15: Überführung der Vertrags- in die Arbeitskalkulation

aller Positionen des Titels 1 „Erdarbeiten“ (bestehend aus Lohn-, Geräte- und Sonstigen Kosten) nun unter der Kostenartengruppe NU zusammengefasst und um 5,00 % reduziert. Dieser Wert gilt dann als Maßstab für die Vergabe der Nachunternehmerleistung.

Zusätzlich wurde erkannt, dass der Beton C 20/25 günstiger als ursprünglich kalkuliert eingekauft werden kann. Somit wird der Vergabegrenzwert um 5,00 € je m^3 von 65,00 € je m^3 auf 60,00 € je m^3 reduziert. Auch dies findet Berücksichtigung in der [AK(0)].

Da in der Arbeitskalkulation die Vertragspreise nun festgeschrieben sind, entfällt der Umlagebetrag je Position. Dieser Umlagebetrag stellt in der Arbeitskalkulation als Differenz zwischen Einheitspreis und EKT den Deckungsbeitrag der Einzelposition (DB-EP). Multipliziert mit der Menge ergibt er den Deckungsbeitrag der Gesamtposition (DB-GP). Auch diese Werte werden in der Arbeitskalkulation ausgewiesen.

Hinweis

> Die Berücksichtigung von Vergabegewinnen in der [AK(0)] kann unternehmensindividuell variieren.

Somit ergibt sich die in Tabelle 2.21 aufgeführte Arbeitskalkulation [AK(0)], in der die Veränderungen der Budgetwerte gegenüber der Vertragskalkulation [VK(0)] gelb markiert sind.

Das Plan-Projektergebnis erhöht sich nun wieder um 1,05 %-Punkte, von 2,88 % auf 3,93 % der Vertragssumme (netto).

Die [AK(0)] sollte zur Dokumentation des Plan-Auftragswerts und des Plan-Projektergebnisses als Zielgröße „eingefroren“, also datentechnisch abgespeichert werden.

2.8.3 Fortschreibung der Arbeitskalkulation

Da die Arbeitskalkulation die Aufgabe hat, die voraussichtlichen Herstellkosten zum Bauprojektende zu prognostizieren, werden im weiteren Baufortschritt die erwarteten bzw. realisierten Vergabewerte für Nachunternehmerleistungen und die erwarteten bzw. realisierten Einkaufswerte für Materialien in der Fortschreibung der Arbeitskalkulation festgehalten. Angepasst werden auch die Stundenansätze, insbesondere dann, wenn gravierende Abweichungen zu den Ursprungsdaten der Vertragskalkulation zu verzeichnen sind.

Um solche Abweichungen nicht nur global – auf Basis der Gesamtstunden – festzustellen, kann es sich gerade bei lohnintensiven Arbeiten empfehlen, die in der Arbeitskalkulation zu berücksichtigenden Lohnstunden gemäß einer produktionsorientierten Schlüsselung – oft als Bauarbeitsschlüssel (BAS) bezeichnet – zu untergliedern. Sinnvoll ist es dabei, die Gliederungstiefe an einer für das Aufsichtspersonal der Baustelle zeitlich vertretbaren Stundenaufschreibung auszurichten. Tabelle 2.22 zeigt eine mögliche Schlüsselung (BAS-Struktur) für das Beispiel-Projekt „Stützwand“, wobei nur solche Positionen/Unterpositionen mit einem BAS versehen sind, die als Eigenleistung erbracht werden und somit Lohnstunden verursachen.

Im Beispiel-Projekt „Stützwand“ ergeben sich nun im weiteren Projektverlauf folgende Punkte, die in der fortgeschriebenen Arbeitskalkulation [AK(1)] zu berücksichtigen sind:

- Die Positionen 1.010 bis 1.030 des Gewerks Erdarbeiten wurden vergeben. Hierbei konnte der Vergabegrenzwert der [AK(0)] – Erzielung eines Deckungsbeitrags in Höhe von 2.779,508 € (1.143,00 € + 196,50 € + 1.440,00 €) – nicht ganz erreicht werden. Der aktuelle Deckungsbeitrag

Tabelle 2.21: Arbeitskalkulation [AK(0)] des Beispiel-Projekts „Stützwand"

Projekt: Stützwand, Arbeitskalkulation [AK(0)]				EKT							GKT							Vertragspreise		Deckungsbeitrag	
Position	Menge	Einheit	Beschreibung	Stunden	Lohn	Material	Geräte	SoKo	NU	EKT	Stunden	Lohn	Material	Geräte	SoKo	NU	GKT	Einheitspreis	Gesamtpreis	Einheitspreis	Gesamtpreis
		Kostenart	Mittellohn in €/h		34,07				0,95			34,07									
				in h	in €	in €	in €	in €	in €	in €	in h	in €	in €	in €	in €	in €	in €	in €	in €	in €	in €
1.010	900,000	m³	**Aushub und seitliches Lagern**																		
1.010		66....	Aushub und seitliches Lagern						2,58												
1.010									2,58	2,58						2.322,00	2.322,00	3,85	3.465,00	1,27	1.143,00
1.020	150,000	m³	**Abfuhr**																		
1.020		66....	Abfuhr						6,18												
1.020									6,18	6,18						927,00	927,00	7,49	1.123,50	1,31	196,50
1.030	750,000	m³	**Hinterfüllung**																		
1.030		66....	Hinterfüllung						3,45												
1.030									3,45	3,45						2.587,50	2.587,50	5,37	4.027,50	1,92	1.440,00
2.010	225,000	m²	**Sauberkeitsschicht 5 cm**																		
2.010			Unterposition 1: C 8/10 einbringen:																		
2.010		60....	Lohn: 0,050 m³ · 2,00 h	0,1000	3,41																
2.010		62...	Liefern: 0,050 m³ · 60,00 €			3,00															
2.010			Unterposition 2: Abziehen:																		
2.010		60...	Lohn: 0,10 h	0,1000	3,41																
2.010				0,2000	6,82	3,00				9,82	45,0000	1.534,50	675,00				2.209,50	15,99	3.597,75	6,17	1.388,25
2.020	120,000	m³	**Fundamentbeton C 20/25**																		
2.020		60...	Lohn: Betonieren mit Pumpe	0,5000	17,04																
2.020		641...	Betonpumpe				10,00														
2.020		62...	C 20/25			60,00															
2.020				0,5000	17,04	60,00	10,00			87,04	60,0000	2.044,80	7.200,00	1.200,00			10.444,80	118,47	14.216,40	31,43	3.771,60
2.030	200,000	m²	**Fundamentschalung**																		
2.030			Unterposition 1: Schalen Vorderwand Fundament																		
2.030		60...	Lohn: 0,5 · 0,40 h	0,2000	6,81																
2.030		644..	Schalung:					5,00													
2.030			Unterposition 2: Ausschalen Vorderwand Fundament																		
2.030		60...	Lohn: 0,5 · 0,10 h	0,0500	1,70																
2.030			Unterposition 3: Schalen Rückwand																		
2.030		60...	Lohn: 0,5 · 0,73 h	0,3650	12,44																
2.030		644..	Schalung: 0,5 · 10,00 €					5,00													
2.030			Unterposition 4: Ausschalen Rückwand																		
2.030		60...	Lohn: 0,5 · 0,27 h	0,1350	4,60																

Tabelle 2.21 (Fortsetzung): Arbeitskalkulation [AK(0)] des Beispiel-Projekts „Stützwand"

Projekt: Stützwand, Arbeitskalkulation [AK(0)]																					
				EKT							GKT							Vertragspreise		Deckungsbeitrag	
Position	Menge	Einheit	Beschreibung	Stunden	Lohn	Material	Geräte	SoKo	NU	EKT	Stunden	Lohn	Material	Geräte	SoKo	NU	GKT	Einheitspreis	Gesamtpreis	Einheitspreis	Gesamtpreis
		Kostenart	Mittellohn in €/h		34,07				0,95			34,07									
				in h	in €	in €	in €	in €	in €	in €	in h	in €	in €	in €	in €	in €	in €	in €	in €	in €	in €
2.030				0,7500	25,55			10,00		35,55	150,0000	5.110,00			2.000,00		7.110,00	58,42	11.684,00	22,87	4.574,00
2.040	**12,0**	**t**	**Betonstahl 500 S**																		
2.040		66....	Schneiden, Biegen, Liefern und Verlegen						900,00												
2.040									900,00	900,00						10.800,00	10.800,00	1.018,71	12.224,52	118,71	1.424,52
2.050	**120,000**	**m³**	**Wandbeton C 20/25 einschließlich Schalung und Bewehrung**																		
2.050			Unterposition 1: Beton einbringen																		
2.050		60....	Lohn: Betonieren mit Pumpe	0,7000	23,85																
2.050		641...	Betonpumpe				10,00														
2.050		62....	C 20/25			60,00															
2.050			Wandschalung (6,6667 m²/m³)																		
2.050			Unterposition 2: Schalen Vorderwand (m²)																		
2.050		60....	Lohn: 6,6667 · 0,5 · 0,73 h/m²	2,4333	82,90																
2.050		644...	Schalung: 6,6667 · 0,5 · 10,00 €/m²					33,33													
2.050			Unterposition3: Ausschalen Vorderwand (m²)																		
2.050		60....	Lohn: 6,6667 · 0,5 · 0,27 h/m²	0,9000	30,66																
2.050			Unterposition 4: Schalen Rückwand (m²)																		
2.050		60....	Lohn: 6,6667 · 0,5 · 0,73 h/m²	2,4333	82,90																
2.050		644...	Schalung: 6,6667 · 0,5 · 10,00 €/m²					33,33													
2.050			Unterposition 5: Ausschalen Rückwand (m²)																		
2.050		60....	Lohn: 6,6667 · 0,5 · 0,27 h/m²	0,9000	30,66																
2.050			Betonstahlmatten 500 M (0,1 t/m³)																		
2.050		660...	Unterposition 6: Schneiden, Liefern und Verlegen						90,00												
2.050				7,3666	250,97	60,00	10,00	66,66	90,00	477,63	883,9920	30.116,40	7.200,00	1.200,00	7.999,20	10.800,00	57.315,60	726,49	87.178,80	248,86	29.863,20
2.060	**9,50**	**m**	**Dehnungsfugen**																		
2.060		60....	Lohn	1,0000	34,07																
2.060		62....	Dehnungsfugenband			9,95															
2.060				1,0000	34,07	9,95				44,02	9,5000	323,67	94,53				418,19	74,10	703,95	30,08	285,76
2.070	**160,00**	**m**	**Arbeitsfugen**																		
2.070		60....	Lohn	0,3000	10,22																

Tabelle 2.21 (Fortsetzung): Arbeitskalkulation [AK(0)] des Beispiel-Projekts „Stützwand"

2.070		62.…	Fugenblech			2,50															
2.070				0,3000	10,22	2,50				12,72	48,0000	1.635,20	400,00				2.035,20	21,67	3.467,20	8,95	1.432,00
2.080	**30,00**	**m**	**Sollbruchfugen**																		
2.080		60.…	Lohn	1,0000	34,07																
2.080		62.…	Sollbruchfuge			10,20															
2.080				1,0000	34,07	10,20				44,27	30,0000	1.022,10	306,00				1.328,10	74,38	2.231,40	30,11	903,30
Summe EKT:											**1.226,4920**	**41.786,67**	**15.875,53**	**2.400,00**	**9.999,20**	**27.436,50**	**97.497,89**				
BGK				**Einzelkosten der internen BGK-Positionen**							**Gesamtkosten der internen BGK-Positionen**										
Position	**Menge**	**Einheit**	**Beschreibung**	**Stunden**	**Lohn**	**Material**	**Geräte**	**SoKo**	**NU**	**Einzelkosten**	**Stunden**	**Lohn**	**Material**	**Geräte**	**SoKo**	**NU**	**Gesamtkosten**				
		Kostenart	**Mittellohn in €/h**		**34,07**							**34,07**									
				in h	**in €**	**in €**	**in €**	**in €**	**in €**	**in €**	**in h**	**in €**	**in €**	**in €**	**in €**	**in €**	**in €**				
1	**1,000**	**pauschal**	**Einrichten und Räumen**																		
1		60.…	Einrichten und Räumen	220,0000	7.495,40																
1		644.…	für Umformer, Innenrüttler, sonstiges Gerät sowie Schalung und Rüstung					2.500,00													
1				220,0000	7.495,40			2.500,00		9.995,40	220,0000	7.495,40			2.500,00		9.995,40				
2	**3,000**	**Monate**	**Vorhaltekosten**																		
2		641.…	Geräte				500,00														
2							500,00			500,00				1.500,00			1.500,00				
3	**3,000**	**Monate**	**Kosten der örtlichen Bauleitung**																		
3		60.…	0,50 Bauleiter pro Monat					3.000,00													
3		60.…	Vermesser, anteilig					350,00													
3		60.…	0,25 Baukaufmann					1.250,00													
3								4.600,00		4.600,00					13.800,00		13.800,00				
4	**1,000**	**pauschal**	**Betriebs- und Bedienungskosten**																		
4		641.…	für Geräteeinsatz				2.400,00														
4							2.400,00			2.400,00				2.400,00			2.400,00				
5	**1,000**	**pauschal**	**technische Bearbeitung**																		
5		65 …	Konstruktion, Planerstellung und Kontrolle					3.000,00													
5								**3.000,00**		**3.000,00**					**3.000,00**		**3.000,00**				
Summe BGK:											**220,0000**	**7.495,40**		**3.900,00**	**19.300,00**		**30.695,40**				
Summe Herstellkosten / Summe Gesamtpreis = Auftragssumme											**1.446,4920**	**49.282,07**	**15.875,53**	**6.300,00**	**29.299,20**	**27.436,50**	**128.193,29**		**143.920,02**		
Gesamt-Deckungsbeitrag (Auftragssumme – Herstellkosten)																			**15.726,73**		
Gesamt-Deckungsbeitrag (% Auftragssumme)																			**10,93 %**		
Bauprojektergebnis = Auftragssumme – Herstellkosten – AGK-Anteil																			**5.652,33**		
Bauprojektergebnis (% Auftragssumme)																			**3,93 %**		

Summe Gesamtpreis

Tabelle 2.22: BAS-Struktur des Beispiel-Projekts „Stützwand"

Positionen/interne Positionen	Prozessaktivitäten	BAS Nr.	Bezeichnung
interne Position 1: Baustelle einrichten und räumen	Unterposition 1: Einrichten	1	Baustelle einrichten und räumen
	Unterposition 2: Räumen	1	Baustelle einrichten und räumen
interne Position 2: Vorhaltekosten			
interne Position 3: Kosten der örtlichen Bauleitung	Unterposition 1: Bauleiter		
	Unterposition 2: Vermesser		
	Unterposition 3: Baukaufmann		
interne Position 4: Betriebskosten			
interne Position 5: Kosten der technischen Bearbeitung			
Position 1.010: Aushub und seitliches Lagern			
Position 1.020: Abfuhr			
Position 1.030: Hinterfüllung			
Position 2.010: Sauberkeitsschicht	Unterposition 1: Einbringen	2	Betonarbeiten
	Unterposition 2: Abziehen	2	Betonarbeiten
Position 2.020: Fundamentbeton B 25		2	Betonarbeiten
Position 2.030: Fundamentschalung	Unterposition 1: Schalen Vorderwand	3	Schalungs- und Rüstungsarbeiten
	Unterposition 2: Ausschalen Vorderwand	3	Schalungs- und Rüstungsarbeiten
	Unterposition 3: Schalen Rückwand	3	Schalungs- und Rüstungsarbeiten
	Unterposition 4: Ausschalen Rückwand	3	Schalungs- und Rüstungsarbeiten
Position 2.040: Betonstahl 500 S			
Position 2.050: Wandbeton C 20/25 einschließlich Schalung und Bewehrung	Unterposition 1: Beton einbringen	2	Betonarbeiten
	Unterposition 2: Schalen Vorderwand	3	Schalungs- und Rüstungsarbeiten
	Unterposition 3: Ausschalen Vorderwand	3	Schalungs- und Rüstungsarbeiten
	Unterposition 4: Schalen Rückwand	3	Schalungs- und Rüstungsarbeiten
	Unterposition 5: Ausschalen Rückwand	3	Schalungs- und Rüstungsarbeiten
	Unterposition 6: Bewehrung schneiden, liefern und verlegen		
Position 2.060: Dehnungsfugen			
Position 2.070: Arbeitsfugen		4	Fugenarbeiten
		4	Fugenarbeiten
Position 2.080: Sollbruchfugen		4	Fugenarbeiten

beträgt 2.661,00 € (1.125,00 € + 133,50 € + 1.402,50 €). Allerdings liegt dieser immer noch über dem Deckungsbeitrag dieser 3 Positionen in der [VK(0)] in Höhe von 2.470,50 €. Die Vorgabe, wonach die Vergabegrenzwerte (also der Wert, der bei der Vergabe einer Nachunternehmerleistung nicht überschritten werden sollte) der [AK(0)] gegenüber den Ausgangswerten der [VK(0)] um 5,00 % zu reduzieren sind, trug als Einkaufsziel zum Vergabegewinn in Höhe von 190,50 € gegenüber der ursprünglich kalkulierten Leistung bei.

- Wie in der [AK(0)] als Vorgabewert angesetzt, konnte der Beton für 60,00 €/m³ eingekauft werden. Die Auswirkungen zeigen sich in den Positionen 2.010 und 2.050.
- Die Bewehrungsarbeiten (Liefern und Verlegen) konnten nicht – wie in der [AK(0)] und [VK(0)] kalkuliert – zu 900,00 €/t vergeben werden, da das Liefern 30,00 €/t verteuert hat. Zusätzlich erhöhte sich nach Vorliegen einer genaueren statischen Berechnung die Bewehrungsmenge in der Position 2.040 von 12,0 t um 1,0 t auf 13,0 t.

Die Differenz gegenüber der [AK(0)] beträgt somit insgesamt 360,00 € (Differenz der Deckungsbeiträge [AK(1)] zu [AK(0)] = 1.153,23 € + 29.503,20 € – 1.424,52 € – 29.863,20 €).

Die Auswirkungen zeigen sich in den Positionen 2.040 und 2.050 in der Unterposition 6.

Das Bauprojektergebnis der [AK(1)] in Höhe von 3,33 % verringert sich gegenüber dem Bauprojektergebnis der [AK(0)] in Höhe von 3,93 % um 0,60 %-Punkte.

Die nachfolgende Tabelle zeigt die fortgeschriebene Arbeitskalkulation [AK(1)] unter Berücksichtigung dieser Sachverhalte (vgl. Tabelle 2.23).

Tabelle 2.23: Arbeitskalkulation [AK(1)] des Beispiel-Projekts „Stützwand"

Projekt: Stützwand, Arbeitskalkulation [AK(1)]				EKT							GKT							Vertragspreise		Deckungsbeitrag	
Position	VA-Menge	Einheit	Beschreibung	Stunden	Lohn	Material	Geräte	SoKo	NU	EKT	Stunden	Lohn	Material	Geräte	SoKo	NU	GKT	Einheitspreis	Gesamtpreis	Einheitspreis	Gesamtpreis
		Kostenart	Mittellohn in €/h		34,07							34,07									
				in h	in €	in €	in €	in €	in €	in €	in h	in €	in €	in €	in €	in €	in €	in €	in €	in €	in €
1.010	900,000	m³	**Aushub und seitliches Lagern**																		
1.010		66…	Aushub und seitliches Lagern						2,60												
1.010									2,60	2,60						2.340,00	2.340,00	3,85	3.465,00	1,25	1.125,00
1.020	150,000	m³	**Abfuhr**																		
1.020		66…	Abfuhr						6,60												
1.020									6,60	6,60						990,00	990,00	7,49	1.123,50	0,89	133,50
1.030	750,000	m³	**Hinterfüllung**																		
1.030		66…	Hinterfüllung						3,50												
1.030									3,50	3,50						2.625,00	2.625,00	5,37	4.027,50	1,87	1.402,50
2.010	225,000	m²	**Sauberkeitsschicht 5 cm**																		
2.010			Unterposition 1: C 8/10 einbringen:																		
2.010		60…	Lohn: 0,050 m³ · 2,00 h	0,1000	3,41																
2.010		62…	Liefern: 0,050 m³ · 60,00 €			3,00															
2.010			Unterposition 2: Abziehen:																		
2.010		60…	Lohn: 0,10 h	0,1000	3,41																
2.010				0,2000	6,82	3,00				9,82	45,0000	1.534,50	675,00				2.209,50	15,99	3.597,75	6,17	1.388,25
2.020	120,000	m³	**Fundamentbeton C 20/25**																		
2.020		60…	Lohn: Betonieren mit Pumpe	0,5000	17,04																
2.020		641…	Betonpumpe				10,00														
2.020		62…	C 20/25			60,00															
2.020				0,5000	17,04	60,00	10,00			87,04	60,0000	2.044,80	7.200,00	1.200,00			10.444,80	118,47	14.216,40	31,43	3.771,60
2.030	200,000	m²	**Fundamentschalung**																		
2.030			Unterposition 1: Schalen Vorderwand Fundament																		
2.030		60…	Lohn: 0,5 · 0,40 h	0,2000	6,81																
2.030		64…	Schalung:					5,00													
2.030			Unterposition 2: Ausschalen Vorderwand Fundament																		
2.030		6…	Lohn: 0,5 · 0,10 h	0,0500	1,70																
2.030			Unterposition 3: Schalen Rückwand																		
2.030		6…	Lohn: 0,5 · 0,73 h	0,3650	12,44																
2.030		6…4…	Schalung: 0,5 · 10,00 €					5,00													
2.030			Unterposition 4: Ausschalen Rückwand																		

Tabelle 2.23 (Fortsetzung): Arbeitskalkulation [AK(1)] des Beispiel-Projekts „Stützwand“

Projekt: Stützwand, Arbeitskalkulation [AK(1)]																					
				EKT							GKT							Vertragspreise		Deckungsbeitrag	
Position	VA-Menge	Einheit	Beschreibung	Stunden	Lohn	Material	Geräte	SoKo	NU	EKT	Stunden	Lohn	Material	Geräte	SoKo	NU	GKT	Einheitspreis	Gesamtpreis	Einheitspreis	Gesamtpreis
		Kostenart	Mittellohn in €/h		34,07							34,07									
				in h	in €	in €	in €	in €	in €	in €	in h	in €	in €	in €	in €	in €	in €	in €	in €	in €	in €
2.030		60....	Lohn: 0,5 · 0,27 h	0,1350	4,60																
2.030				0,7500	25,55			10,00		35,55	150,0000	5.110,00			2.000,00		7.110,00	58,42	11.684,00	22,87	4.574,00
2.040	13,0	t	**Betonstahl 500 S**																		
2.040		66....	Schneiden, Biegen, Liefern und Verlegen						930,00												
2.040									930,00	930,00						12.090,00	12.090,00	1.018,71	13.243,23	88,71	1.153,23
2.050	120,000	m^3	**Wandbeton C 20/25 einschließlich Schalung und Bewehrung**																		
2.050			Unterposition 1: Beton einbringen																		
2.050		60....	Lohn: Betonieren mit Pumpe	0,7000	23,85																
2.050		641...	Betonpumpe				10,00														
2.050		62....	C 20/25			60,00															
2.050			Wandschalung (6,6667 m^2/m^3)																		
2.050			Unterposition 2: Schalen Vorderwand (m^2)																		
2.050		60....	Lohn: 6,6667 · 0,5 · 0,73 h/m^2	2,4333	82,90																
2.050		644...	Schalung: 6,6667 · 0,5 · 10,00 €/m^2					33,33													
2.050			Unterposition 3: Ausschalen Vorderwand (m^2)																		
2.050		60....	Lohn: 6,6667 · 0,5 · 0,27 h/m^2	0,9000	30,66																
2.050			Unterposition 4: Schalen Rückwand (m^2)																		
2.050		60....	Lohn: 6,6667 · 0,5 · 0,73 h/m^2	2,4333	82,90																
2.050		644...	Schalung: 6,6667 · 0,5 · 10,00 €/m^2					33,33													
2.050			Unterposition 5: Ausschalen Rückwand (m^2)																		
2.050		60....	Lohn: 6,6667 · 0,5 · 0,27 h/m^2	0,9000	30,66																
2.050			Betonstahlmatten 500 M (0,1 t/m^3)																		
2.050		660...	Unterposition 6: Schneiden, Liefern und Verlegen						93,00												
2.050				7,3666	250,97	60,00	10,00	66,66	93,00	480,63	883,9920	30.116,40	7.200,00	1.200,00	7.999,20	11.160,00	57.675,60	726,49	87.178,80	245,86	29.503,20
2.060	9,50	m	**Dehnungsfugen**																		
2.060		60....	Lohn	1,0000	34,07																
2.060		62....	Dehnungsfugenband			9,95															
2.060				1,0000	34,07	9,95				44,02	9,5000	323,67	94,53				418,19	74,10	703,95	30,08	285,76
2.070	160,0	m	**Arbeitsfugen**																		

Tabelle 2.23 (Fortsetzung): Arbeitskalkulation [AK(1)] des Beispiel-Projekts „Stützwand“

2.070		60.…	Lohn	0,3000	10,22																
2.070		62.…	Fugenblech			2,50															
2.070				0,3000	10,22	2,50				12,72	48,0000	1.635,20	400,00				2.035,20	21,67	3.467,20	8,95	1.432,00
2.080	**30,0**	**m**	**Sollbruchfugen**																		
2.080		60.…	Lohn	1,0000	34 07																
2.080		62.…	Sollbruchfuge			10,20															
2.080				1,0000	34,07	10,20				44,27	30,0000	1.022,10	306,00				1.328,10	74,38	2.231,40	30,11	903,30
Summe EKT:											**1.226,4920**	**41.786,67**	**15.875,53**	**2.400,00**	**9.999,20**	**29.205,00**	**99.266,39**				
BGK				**Einzelkosten der internen BGK-Positionen**							**Gesamtkosten der internen BGK-Positionen**										
Posi-tion	**Menge**	**Einheit**	**Beschreibung**	**Stunden**	**Lohn**	**Mate-rial**	**Geräte**	**SoKo**	**NU**	**EK**	**Stunden**	**Lohn**	**Material**	**Geräte**	**SoKo**	**NU**	**GK**				
		Kostenart	**Mittellohn in €/h**		**34,07**							**34,07**									
				in h	**in €**	**in €**	**in €**	**in €**	**in €**	**in €**	**in h**	**in €**	**in €**	**in €**	**in €**	**in €**	**in €**				
1	**1,000**	**pau-schal**	**Einrichten und Räumen**																		
1		60. ..	Einrichten und Räumen	220,0000	7.495,40																
1		644…	für Umformer, Innenrüttler, sonstiges Gerät sowie Schalung und Rüstung.					2.500,00													
1				220,0000	7.495,40			2.500,00		9.995,40	220,0000	7.495,40			2.500,00		9.995,40				
2	**3,000**	**Monate**	**Vorhaltekosten**																		
2		641…	Geräte				500,00														
2							500,00			500,00				1.500,00			1.500,00				
3	**3,000**	**Monate**	**Kosten der örtlichen Bauleitung**																		
3		60 …	0,50 Bauleiter pro Monat					3.000,00													
3		60 …	Vermesser, anteilig					350,00													
3		60…	0,25 Baukaufmann					1 250,00													
3								4.600,00		4.600,00					13.800,00		13.800,00				
4	**1,000**	**pau-schal**	**Betriebs- und Bedienungskosten**																		
4		641…	für Geräteeinsatz				2.400,00														
4							2.400,00			2.400,00				2.400,00			2.400,00				
5	**1,000**	**pau-schal**	**technische Bearbeitung**																		
5		65.…	Konstruktion, Planerstellung und Kontrolle					3.000,00													
5								3.000,00		3.000,00					3.000,00		3.000,00				
Summe BGK:											**220,0000**	**7.495,40**		**3.900,00**	**19.300,00**		**30.695,40**				
Summe Herstellkosten / Summe Gesamtpreis = Auftragssumme											**1.446,4920**	**49.282,07**	**15.875,53**	**6.300,00**	**29.299,20**	**29.205,00**	**129.961,79**		**144.938,73**		
Gesamt-Deckungsbeitrag (Auftragssumme – Herstellkosten)																			**14.976,94**		
Gesamt-Deckungsbeitrag (% Auftragssumme)																			**10,33 %**		
Bauprojektergebnis = Auftragssumme – Herstellkosten – AGK-Anteil																			**4.831,23**		
Bauprojektergebnis (% Auftragssumme)																			**3,33 %**		

Summe Gesamtpreis

2.8.4 Berücksichtigung von Nachträgen in der Vertrags- und Arbeitskalkulation

Bei der Berücksichtigung von Nachträgen sind grundsätzlich 2 Nachtragstypen zu unterscheiden:

- Nachträge, die der Auftragnehmer an den Auftraggeber im Rahmen der Bauprojektabwicklung stellt – unabhängig davon, ob die Nachtragsleistung als Eigenleistung oder Nachunternehmerleistung erbracht wird.
- Nachträge, die der Nachunternehmer an den Auftragnehmer stellt. In diesem Fall ist noch zu unterscheiden, ob der Auftragnehmer den Nachtrag an den Auftraggeber leistungswirksam weiterleiten kann oder ob er diesen Nachtrag aus vertraglichen Gründen nicht an den Auftraggeber durchstellen kann und dieser Nachtrag sich somit nur auf die Kostenseite, nicht aber auf die Leistungsseite auswirkt.

Im Beispiel-Projekt „Stützwand" wird nun unterstellt, dass – zusätzlich zur bisherigen Vertragsleistung – im Bereich des Fundamentaushubs liegende Wurzelstöcke entfernt werden müssen. Insgesamt soll es sich um 12 Wurzelstöcke mit einem Umfang von 100 bis 200 cm handeln. Der mit den Erdarbeiten beauftragte Nachunternehmer reicht für diese Nachtragsleistung folgenden Nachtrag an den Hauptunternehmer ein: „12 Stück Wurzelstöcke mit einem Umfang von 100 bis 200 cm entfernen und entsorgen." Er bietet diese Nachtragsleistung mit 30,00 €/Stück an.

Der Hauptunternehmer leitet diesen Nachtrag an seinen Auftraggeber durch, der den Nachtrag beauftragt. Da der in der Vertragskalkulation [VK(0)] ausgewiesene Zuschlag für Nachunternehmerleistungen 15,50 % beträgt, ermittelt sich der Angebotspreis für den Nachtrag gegenüber dem Auftraggeber unter Berücksichtigung des im Hauptauftrag vereinbarten Nachlasses von 2,00 % wie folgt:

30,00 €/Stück · 1,155 (Nachunternehmer-Zuschlag) = 34,65 €/Stück abzgl. 2,00 % (Nachlass) = 33,96 €/Stück

Hinweis

Ein genehmigter Nachtrag führt sowohl zu einer Kosten- als auch zu einer Leistungserhöhung. Er wird daher als Position 1.040 in der nachstehend fortgeschriebenen Vertragskalkulation [VK(1)] aufgeführt (vgl. Tabelle 2.24), muss aber auch in der Fortschreibung der Arbeitskalkulation [AK(2)] Berücksichtigung finden.

Im Beispiel-Projekt „Stützwand" wird des Weiteren unterstellt, dass dem Auftragnehmer bei der Erstellung der Bewehrungspläne ein Fehler unterlaufen ist, dessen Korrektur zu einer komplizierteren Bewehrungsführung im Bereich der Fundamente führt.

Der Nachunternehmer, der die Bewehrungsarbeiten ausführt, verlangt dafür eine Erschwerniszulage von 50,00 €/t. Der Auftragnehmer stimmt dem Nachtrag des Nachunternehmers zu, obwohl er diesen – aufgrund seines Kalkulationsirrtums – nicht an den Auftraggeber weiterberechnen kann.

Hinweis

Ein solcher Sachverhalt führt auf Auftragnehmerseite zu einer Kostenerhöhung, nicht aber zu einer zusätzlichen Leistung. Er ist demnach nicht in der Fortschreibung der Vertragskalkulation, sondern nur in der fortgeschriebenen Arbeitskalkulation [AK(2)] zu berücksichtigen. Dies erfolgt in der Position 2.040.

In der fortgeschriebenen Arbeitskalkulation [AK(2)] sind sowohl der Nachunternehmer-Nachtrag für die Bewehrungsarbeiten als auch der Arbeitnehmer-Nachtrag für die Wurzelstöcke zu berücksichtigen. Auch die Tatsache, dass sich zusätzlich die voraussichtlichen Ausführungsmengen in den Positionen 1.010 bis 1.030 geändert haben, ist zu berücksichtigen.

Hinweis

Erlöse aus geleisteten, aber weder dem Grunde noch der Höhe nach beauftragten Nachtragspotenzialen dürfen in der fortgeschriebenen Vertrags- und Arbeitskalkulation nicht berücksichtigt werden. Dagegen müssen die aus diesen Nachtragspotenzialen resultierenden Kosten berücksichtigt werden.

Alle Sachverhalte werden in der dargestellten [AK(2)] aufgeführt (vgl. Tabelle 2.25).

Das Bauprojektergebnis der [AK(2)] verringert sich gegenüber dem Bauprojektergebnis der [AK(0)] in Höhe von 3,93 % nun wieder um 1,54 %-Punkte auf 2,39 %.

Tabelle 2.24: Vertragskalkulation [VK(1)] des Beispiel-Projekts „Stützwand"

Projekt: Stützwand, Vertragskalkulation [VK(1)]																			
				EKT							GKT							Vertragspreise	
Posi-tion	Menge	Einheit	Beschreibung	Stunden	Lohn	Material	Geräte	SoKo	NU	EKT	Stunden	Lohn	Material	Geräte	SoKo	NU	GKT	Einheits-preis	Gesamt-preis
		Kostenart	Mittellohn in €/h		34,07				1,1550			34,07				1,1550		−2 %	
				in h	in €	in €	in €	in €	in €	in €	in h	in €	in €	in €	in €	in €	in €	in €	in €
1.010	900,000	m³	**Aushub und seitliches Lagern**																
1.010			Laderaupe 50,0 kW, diese leistet 40,00 m³/h																
1.010		641 ..	Betrieb Laderaupe: 8,00 €/h / 40,00 m³/h				0,20												
1.010		641 ..	Vorhaltung Laderaupe: 60,00 €/h / 40,00 m³/h				1,50												
1.010		60. ..	Bedienung 1 Mann: 1 Ak/h / 40,00 m³/h = 0,025 h/m³ + 0,005 h/m³ anteilige Handschachtung	0,0300	1,02														
1.010				0,0300	1,02		1,70			2,72	27,0000	918,00		1.530,00			2.448,00	3,85	3.465,00
1.020	150,000	m³	**Abfuhr**																
1.020		641...	2 Fahrzeuge: 2 · 65,00 €/h / 20,00 m³/h					6,50											
1.020								6,50		6,50					975,00		975,00	7,49	1.123,50
1.030	750,000	m³	**Hinterfüllung**																
1.030			Laderaupe 50,0 kW, diese leistet 40,00 m³/h																
1.030		64⁻...	Betrieb Laderaupe: 8,00 €/h / 40,00 m³/h				0,20												
1.030		64⁻...	Vorhaltung Laderaupe: 60,00 €/h / 40,00 m³/h				1,50												
1.030		64 ...	Betrieb Rüttelplatte: 2,00 €/h / 40,00 m³/h				0,05												
1.030		64...	Vorhaltung Rüttelplatte: 7,00 €/h / 40,00 m³/h				0,18												
1.030		60...	Bedienung 2 Mann: 2 Ak/h / 40,00 m³/h	0,0500	1,70														
1.030				0,0500	1,70		1,93			3,63	37,5000	1.275,00		1.447,50			2.722,50	5,37	4.027,50
1.040	12,00	Stück	**Nachtrag: Wurzelstöcke, Umfang 100,00 bis 200,00 cm: Entfernen und Entsorgen**						**30,00**										
1.040		6€....	Nachunternehmer-Erdarbeiten						30,00	30,00						360,00	360,00	33,96	407,52
2.010	225,000	m²	**Sauberkeitsschicht 5 cm**																
2.010			Unterposition 1: C 8/10 einbringen:																
2.010		6■....	Lohn: 0,050 m³ · 2,00 h	0,1000	3,41														
2.010		6?....	Liefern: 0,050 m³ · 60,00 €			3,00													
2.010			Unterposition 2: Abziehen:																
2.010		6).....	Lohn: 0,10 h	0,1000	3,41														
2.010				0,2000	6,82	3,00				9,82	45,0000	1.534,50	675,00				2.209,50	15,99	3.597,75
2.020	120,000	m³	**Fundamentbeton C 20/25**																
2.020		€0....	Lohn: Betonieren mit Pumpe	0,5000	17,04														
2.020		€41...	Betonpumpe				10,00												
2.020		€2....	C 20/25			65,00													
2.020				0,5000	17,04	65,00	10,00			92,04	60,0000	2.044,80	7.800,00	1.200,00			11.044,80	118,47	14.216,40
2.030	200,000	m²	**Fundamentschalung**																
2.030			Unterposition 1: Schalen Vorderwand Fundament																
2.030		50....	Lohn: 0,5 · 0,40 h	0,2000	6,81														

Tabelle 2.24 (Fortsetzung): Vertragskalkulation [VK(1)] des Beispiel-Projekts „Stützwand"

Projekt: Stützwand, Vertragskalkulation [VK(1)]				EKT							GKT							Vertragspreise	
Position	Menge	Einheit	Beschreibung	Stunden	Lohn	Material	Geräte	SoKo	NU	EKT	Stunden	Lohn	Material	Geräte	SoKo	NU	GKT	Einheitspreis	Gesamtpreis
		Kostenart	Mittellohn in €/h		34,07				1,1550			34,07				1,1550		−2 %	
				in h	in €	in €	in €	in €	in €	in €	in h	in €	in €	in €	in €	in €	in €	in €	in €
2.030		644…	Schalung:					5,00											
2.030			Unterposition 2: Ausschalen Vorderwand Fundament																
2.030		60….	Lohn: 0,5 · 0,10 h	0,0500	1,70														
2.030			Unterposition 3: Schalen Rückwand																
2.030		60….	Lohn: 0,5 · 0,73 h	0,3650	12,44														
2.030		644…	Schalung: 0,5 · 10,00 €					5,00											
2.030			Unterposition 4: Ausschalen Rückwand																
2.030		60….	Lohn: 0,5 · 0,27 h	0,1350	4,60														
2.030				0,7500	25,55			10,00		35,55	150,0000	5.110,00			2.000,00		7.110,00	58,42	11.684,00
2.040	**12,0**	**t**	**Betonstahl 500 S**																
2.040		66….	Schneiden, Biegen, Liefern und Verlegen						900,00										
2.040									900,00	900,00						10.800,00	10.800,00	1.018,71	12.224,52
2.050	**120,000**	**m³**	**Wandbeton C 20/25 einschließlich Schalung und Bewehrung**																
2.050			Unterposition 1: Beton einbringen																
2.050		60….	Lohn: Betonieren mit Pumpe	0,7000	23,85														
2.050		641…	Betonpumpe				10,00												
2.050		62….	C 20/25			65,00													
2.050			Wandschalung (6,6667 m²/m³)																
2.050			Unterposition 2: Schalen Vorderwand (m²)																
2.050		60….	Lohn: 6,6667 · 0,5 · 0,73 h/m²	2,4333	82,90														
2.050		644…	Schalung: 6,6667 · 0,5 · 10,00 €/m²					33,33											
2.050			Unterposition 3: Ausschalen Vorderwand (m²)																
2.050		60….	Lohn: 6,6667 · 0,5 · 0,27 h/m²	0,9000	30,66														
2.050			Unterposition 4: Schalen Rückwand (m²)																
2.050		60….	Lohn: 6,6667 · 0,5 · 0,73 h/m²	2,4333	82,90														
2.050		644…	Schalung: 6,6667 · 0,5 · 10,00 €/m²					33,33											
2.050			Unterposition 5: Ausschalen Rückwand (m²)																
2.050		60….	Lohn: 6,6667 · 0,5 · 0,27 h/m²	0,9000	30,66														
2.050			Betonstahlmatten 500 M (0,1 t/m³)																
2.050		660…	Unterposition 6: Schneiden, Liefern und Verlegen						90,00										
2.050				7,3666	250,97	65,00	10,00	66,66	90,00	482,63	883,9920	30.116,40	7.800,00	1.200,00	7.999,20	10.800,00	57.915,60	726,49	87.178,80
2.060	**9,50**	**m**	**Dehnungsfugen**																
2.060		60….	Lohn	1,0000	34,07														
2.060		62….	Dehnungsfugenband			9,95													
2.060				1,0000	34,07	9,95				44,02	9,5000	323,67	94,53				418,19	74,10	703,95

Tabelle 2.24 (Fortsetzung): Vertragskalkulation [VK(1)] des Beispiel-Projekts „Stützwand“

2.070	**160,00**	**m**	**Arbeitsfugen**																
2.070		60…	Lohn	0,3000	10,22														
2.070		62…	Fugenblech			2,50													
2.070				0,3000	10,22	2,50				12,72	48,0000	1.635,20	400,00				2.035,20	21,67	3.467,20
2.080	**30,00**	**m**	**Sollbruchfugen**																
2.080		60…	Lohn	1,0000	34,07														
2.080		62…	Sollbruchfuge			10,20													
2.080				1,0000	34,07	10,20				44,27	30,0000	1.022,10	306,00				1.328,10	74,38	2.231,40
Summe EKT:											**1.290,9920**	**43.979,67**	**17.075,53**	**5.377,50**	**10.974,20**	**21.960,00**	**99.366,89**		
BGK				**Einzelkosten der internen BGK-Positionen**							**Gesamtkosten der internen BGK-Positionen**								
Position	**Menge**	**Einheit**	**Beschreibung**	**Stunden**	**Lohn**	**Material**	**Geräte**	**SoKo**	**NU**	**Einzelkosten**	**Stunden**	**Lohn**	**Material**	**Geräte**	**SoKo**	**NU**	**Gesamtkosten**		
		Kostenart	**Mittellohn in €/h**		**34,07**							**34,07**							
				in h	**in €**	**in €**	**in €**	**in €**	**in €**	**in €**	**in h**	**in €**	**in €**	**in €**	**in €**	**in €**	**in €**		
1	**1,0**	**pauschal**	**Einrichten und Räumen**																
1		60…	Einrichten und Räumen	220,0000	7.495,40														
1		644…	für Umformer, Innenrüttler, sonstiges Gerät sowie Schalung und Rüstung					2.500,00											
1				220,0000	7.495,40			2.500,00		9.995,40	220,0000	7.495,40			2.500,00		9.995,40		
2	**3,0**	**Monate**	**Vorhaltekosten**																
2		64…	Geräte				500,00												
2							500,00			500,00				1.500,00			1.500,00		
3	**3,0**	**Monate**	**Kosten der örtlichen Bauleitung**																
3		60…	0,50 Bauleiter pro Monat					3.000,00											
3		60…	Vermesser, anteilig					350,00											
3		60…	0,25 Baukaufmann					1.250,00											
3								4.600,00		4.600,00					13.800,00		13.800,00		
4	**1,0**	**pauschal**	**Betriebs- und Bedienungskosten**																
4		641…	für Geräteeinsatz				2.400,00												
4							2.400,00			2.400,00				2.400,00			2.400,00		
5	**1,0**	**pauschal**	**technische Bearbeitung**																
5		65…	Konstruktion, Planerstellung und Kontrolle					3.000,00											
5								3.000,00		3.000,00					3.000,00		3.000,00		
Summe BGK:											**220,0000**	**7.495,40**		**3.900,00**	**19.300,00**		**30.695,40**		Summe Gesamtpreis
Summe Herstellkosten/Summe Gesamtpreis = Auftragssumme											**1.510,9920**	**51.475,07**	**17.075,53**	**9.277,50**	**30.274,20**	**21.960,00**	**130.062,29**		**144.327,54**
Gesamt-Deckungsbeitrag (Auftragssumme – Herstellkosten)																			**14.265,25**
Gesamt-Deckungsbeitrag (% Auftragssumme)																			**9,88 %**
Bauprojektergebnis = Auftragssumme – Herstellkosten – AGK-Anteil																			**4.162,32**
Bauprojektergebnis (% Auftragssumme)																			**2,88 %**

Tabelle 2.25: Arbeitskalkulation [AK(2)] des Beispiel-Projekts „Stützwand"

Projekt: Stützwand, Arbeitskalkulation [AK(2)]																					
				EKT							GKT							Vertragspreise		Deckungsbeitrag	
Posi-tion	VA-Menge	Einheit	Beschreibung	Stunden	Lohn	Material	Geräte	SoKo	NU	EKT	Stunden	Lohn	Material	Geräte	SoKo	NU	GKT	Einheits-preis	Gesamt-preis	Einheits-preis	Gesamt-preis
		Kostenart	Mittellohn in €/h		34,07							34,07				1,1550					
				in h	in €	in €	in €	in €	in €	in €	in h	in €	in €	in €	in €	in €	in €	in €	in €	in €	in €
1.010	850,000	m³	**Aushub und seitliches Lagern**																		
1.010		66....	Aushub und seitliches Lagern						2,65												
1.010									2,65	2,65						2.252,50	2.252,50	3,85	3.272,50	1,20	1.020,00
1.020	160,000	m³	**Abfuhr**																		
1.020		66....	Abfuhr						6,60												
1.020									6,60	6,60						1.056,00	1.056,00	7,49	1.198,40	0,89	142,40
1.030	680,000	m³	**Hinterfüllung**																		
1.030		66....	Hinterfüllung						3,50												
1.030									3,50	3,50						2.380,00	2.380,00	5,37	3.651,60	1,87	1.271,60
1.040	12,00	Stück	**Nachtrag: Wurzelstock mit einem Umfang von 100 bis 200 cm: Entfernen und Entsorgen**						30,00												
1.040		66....	Nachunternehmer-Erdarbeiten						30,00	30,00						360,00	360,00	33,96	407,52	3,96	47,52
2.010	225,000	m²	**Sauberkeitsschicht 5 cm**																		
2.010			Unterposition 1: C 8/10 einbringen:																		
2.010		60....	Lohn: 0,050 m³ · 2,00 h	0,1000	3,41																
2.010		62....	Liefern: 0,050 m³ · 60,00 €			3,00															
2.010			Unterposition 2: Abziehen:																		
2.010		60....	Lohn: 0,10 h	0,1000	3,41																
2.010				0,2000	6,82	3,00				9,82	45,0000	1.534,50	675,00				2.209,50	15,99	3.597,75	6,17	1.388,25
2.020	120,000	m³	**Fundamentbeton C 20/25**																		
2.020		60....	Lohn: Betonieren mit Pumpe	0,5000	17,04																
2.020		641...	Betonpumpe				10,00														
2.020		62....	C 20/25			62,00															
2.020				0,5000	17,04	62,00	10,00			89,04	60,0000	2.044,80	7.440,00	1.200,00			10.684,80	118,47	14.216,40	29,43	3.531,60
2.030	200,000	m²	**Fundamentschalung**																		
2.030			Unterposition 1: Schalen Vorderwand Fundament																		
2.030		60....	Lohn: 0,5 · 0,40 h	0,2000	6,81																
2.030		644...	Schalung:					5,00													
2.030			Unterposition 2: Ausschalen Vorderwand Fundament																		
2.030		60....	Lohn: 0,5 · 0,10 h	0,0500	1,70																
2.030			Unterposition 3: Schalen Rückwand																		
2.030		60....	Lohn: 0,5 · 0,73 h	0,3650	12,44																

Tabelle 2.25 (Fortsetzung): Arbeitskalkulation [AK(2)] des Beispiel-Projekts „Stützwand“

2.030		644…	Schalung: 0,5 · 10,00 €					5,00													
2.030			Unterposition 4: Ausschalen Rückwand																		
2.030		60….	Lohn: 0,5 · 0,27 h	0,1350	4,60																
2.030				0,7500	25,55			10,00		35,55	150,0000	5.110,00			2.000,00		7.110,00	58,42	11.684,00	22,87	4.574,00
2.040	13,0	t	**Betonstahl 500 S**																		
2.040		66….	„Nachtrag NU, Erschwerniszulage. Nicht an AG durchreichbar.“						50,00												
2.040		66….	Schneiden, Biegen, Liefern und Verlegen						930,00												
2.040									980,00	980,00						12.740,00	12.740,00	1.018,71	13.243,23	38,71	503,23
2.050	120,000	m^3	**Wandbeton C 20/25 einschließlich Schalung und Bewehrung**																		
2.050			Unterposition 1: Beton einbringen																		
2.050		60….	Lohn: Betonieren mit Pumpe	0,7000	23,35																
2.050		641…	Betonpumpe				10,00														
2.050		62….	C 20/25			62,00															
2.050			Wandschalung (6,6667 m^2/m^3)																		
2.050			Unterposition 2: Schalen Vorderwand (m^2)																		
2.050		60….	Lohn: 6,6667 · 0,5 · 0,73 h/m^2	2,4333	82,90																
2.050		644…	Schalung: 6,6667 · 0,5 · 10,00 €/m^2					33,33													
2.050			Unterposition 3: Ausschalen Vorderwand (m^2)																		
2.050		60….	Lohn: 6,6667 · 0,5 · 0,27 h/m^2	0,9000	30,66																
2.050			Unterposition 4: Schalen Rückwand (m^2)																		
2.050		60…	Lohn: 6,6667 · 0,5 · 0,73 h/m^2	2,4333	82,90																
2.050		644…	Schalung: 6,6667 · 0,5 · 10,00 €/m^2					33,33													
2.050			Unterposition 5: Ausschalen Rückwand (m^2)																		
2.050		60….	Lohn: 6,6667 · 0,5 · 0,27 h/m^2	0,9000	30,66																
2.050			Betonstahlmatten 500 M (0,1 t/m^3)																		
2.050		660. .	Unterposition 6: Schneiden, Liefern und Verlegen						93,00												
2.050				7,3666	250,97	62,00	10,00	66,66	93,00	482,63	883,9920	30.116,40	7.440,00	1.200,00	7.999,20	11.160,00	57.915,60	726,49	87.178,80	243,86	29.263,20
2.060	9,50	m	**Dehnungsfugen**																		
2.060		60…	Lohn	1,0000	34,07																
2.060		62….	Dehnungsfugenband			12,00															
2.060				1,0000	34,07	12,00				46,07	9,5000	323,67	114,00				437,67	74,10	703,95	28,03	266,29
2.070	160,00	m	**Arbeitsfugen**																		
2.070		60….	Lohn	0,3000	10,22																
2.070		62….	Fugenblech			3,00															
2.070				0,3000	10,22	3,00				13,22	48,0000	1.635,20	480,00				2.115,20	21,67	3.467,20	8,45	1.352,00
2.080	30,00	m	**Sollbruchfugen**																		
2.080		60. ..	Lohn	1,0000	34,07																

Tabelle 2.25 (Fortsetzung): Arbeitskalkulation [AK(2)] des Beispiel-Projekts „Stützwand"

Projekt: Stützwand, Arbeitskalkulation [AK(2)]																				
				EKT							GKT							Vertragspreise		Deckungsbeitrag	
Position	VA-Menge	Einheit	Beschreibung	Stunden	Lohn	Material	Geräte	SoKo	NU	EKT	Stunden	Lohn	Material	Geräte	SoKo	NU	GKT	Einheitspreis	Gesamtpreis	Einheitspreis	Gesamtpreis
		Kostenart	Mittellohn in €/h		34,07							34,07				1,1550					
				in h	in €	in €	in €	in €	in €	in €	in h	in €	in €	in €	in €	in €	in €	in €	in €	in €	in €
2.080		62....	Sollbruchfuge			9,00															
2.080				1,0000	34,07	9,00				43,07	30,0000	1.022,10	270,00				1.292,10	74,38	2.231,40	31,31	939,30
Summe EKT:											**1.226,4920**	**41.786,67**	**16.419,00**	**2.400,00**	**9.999,20**	**29.948,50**	**100.553,37**				
BGK				Einzelkosten der internen BGK-Positionen							Gesamtkosten der internen BGK-Positionen										
Position	Menge	Einheit	Beschreibung	Stunden	Lohn	Material	Geräte	SoKo	NU	Einzelkosten	Stunden	Lohn	Material	Geräte	SoKo	NU	Gesamtkosten				
		Kostenart	Mittellohn in €/h		34,07							34,07									
				in h	in €	in €	in €	in €	in €	in €	in h	in €	in €	in €	in €	in €	in €				
1	**1,0**	**pauschal**	**Einrichten und Räumen**																		
1		60....	Einrichten und Räumen	220,0000	7.495,40																
1		644...	für Umformer, Innenrüttler, sonstiges Gerät sowie Schalung und Rüstung					2.500,00													
1				220,0000	7.495,40			2.500,00		9.995,40	220,0000	7.495,40			2.500,00		9.995,40				
2	**3,0**	**Monat**	**Vorhaltekosten**																		
2		641...	Geräte				500,00														
2							500,00			500,00				1.500,00			1.500,00				
3	**3,0**	**Monat**	**Kosten der örtlichen Bauleitung**																		
3		60....	0,50 Bauleiter pro Monat					3.000,00													
3		60....	Vermesser, anteilig					350,00													
3		60....	0,25 Baukaufmann					1.250,00													
3								4.600,00		4.600,00					13.800,00		13.800,00				
4	**1,0**	**pauschal**	**Betriebs- und Bedienungskosten**																		
4		641...	für Geräteeinsatz				2.400,00														
4							2.400,00			2.400,00				2.400,00			2.400,00				
5	**1,0**	**pauschal**	**technische Bearbeitung**																		
5		65....	Konstruktion, Planerstellung und Kontrolle					3.000,00													
5								3.000,00		3.000,00					3.000,00		3.000,00				
Summe BGK:											**220,0000**	**7.495,40**		**3.900,00**	**19.300,00**		**30.695,40**				
Summe Herstellkosten/Summe Gesamtpreis = Auftragssumme											**1.446,4920**	**49.282,07**	**16.419,00**	**6.300,00**	**29.299,20**	**29.948,50**	**131.248,77**		**144.852,75**		
Gesamt-Deckungsbeitrag (Auftragssumme – Herstellkosten)																			**13.603,99**		
Gesamt-Deckungsbeitrag (% Auftragssumme)																			**9,39 %**		
Bauprojektergebnis = Auftragssumme – Herstellkosten – AGK-Anteil																			**3.464,29**		
Bauprojektergebnis (% Auftragssumme)																			**2,39 %**		

Summe Gesamtpreis

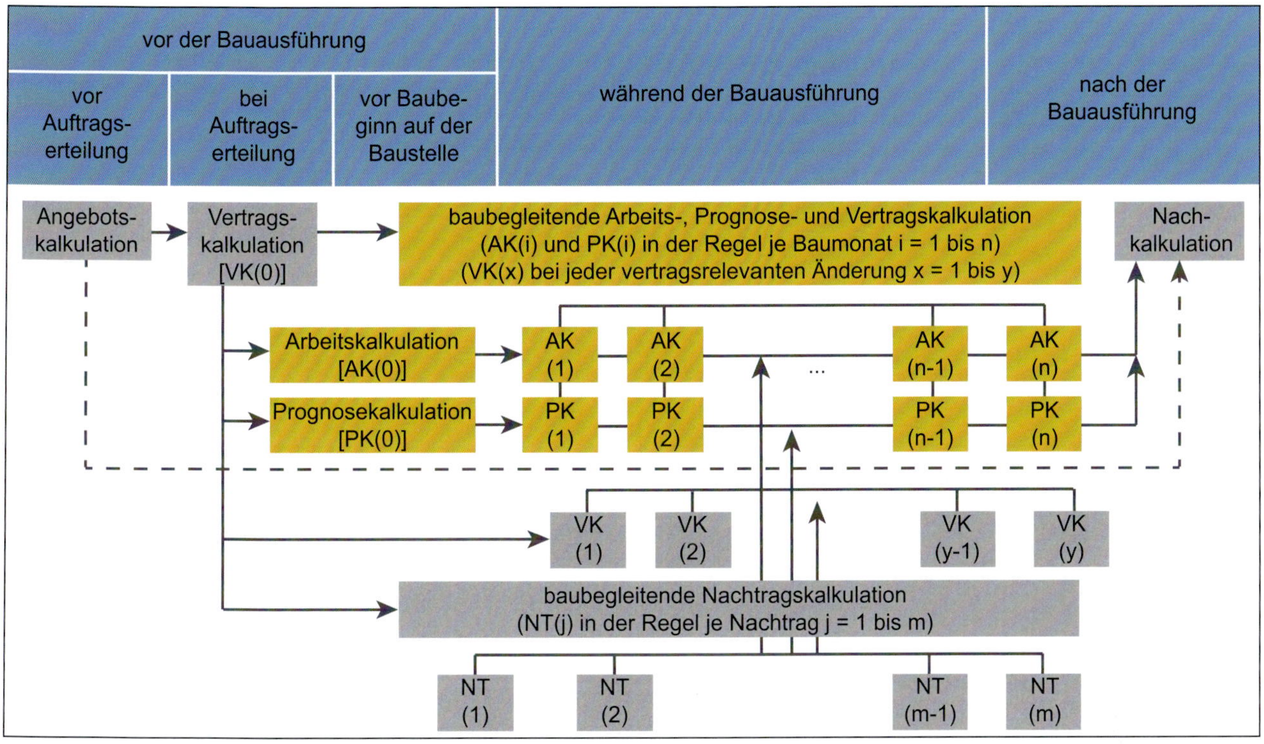

Abb. 2.16: Entwicklung der Kalkulationsstufen mit zweigliedriger Fortschreibung

2.8.5 Eingliedrige versus zweigliedrige Fortschreibung der Arbeits- und Prognosekalkulation

Es kann unterschieden werden zwischen einer eingliedrigen und einer zweigliedrigen Fortschreibung der Arbeitskalkulation.

- Bei der eingliedrigen Fortschreibung existiert nur eine Datensicht auf das Bauprojekt, d. h. die Arbeitskalkulation wird fortwährend an den tatsächlichen Baufortschritt angepasst, indem alle im Baufortschritt aufgetretenen Änderungen Berücksichtigung finden. Das bedeutet, dass die jeweils aktuelle Arbeitskalkulation das voraussichtliche Ergebnis zum Bauprojektende (Prognoseergebnis) ausweist. Der Nachteil hierbei ist aber, dass die Soll-Daten durch die Einarbeitung der Ist-Daten (die die Soll-Daten sukzessive überschreiben) nach und nach verloren gehen.
- Bei der zweigliedrigen Fortschreibung werden 2 Datensichten unterschieden: Die erste Sichtweise – hier die Arbeitskalkulation – stellt auf das Vertragsverhältnis zum Auftraggeber ab und berücksichtigt von daher nur alle auftraggeberseitig zu vertretenden Veränderungen des Bau-Solls; die zweite Sichtweise – hier die Prognosekalkulation – enthält die aus der Arbeitsvorbereitung resultierenden Prognose-Daten und die sich im Bauablauf ergebenden Ist-Daten und weist somit das Prognoseergebnis zum Bauende aus. Damit entspricht die Prognosekalkulation der Arbeitskalkulation bei eingliedriger Fortschreibung.

Die Abb. 2.16 ergänzt das bekannte Ablaufschema der eingliedrigen Arbeitskalkulation um das zweite Glied, nämlich um die Prognosekalkulation. Plan-, Soll- und Ist-/Prognose-Daten bleiben bei der zweigliedrigen Arbeitskalkulation nebeneinander bestehen.

Die Unterscheidung zwischen eingliedriger und zweigliedriger Fortschreibung der Arbeitskalkulation ist insbesondere bei der modifizierten Methode der Leistungsbewertung (vgl. Kapitel 3.4.2) von Bedeutung. Daher soll die zweigliedrige Fortschreibung der Arbeitskalkulation anhand des Beispiel-Projekts „Stützwand" verdeutlicht werden.

Ausgangsbasis ist die Arbeitskalkulation [AK(2)]. Bei der zweigliedrigen Fortschreibung der Arbeitskalkulation wird dann die [AK(2)] zur [PK(2)] (vgl. Tabelle 2.26).

Tabelle 2.26: Prognosekalkulation [PK(2)] bei zweigliedriger Fortschreibung der Arbeitskalkulation des Beispiel-Projekts „Stützwand“

Projekt: Stützwand, Prognosekalkulation [PK(2)], zweigliedrig																					
				EKT							GKT							Vertragspreise		Deckungsbeitrag	
Position	VA-Menge	Einheit	Beschreibung	Stunden	Lohn	Material	Geräte	SoKo	NU	EKT	Stunden	Lohn	Material	Geräte	SoKo	NU	GKT	Einheitspreis	Gesamtpreis	Einheitspreis	Gesamtpreis
		Kostenart	Mittellohn in €/h		34,07							34,07				1,155					
				in h	in €	in €	in €	in €	in €	in €	in h	in €	in €	in €	in €	in €	in €	in €	in €	in €	in €
1.010	**850,000**	**m^3**	**Aushub und seitliches Lagern**																		
1.010		66....	Aushub und seitliches Lagern						2,65												
1.010									2,65	2,65						2.252,50	2.252,50	3,85	3.272,50	1,20	1.020,00
1.020	**160,000**	**m^3**	**Abfuhr**																		
1.020		66....	Abfuhr						6,60												
1.020									6,60	6,60						1.056,00	1.056,00	7,49	1.198,40	0,89	142,40
1.030	**680,000**	**m^3**	**Hinterfüllung**																		
1.030		66....	Hinterfüllung						3,50												
1.030									3,50	3,50						2.380,00	2.380,00	5,37	3.651,60	1,87	1.271,60
1.040	**12,00**	**Stück**	**Nachtrag: Wurzelstock mit einem Umfang von 100 bis 200 cm: Entfernen und Entsorgen**						30,00												
1.040		66....	Nachunternehmer-Erdarbeiten						30,00	30,00						360,00	360,00	33,96	407,52	3,96	47,52
2.010	**225,000**	**m^2**	**Sauberkeitsschicht 5 cm**																		
2.010			Unterposition 1: C 8/10 einbringen:																		
2.010		60....	Lohn: 0,050 m^3 · 2,00 h	0,1000	3,41																
2.010		62....	Liefern: 0,050 m^3 · 60,00 €			3,00															
2.010			Unterposition 2: Abziehen:																		
2.010		60....	Lohn: 0,10 h	0,1000	3,41																
2.010				0,2000	6,82	3,00				9,82	45,0000	1.534,50	675,00				2.209,50	15,99	3.597,75	6,17	1.388,25
2.020	**120,000**	**m^3**	**Fundamentbeton C 20/25**																		
2.020		60....	Lohn: Betonieren mit Pumpe	0,5000	17,04																
2.020		641...	Betonpumpe				10,00														
2.020		62....	C 20/25			62,00															
2.020				0,5000	17,04	62,00	10,00			89,04	60,0000	2.044,80	7.440,00	1.200,00			10.684,80	118,47	14.216,40	29,43	3.531,60
2.030	**200,000**	**m^2**	**Fundamentschalung**																		
2.030			Unterposition 1: Schalen Vorderwand Fundament																		
2.030		60....	Lohn: 0,5 · 0,40 h	0,2000	6,81																
2.030		644...	Schalung:					5,00													
2.030			Unterposition 2: Ausschalen Vorderwand Fundament																		
2.030		60....	Lohn: 0,5 · 0,10 h	0,0500	1,70																
2.030			Unterposition 3: Schalen Rückwand																		
2.030		60....	Lohn: 0,5 · 0,73 h	0,3650	12,44																
2.030		644...	Schalung: 0,5 · 10,00 €					5,00													

Tabelle 2.26 (Fortsetzung): Prognosekalkulation [PK(2)] bei zweigliedriger Fortschreibung der Arbeitskalkulation des Beispiel-Projekts „Stützwand"

2.030			Unterposition 4: Ausschalen Rückwand																		
2.030		60....	Lohn: 0,5 · 0,27 h	0,1350	4,60																
2.030				0,7500	25,55			10,00		35,55	150,0000	5.110,00			2.000,00		7.110,00	58,42	11.684,00	22,87	4.574,00
2.040	**13,0**	**t**	**Betonstahl 500 S**																		
2.040		66....	„Nachtrag NU, Erschwerniszulage. Nicht an AG durchreichbar."						50,00												
2.040		66....	Schneiden, Biegen, Liefern und Verlegen						930,00												
2.040									980,00	980,00						12.740,00	12.740,00	1.018,71	13.243,23	38,71	503,23
2.050	**120,000**	**m³**	**Wandbeton C 20/25 einschließlich Schalung und Bewehrung**																		
2.050			Unterposition 1: Beton einbringen																		
2.050		60...	Lohn: Betonieren mit Pumpe	0,7000	23,85																
2.050		641...	Betonpumpe				10,00														
2.050		62...	C 20/25			62,00															
2.050			Wandschalung (6,6667 m²/m³)																		
2.050			Unterposition 2: Schalen Vorderwand (m²)																		
2.050		60...	Lohn: 6,6667 · 0,5 · 0,73 h/m²	2,4333	82,90																
2.050		644. .	Schalung: 6,6667 · 0,5 · 10,00 €/m²					33,33													
2.050			Unterposition 3: Ausschalen Vorderwand (m²)																		
2.050		60...	Lohn: 6,6667 · 0,5 · 0,27 h/m²	0,9000	30,66																
2.050			Unterposition 4: Schalen Rückwand (m²)																		
2.050		60....	Lohn: 6,6667 · 0,5 · 0,73 h/m²	2,4333	82,90																
2.050		644...	Schalung: 6,6667 · 0,5 · 10,00 €/m²					33,33													
2.050			Unterposition 5: Ausschalen Rückwand (m²)																		
2.050		60....	Lohn: 6,6667 · 0,5 · 0,27 h/m²	0,9000	30,66																
2.050			Betonstahlmatten 500 M (0,1 t/m³)																		
2.050		660 ..	Unterposition 6: Schneiden, Liefern und Verlegen						93,00												
2.050				7,3666	250,97	62,00	10,00	66,66	93,00	482,63	883,9920	30.116,40	7.440,00	1.200,00	7.999,20	11.160,00	57.915,60	726,49	87.178,80	243,86	29.263,20
2.060	**9,50**	**m**	**Dehnungsfugen**																		
2.060		60....	Lohn	1,0000	34,07																
2.060		62....	Dehnungsfugenband			12,00															
2.060				1,0000	34,07	12,00				46,07	9,5000	323,67	114,00				437,67	74,10	703,95	28,03	266,29
2.070	**160,00**	**m**	**Arbeitsfugen**																		
2.070		60....	Lohn	0,3000	10,22																
2.070		62 ...	Fugenblech			3,00															
2.070				0,3000	10,22	3,00				13,22	48,0000	1.635,20	480,00				2.115,20	21,67	3.467,20	8,45	1.352,00
2.080	**30,00**	**m**	**Sollbruchfugen**																		
2.080		60 ...	Lohn	1,0000	34,07																

Tabelle 2.26 (Fortsetzung): Prognosekalkulation [PK(2)] bei zweigliedriger Fortschreibung der Arbeitskalkulation des Beispiel-Projekts „Stützwand"

Projekt: Stützwand, Prognosekalkulation [PK(2)], zweigliedrig																					
				EKT							GKT							Vertragspreise		Deckungsbeitrag	
Position	VA-Menge	Einheit	Beschreibung	Stunden	Lohn	Material	Geräte	SoKo	NU	EKT	Stunden	Lohn	Material	Geräte	SoKo	NU	GKT	Einheitspreis	Gesamtpreis	Einheitspreis	Gesamtpreis
		Kostenart	Mittellohn in €/h		34,07							34,07				1,155					
				in h	in €	in €	in €	in €	in €	in €	in h	in €	in €	in €	in €	in €	in €	in €	in €	in €	in €
2.080		62....	Sollbruchfuge			9,00															
2.080				1,0000	34,07	9,00				43,07	30,0000	1.022,10	270,00				1.292,10	74,38	2.231,40	31,31	939,30
Summe EKT:											**1.226,4920**	**41.786,67**	**16.419,00**	**2.400,00**	**9.999,20**	**29.948,50**	**100.553,37**				
BGK				**Einzelkosten der internen BGK-Positionen**							**Gesamtkosten der internen BGK-Positionen**										
Position	Menge	Einheit	Beschreibung	Stunden	Lohn	Material	Geräte	SoKo	NU	Einzelkosten	Stunden	Lohn	Material	Geräte	SoKo	NU	Gesamtkosten				
		Kostenart	Mittellohn in €/h		34,07							34,07									
				in h	in €	in €	in €	in €	in €	in €	in h	in €	in €	in €	in €	in €	in €				
1	**1,0**	**pauschal**	**Einrichten und Räumen**																		
1		60....	Einrichten und Räumen	220,0000	7.495,40																
1		644...	für Umformer, Innenrüttler, sonstiges Gerät sowie Schalung und Rüstung					2.500,00													
1				220,0000	7.495,40			2.500,00		9.995,40	220,0000	7.495,40			2.500,00		9.995,40				
2	**3,0**	**Monate**	**Vorhaltekosten**																		
2		641...	Geräte				500,00														
2							500,00			500,00				1.500,00			1.500,00				
3	**3,0**	**Monate**	**Kosten der örtlichen Bauleitung**																		
3		60....	0,50 Bauleiter pro Monat					3.000,00													
3		60....	Vermesser, anteilig					350,00													
3		60....	0,25 Baukaufmann					1.250,00													
3								4.600,00		4.600,00					13.800,00		13.800,00				
4	**1,0**	**pauschal**	**Betriebs- und Bedienungskosten**																		
4		641...	für Geräteeinsatz				2.400,00														
4							2.400,00			2.400,00				2.400,00			2.400,00				
5	**1,0**	**pauschal**	**technische Bearbeitung**																		
5		65....	Konstruktion, Planerstellung und Kontrolle					3.000,00													
5								3.000,00		3.000,00					3.000,00		3.000,00				
Summe BGK:											**220,0000**	**7.495,40**		**3.900,00**	**19.300,00**		**30.695,40**		Summe Gesamtpreis ↓		
Summe Herstellkosten/Summe Gesamtpreis = Auftragssumme											**1.446,4920**	**49.282,07**	**16.419,00**	**6.300,00**	**29.299,20**	**29.948,50**	**131.248,77**		**144.852,75**		
Gesamt-Deckungsbeitrag (Auftragssumme – Herstellkosten)																			**13.603,99**		
Gesamt-Deckungsbeitrag (% Auftragssumme)																			**9,39 %**		
Bauprojektergebnis = Auftragssumme – Herstellkosten – AGK-Anteil																			**3.464,29**		
Bauprojektergebnis (% Auftragssumme)																			**2,39 %**		

Die korrespondierende Arbeitskalkulation [AK(2)] der zweigliedrigen Version entspricht in diesem Beispiel zunächst der Vertragskalkulation [VK(2)].

Berücksichtigt werden müssen aber noch die voraussichtlichen Ausführungsmengen der Positionen 1.010 bis 1.030 und 2.040, da diese gemäß dem zugrunde liegenden Einheitspreisvertrag im Beispiel-Projekt „Stützwand" zur Abrechnung kommen.

Weiterhin bleiben die EKT-Werte der 3 Positionen 1.010 bis 1.030 (Erdarbeiten) aus der Vertragskalkulation betragsmäßig bestehen, da sie auftraggeberseitige Preisbestandteile darstellen. Es wird daher lediglich ein Kostenartentausch orgenommen, da die Erdarbeiten – ursprünglich kalkuliert als Eigenleistung – nunmehr als Nachunternehmerleistung ausgeführt werden.

Die Auswertung in Tabelle 2.27 zeigt die Arbeitskalkulation [AK(2)] bei zweigliedriger Fortschreibung der Arbeitskalkulation des Beispiel-Projekts „Stützwand".

Das Soll-Bauprojektergebnis der Arbeitskalkulation – hier [AK(2)] – beträgt 2,82 %, das Prognose-Bauprojektergebnis der Prognosekalkulation – hier [PK(2)] – dagegen nur 2,39 %. Die Differenz in Höhe von 0,43 %-Punkten resultiert aus auftragnehmerseitig zu tragenden Kostensteigerungen, die nicht an den Auftraggeber weitergegeben werden können und somit das Prognoseergebnis zum Bauprojektende belasten.

Hinweis

Um das Verfahren der zweigliedrigen Arbeitskalkulation mit vertretbarem Arbeitsaufwand anwenden zu können, bedarf es einer Bausoftware, die dieses Verfahren datentechnisch optimal unterstützt, um die Doppelerfassung von Daten bzw. die Pflege von 2 Arbeitskalkulationen zu vermeiden.

Tabelle 2.27: Arbeitskalkulation [AK(2)] bei zweigliedriger Fortschreibung der Arbeitskalkulation des Beispiel-Projekts „Stützwand"

Projekt: Stützwand, Arbeitskalkulation [AK(2)], zweigliedrig																					
				EKT							GKT							Vertragspreise		Deckungsbeitrag	
Position	Menge	Einheit	Beschreibung	Stunden	Lohn	Material	Geräte	SoKo	NU	EKT	Stunden	Lohn	Material	Geräte	SoKo	NU	GKT	Einheitspreis	Gesamtpreis	Einheitspreis	Gesamtpreis
		Kostenart	Mittellohn in €/h		34,07				1,155			34,07				1,155					
				in h	in €	in €	in €	in €	in €	in €	in h	in €	in €	in €	in €	in €	in €	in €	in €	in €	in €
1.010	850,000	m³	**Aushub und seitliches Lagern**																		
1.010		66....	Aushub und seitliches Lagern						2,72												
1.010									2,72	2,72						2.312,00	2.312,00	3,85	3.272,50	1,13	960,50
1.020	160,000	m³	**Abfuhr**																		
1.020		66....	Abfuhr						6,50												
1.020									6,50	6,50						1.040,00	1.040,00	7,49	1.198,40	0,99	158,40
1.030	680,000	m³	**Hinterfüllung**																		
1.030		66....	Hinterfüllung						3,63												
1.030									3,63	3,63						2.468,40	2.468,40	5,37	3.651,60	1,74	1.183,20
1.040	12,00	Stück	**Nachtrag: Wurzelstock mit einem Umfang von 100 bis 200 cm: Entfernen und Entsorgen**						30,00												
1.040		66....	Nachunternehmer-Erdarbeiten						30,00	30,00						360,00	360,00	33,96	407,52	3,96	47,52
2.010	225,000	m²	**Sauberkeitsschicht 5 cm**																		
2.010			Unterposition 1: C 8/10 einbringen:																		
2.010		60....	Lohn: 0,050 m³ · 2,00 h	0,1000	3,41																
2.010		62....	Liefern: 0,050 m³ · 60,00 €			3,00															
2.010			Unterposition 2: Abziehen:																		
2.010		60....	Lohn: 0,10 h	0,1000	3,41																
2.010				0,2000	6,82	3,00				9,82	45,0000	1.534,50	675,00				2.209,50	15,99	3.597,75	6,17	1.388,25
2.020	120,000	m³	**Fundamentbeton C 20/25**																		
2.020		60....	Lohn: Betonieren mit Pumpe	0,5000	17,04																
2.020		641...	Betonpumpe				10,00														
2.020		62....	C 20/25			65,00															
2.020				0,5000	17,04	65,00	10,00			92,04	60,0000	2.044,80	7.800,00	1.200,00			11.044,80	118,47	14.216,40	26,43	3.171,60
2.030	200,000	m²	**Fundamentschalung**																		
2.030			Unterposition 1: Schalen Vorderwand Fundament																		
2.030		60....	Lohn: 0,5 · 0,40 h	0,2000	6,81																
2.030		644...	Schalung:					5,00													
2.030			Unterposition 2: Ausschalen Vorderwand Fundament																		
2.030		60....	Lohn: 0,5 · 0,10 h	0,0500	1,70																
2.030			Unterposition 3: Schalen Rückwand																		
2.030		60....	Lohn: 0,5 · 0,73 h	0,3650	12,44																

Tabelle 2.27 (Fortsetzung): Arbeitskalkulation [AK(2)] bei zweigliedriger Fortschreibung der Arbeitskalkulation des Beispiel-Projekts „Stützwand"

2.030		644…	Schalung: 0,5 · 10,00 €					5,00													
2.030			Unterposition 4: Ausschalen Rückwand																		
2.030		60….	Lohn: 0,5 · 0,27 h	0,1350	4,60																
2.030				0,7500	25,55			10,00		35,55	150,0000	5.110,00			2.000,00		7.110,00	58,42	11.684,00	22,87	4.574,00
2.040	**13,0**	**t**	**Betonstahl 500 S**																		
2.040		66….	Schneiden, Biegen, Liefern und Verlegen						900,00												
2.040									900,00	900,00						11.700,00	11.700,00	1.018,71	13.243,23	118,71	1.543,23
2.050	**120,000**	**m³**	**Wandbeton C 20/25 einschließlich Schalung und Bewehrung**																		
2.050			Unterposition 1: Beton einbringen																		
2.050		60….	Lohn: Betonieren mit Pumpe	0,7000	23,85																
2.050		641…	Betonpumpe				10,00														
2.050		62….	C 20/25			65,00															
2.050			Wandschalung (6,6667 m²/m³)																		
2.050			Unterposition 2: Schalen Vorderwand (m²)																		
2.050		60….	Lohn: 6,6667 · 0,5 · 0,73 h/m²	2,4333	82,90																
2.050		644…	Schalung: 6,6667 · 0,5 · 10,00 €/m²					33,33													
2.050			Unterposition 3: Ausschalen Vorderwand (m²)																		
2.050		60….	Lohn: 6,6667 · 0,5 · 0,27 h/m²	0,9000	30,66																
2.050			Unterposition 4: Schalen Rückwand (m²)																		
2.050		60….	Lohn: 6,6667 · 0,5 · 0,73 h/m²	2,4333	82,90																
2.050		644…	Schalung: 6,6667 · 0,5 · 10,00 €/m²					33,33													
2.050			Unterposition 5: Ausschalen Rückwand (m²)																		
2.050		60….	Lohn: 6,6667 · 0,5 · 0,27 h/m²	0,9000	30,66																
2.050			Betonstahlmatten 500 M (0,1 t/m³)																		
2.050		660…	Unterposition 6: Schneiden, Liefern und Verlegen						90,00												
2.050				7,3666	250,97	65,00	10,00	66,66	90,00	482,63	883,9920	30.116,40	7.800,00	1.200,00	7.999,20	10.800,00	57.915,60	726,49	87.178,80	243,86	29.263,20
2.060	**9,50**	**m**	**Dehnungsfugen**																		
2.060		60….	Lohn	1,0000	34,07																
2.060		62….	Dehnungsfugenband			10,00															
2.060				1,0000	34,07	10,00				44,07	9,5000	323,67	95,00				418,67	74,10	703,95	30,03	285,29
2.070	**160,00**	**m**	**Arbeitsfugen**																		
2.070		60…	Lohn	0,3000	10,22																
2.070		62….	Fugenblech			2,50															
2.070				0,3000	10,22	2,50				12,72	48,0000	1.635,20	400,00				2.035,20	21,67	3.467,20	8,95	1.432,00
2.080	**30,00**	**m**	**Sollbruchfugen**																		
2.080		60….	Lohn	1,0000	34,07																
2.080		62….	Sollbruchfuge			10,00															
2.080				1,0000	34,07	10,00				44,07	30,0000	1.022,10	300,00				1.322,10	74,38	2.231,40	30,31	909,30
Summe EKT:											**1.226,4920**	**41.786,67**	**17.070,00**	**2.400,00**	**9.999,20**	**28.680,40**	**99.936,27**				

Tabelle 2.27 (Fortsetzung): Arbeitskalkulation [AK(2)] bei zweigliedriger Fortschreibung der Arbeitskalkulation des Beispiel-Projekts „Stützwand"

BGK Position	Menge	Einheit / Kostenart	Beschreibung (Mittellohn in €/h)	Einzelkosten der internen BGK-Positionen: Stunden in h	Lohn 34,07 in €	Material in €	Geräte in €	SoKo in €	NU in €	Einzelkosten in €	Gesamtkosten der internen BGK-Positionen: Stunden in h	Lohn 34,07 in €	Material in €	Geräte in €	SoKo in €	NU in €	Gesamtkosten in €	Summe Gesamtpreis
1	1,0	pauschal	**Einrichten und Räumen**															
1		60....	Einrichten und Räumen	220,0000	7.495,40													
1		644...	für Umformer, Innenrüttler, sonstiges Gerät sowie Schalung und Rüstung					2.500,00										
1				220,0000	7.495,40			2.500,00		9.995,40	220,0000	7.495,40			2.500,00		9.995,40	
2	3,0	Monate	**Vorhaltekosten**															
2		641...	Geräte				500,00											
2							500,00			500,00				1.500,00			1.500,00	
3	3,0	Monate	**Kosten der örtlichen Bauleitung**															
3		60....	0,50 Bauleiter pro Monat					3.000,00										
3		60....	Vermesser, anteilig					350,00										
3		60....	0,25 Baukaufmann					1.250,00										
3								4.600,00		4.600,00					13.800,00		13.800,00	
4	1,0	pauschal	**Betriebs- und Bedienungskosten**															
4		641...	für Geräteeinsatz				2.400,00											
4							2.400,00			2.400,00				2.400,00			2.400,00	
5	1,0	pauschal	**technische Bearbeitung**															
5		65....	Konstruktion, Planerstellung und Kontrolle					3.000,00										
5								3.000,00		3.000,00					3.000,00		3.000,00	
Summe BGK:											**220,0000**	**7.495,40**		**3.900,00**	**19.300,00**		**30.695,40**	
Summe Herstellkosten/Summe Gesamtpreis = Auftragssumme											**1.446,4920**	**49.282,07**	**17.070,00**	**6.300,00**	**29.299,20**	**28.680,40**	**130.631,67**	**144.852,75**
Gesamt-Deckungsbeitrag (Auftragssumme – Herstellkosten)																		**14.221,09**
Gesamt-Deckungsbeitrag (% Auftragssumme)																		**9,82 %**
Bauprojektergebnis = Auftragssumme – Herstellkosten – AGK-Anteil																		**4.081,39**
Bauprojektergebnis (% Auftragssumme)																		**2,82 %**

3 Baubetriebsrechnung

Die Baubetriebsrechnung ist die zweite Säule der baubetrieblichen Kosten-, Leistungs- und Ergebnisrechnung.

3.1 Aufgaben der Baubetriebsrechnung

Aufgabe der Baubetriebsrechnung ist die Ermittlung des betrieblichen Ergebnisses. Hierfür stellt sie die entstandenen Kosten der realisierten Leistung gegenüber.

Anders als die Unternehmensrechnung, die immer das Unternehmen als Ganzes mit allen die Rechnungslegung betreffenden Geschäftsvorfällen betrachtet, konzentriert sich die Baubetriebsrechnung auf den eigentlichen Unternehmenszweck – also bei Bauunternehmen auf die Bauproduktion – und klammert dementsprechend betriebsfremde, periodenfremde und außerordentliche Geschäftsvorfälle aus. Dabei ermittelt die Baubetriebsrechnung zunächst die Ergebnisse der einzelnen Kostenstellen und Kostenträger und verdichtet diese – eventuell über Zwischenstufen (z. B. Sparten, Geschäftsbereiche) – zum Betriebsergebnis. Auf diese Weise lassen sich aus der Baubetriebsrechnung wesentlich genauere Aussagen zur Wirtschaftlichkeit eines Baubetriebs ableiten als aus der Unternehmensrechnung.

Kosten und Leistungen entstehen an unterschiedlichen Stellen eines Bauunternehmens, sodass die Systematik der Baubetriebsrechnung immer mit der Aufbauorganisation des Bauunternehmens in Zusammenhang steht. Dabei ist der Ort der Kosten- und Leistungsentstehung nicht zwingend mit dem Ort der Kosten- und Leistungsverursachung identisch; es muss also in der Baubetriebsrechnung zwischen der Ermittlung von Kosten, Leistung und Ergebnis einerseits und der verursachungsgerechten Verrechnung andererseits unterschieden werden.

Kosten und Leistungen werden demnach in der Baubetriebsrechnung zunächst am Ort ihrer Entstehung gesammelt (Kostenstellenrechnung) und anschließend nach dem Prinzip der Verursachung (Kostenträgerrechnung) innerbetrieblich weiterverrechnet.

Hinweis

> In der Betriebswirtschaftslehre spricht man kurz von Kostenstellen und Kostenträgern, obwohl beide Organisationselemente nicht nur Kosten, sondern auch Leistungen und Ergebnisse ausweisen. Inhaltlich richtiger wäre es daher, von Kosten-, Leistungs- und Ergebnisstellen bzw. -trägern zu sprechen. In der „KLR Bau" wird aber (der betriebswirtschaftlichen Terminologie folgend) verkürzt nur von Kostenstellen und Kostenträgern gesprochen.

3.2 Organisation der Baubetriebsrechnung

Die Baubetriebsrechnung ist grundsätzlich eine zeitraumbezogene Betrachtung, die von einem Stichtag (Periodenende, meist (Geschäfts-)Jahres-, Quartals- oder Monatsende) zurück auf den jeweiligen Periodenanfang blickt und die in diesem Zeitraum realisierten betriebszweckbezogenen Geschäftsvorfälle auswertet.

Hierfür werden zunächst in der Kostenrechnung die angefallenen Kosten gesammelt, gruppiert und verrechnet. Anschließend werden in der Leistungsrechnung die unternehmensintern (z. B. Leistung der Arbeitsvorbereitung für eine Baustelle) und unternehmensextern erbrachte Leistung (z. B. abrechenbare Bauleistung) ermittelt. Schließlich werden in der Ergebnisrechnung Leistung und Kosten einander gegenübergestellt und auf diese Weise wird das Ergebnis (meist gruppiert nach Bauprojekt- und Betriebsergebnis) ermittelt.

Hinweis

> Zwar lässt sich die Baubetriebsrechnung systemtheoretisch in die o. g. Schritte einteilen, in der Praxis verschwimmen die Schritte aber. Dies betrifft insbesondere den Bereich der innerbetrieblichen Leistungsverrechnung.

Schematisch stellt sich der Zusammenhang von Kosten-, Leistungs- und Ergebnisrechnung wie in Abb. 3.1 gezeigt dar.

Hinweis

> Die nachfolgende Erklärung (Kapitel 3.2.1 bis 3.2.6) zur grundsätzlichen Organisation der Baubetriebsrechnung wird in Kapitel 3.3 anhand eines Praxisbeispiels erläutert.

3.2.1 Kostenrechnung

In der Kostenrechnung werden Mengen und Werte verarbeitet, und zwar

- der Mengenverbrauch an Gütern und Diensten (sog. Mengengerüst der Kosten, z. B. m^3 Beton, t Kies, t Zement, Arbeitsstunden) sowie
- seine monetäre Bewertung (sog. Wertgerüst der Kosten, z. B. € pro t Stahl, € pro Arbeitsstunde).

Hierzu sammelt die Betriebsbuchhaltung in der Kostenrechnung zunächst alle periodenbezogenen Kosten durch Verbuchung auf Konten, die jeweils eine Kostenart repräsentieren (Kostenartenrechnung). Gleichzeitig ordnet sie durch eine Verbuchung auf Kostenstellen die Kosten dem

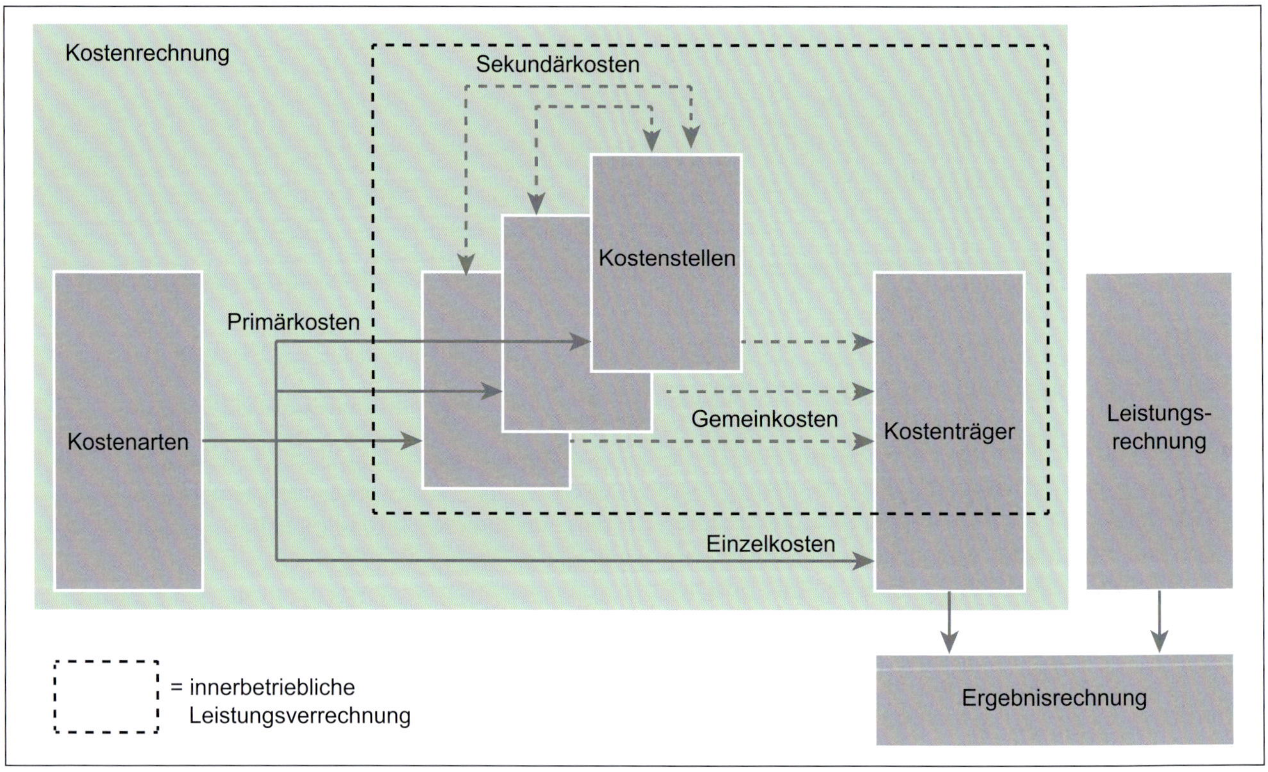

Abb. 3.1: Organisation der baubetrieblichen Kosten-, Leistungs- und Ergebnisrechnung

Ort ihrer Entstehung zu (Kostenstellenrechnung). Erst dann erfolgt die innerbetriebliche Zuordnung der Kosten auf den Kostenträger als Verursacher (Kostenträgerrechnung).

3.2.1.1 Kostenartenrechnung

Die Kostenartenrechnung beantwortet die Frage: „Welche Kosten sind im Baubetrieb entstanden?“ und dient demnach der Erfassung sämtlicher Kosten getrennt nach Kostenartengruppen.

Die Kostenartenrechnung bildet den Ausgangspunkt der Kostenrechnung. Ihre Aufgabe ist es, alle in einer Periode angefallenen Kosten zu erfassen und nach ihrer Art zu gliedern, z. B. Material-, Personal- und Transportkosten. Dabei übernimmt sie einen großen Teil der Kosten aus der Unternehmensrechnung (Finanzbuchhaltung) einschließlich ihrer Nebenbücher, wie Lohn- und Gehaltsbuchhaltung, Lagerbuchhaltung oder Anlagenbuchhaltung. Darüber hinaus verwaltet die Kostenartenrechnung aber auch Kosten, die in der Unternehmensrechnung ohne Berücksichtigung bleiben. Dies sind die sog. kalkulatorischen Kosten, z. B. kalkulatorische Abschreibungen auf Geräte, kalkulatorische Verzinsungen des auf Baustellen eingesetzten Kapitals oder kalkulatorische Unternehmerlöhne, insbesondere bei Personengesellschaften.

Hinweis

> Grundsätzlich ist zu empfehlen, dass sich die Baubetriebsrechnung im Hinblick auf die Verwendung der Kostenartengruppen an der Bauauftragsrechnung orientiert. Man spricht hierbei von der sog. Kostenartenharmonisierung.

Dabei sind unterschiedliche Anforderungen auf einen gemeinsamen Nenner zu bringen, da sich die Informationsbedürfnisse zwischen Bauauftrags- und Baubetriebsrechnung unterscheiden können: In der Kalkulation werden für bestimmte Teilleistungen Kostenarten auf einer Detailebene benötigt, die die Baubetriebsrechnung nicht mit vertretbarem Aufwand ausweisen kann. Beispiele hierfür sind Kosten für unterschiedliche Rohrtypen. Während die Bauauftragsrechnung diese nach Artikeln (z. B. Rohre, Muffen, Bögen) gruppiert, sammelt die Baubetriebsrechnung diese Kostenarten auf dem Konto „Rohre“.

Genauso kann es in der Baubetriebsrechnung notwendig sein, Kostenarten auszuweisen, die in der Kalkulation nicht getrennt werden. Beispiele hierfür sind die getrennte kontenmäßige Erfassung von Lohnkosten einerseits und Sozialkosten andererseits in der Baubetriebsrechnung, die in der Bauauftragsrechnung als Kostenart „Lohnkosten“ zusammengefasst werden.

Selbstverständlich ist es auch möglich, dass sich eine Kostenart der Bauauftragsrechnung und ein Konto der Baubetriebsrechnung decken (z. B. „Kosten für Nachunternehmerleistung Elektro“).

Die Lösung sind hierarchisch gegliederte Kostenartengruppen mit 1:1-, n:1- und 1:n-Beziehungen zwischen Kostenarten der Bauauftragsrechnung und Konten der Baubetriebsrechnung (vgl. Abb. 3.2).

Die zu verwendenden Kostenartengruppen müssen also in jedem Unternehmen zwischen Bauauftrags- und Baubetriebsrechnung abgestimmt werden. Ist dies geschehen, können im Bedarfsfall in der Baubetriebsrechnung sowie in der Bauauftragsrechnung Kostenarten bzw. Konten unab-

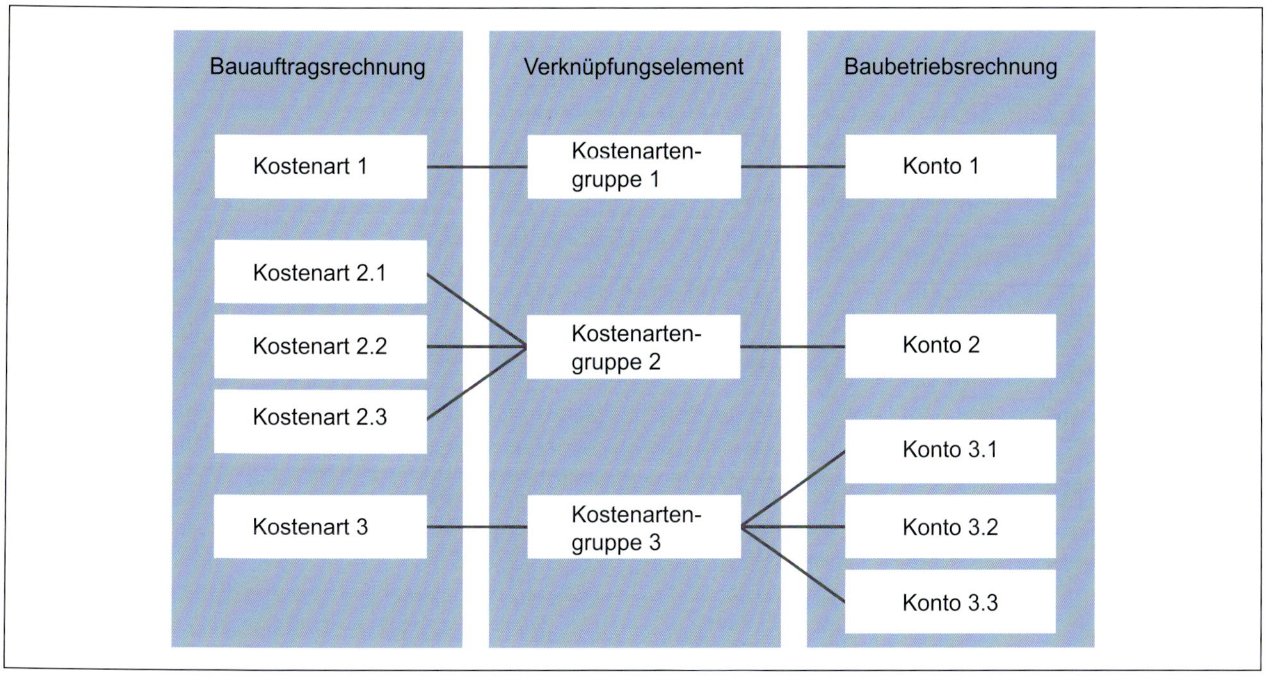

Abb. 3.2: Verknüpfungsregelungen für die Harmonisierung nach Kostenartengruppen

hängig voneinander angelegt werden, ohne dass die Qualität der Auswertungen leidet bzw. unendlich viele Sonderauswertungen entstehen. Der BKR 2016 greift diese Abstimmung auf und übernimmt die Kostenartengruppen und ihre Konten (Kostenarten) in die Kontenklasse 6.

In der Kostenartenrechnung werden also alle Kosten gesammelt und nach Kostenartengruppen geordnet. Buchungstechnisch erfolgt dies in der Baubetriebsrechnung, indem die über externe (z. B. Eingangsrechnung) und interne Quellen (z. B. Stundenberichte) dokumentierten Kosten einem Konto (einer Kostenart) zugeordnet werden.

Hinweis

> Die in der Kostenartenrechnung gesammelten Kosten entsprechen unter Berücksichtigung notwendiger Abgrenzungen (vgl. Kapitel 3.2.4.3) der Gesamtkostenbelastung eines Bauunternehmens in einer Rechnungslegungsperiode.

3.2.1.2 Kostenstellenrechnung

Die Kostenstellenrechnung beantwortet die Frage: „Wo im Baubetrieb sind die Kosten entstanden?" und dient demnach der Verteilung der in der Kostenartenrechnung erfassten Kosten nach dem Ort ihrer Entstehung.

Die Einteilung der Kostenstellen kann sich dabei an den Möglichkeiten der verursachungsgerechten Erfassung von Kosten, der Abgrenzung von Verantwortungsbereichen oder an räumlichen Erwägungen orientieren. Da die Kostenstellengliederung mit der Aufbauorganisation eines Bauunternehmens korrespondiert (vgl. Kapitel 3.3.1), bieten sich als mögliche Kostenstellen grundsätzlich an:

- Baustellen als eigentliche Produktionsstätten, getrennt nach eigenen Baustellen und Gemeinschaftsbaustellen (ARGE-Baustellen)
- Hilfsbetriebe (z. B. Magazin/Lager, Gerätepark, Werkstatt, Schalungsbetrieb, Fuhrpark) und Verrechnungskostenstellen (z. B. technisches Büro, Arbeitsvorbereitung), die innerbetrieblich Leistungen für Baustellen, andere Hilfsbetriebe oder auch für die Verwaltung erbringen
- Verwaltung (z. B. Geschäftsleitung, Personalabteilung, Buchhaltung, Einkauf, Kalkulation) als unterstützende Organisationseinheiten für Baustellen und Hilfsbetriebe

Hinweis

> Da baubranchenspezifisch der Ort der Leistungserstellung (Baustelle) mit dem Produkt der Leistungserstellung (Bauprojekt) identisch ist, sind in der baubetrieblichen Praxis 2 unterschiedliche Modelle zur Berücksichtigung von Baustellen bzw. Bauprojekten im System der Baubetriebsrechnung anzutreffen. In Modell 1 wird das Bauprojekt als Kostenstelle, in Modell 2 als Kostenträger angesehen. Beide Modelle werden nachfolgend unter Kapitel 3.2.1.3 vorgestellt. Jede Baustelle sollte dabei als eigene Kostenstelle bzw. eigener Kostenträger organisiert werden. Nur in Ausnahmefällen kann es sinnvoll sein, mehrere Kleinbaustellen auf einer Sammelkostenstelle bzw. einem Sammelkostenträger zu organisieren.

Die Zuordnung der Kosten zu einer Kostenstelle ist der erste Schritt der Kostenstellenrechnung. Dabei werden bestimmte Kosten – die sog. **Primärkosten** – direkt einer Kostenstelle zugerechnet, andere – die sog. **Sekundärkosten** – nur indirekt über prozentuale Umlagen oder Verrechnungssätze.

Sekundärkosten entstehen immer dann, wenn Primärkosten zunächst auf einer Kostenstelle gesammelt, dann aber auf eine andere Kostenstelle weiterverteilt werden. Typisches Beispiel sind die Sozialkosten für gewerbliche Mitarbeiter und Angestellte, die zunächst als Primärkosten auf eigenen Sozialkostenstellen gesammelt werden und dann auf verschiedene andere Kostenstellen (auf denen Lohn- und Gehaltskosten als Primärkosten angefallen sind) als Sekundärkosten weiterverteilt werden. Für diesen Sachverhalt hat sich der Begriff der sog. innerbetrieblichen Leistungsverrechnung etabliert. Sekundärkosten der empfangenden Kostenstelle sind interne Leistungen der abgebenden Kostenstelle. Diese innerbetriebliche Verrechnung ist der zweite Schritt der Kostenstellenrechnung.

Für die Zuordnung der Kosten zu einer Kostenstelle gilt demnach:

- **Primärkosten** werden einer Kostenstelle dadurch direkt zugeteilt, dass externe (Eingangsrechnungen) und interne Belege (z. B. Stundenberichte, Lieferscheine, Geräteberichte) in der Betriebsbuchhaltung nicht nur einem Konto (Kostenartenrechnung), sondern auch einer Kostenstelle (Kostenstellenrechnung) buchungstechnisch zugeordnet werden. Die Summe aller Primärkosten entspricht der Kostenbelastung innerhalb einer Abrechnungsperiode.
- **Sekundärkosten** werden der empfangenden Kostenstelle je nach Organisationsform der abgebenden Kostenstelle zugeordnet. Grundsätzlich sind Kostenstellen im Hinblick auf die Kostenverteilung als Umlage- oder Verrechnungskostenstelle zu organisieren. Während Umlagekostenstellen ihre interne Leistung eher pauschal mittels prozentualer Umlagen (in Prozent von oben) bzw. Zuschlägen (in Prozent von unten) weiterverteilen, erfolgt die Weiterverteilung der Kosten bei Verrechnungskostenstellen verursachungsgerechter über interne Verrechnungssätze (z. B. Stunden- oder Tagesverrechnungssätze).
  - Eine typische **Umlagekostenstelle** ist die Sozialkostenstelle. Die auf ihr gesammelten Sozialkosten werden über einen prozentualen Zuschlag auf die gebuchten Lohn- und Gehaltskosten der empfangenden Kostenstellen umgelegt. So werden z. B. die Lohnkosten einer Baustelle prozentual mit lohngebundenen Kosten (Soziallöhne/-kosten) bezuschlagt. Dieser Zuschlagssatz entlastet in gleicher Höhe die Sozialkostenstelle.

    Hinweis

    In der baubetrieblichen Praxis ist es gängig, anstelle des Begriffs lohngebundene Kosten den Begriff Lohnzusatzkosten zu verwenden.
  - Typisch für eine **Verrechnungskostenstelle** ist eine Gerätekostenstelle. Sie verrechnet ihre Leistung (die gesammelten Gerätekosten) auf die empfangende Kostenstelle mittels eines Verrechnungssatzes (z. B. Stundenverrechnungssatz in €/h oder Tagesverrechnungssatz in €/Tag). So belasten z. B. auf einer Baustelle eingesetzte Geräte den Kostenträger im Umfang der Einsatzzeit multipliziert mit dem Verrechnungssatz. In gleicher Höhe wird die Gerätekostenstelle entlastet.

Während die Weiterverteilung von Umlagekostenstellen in der Betriebsbuchhaltung weitestgehend automatisiert durch hinterlegte Buchungsroutinen mit vorab unternehmensindividuell ermittelten und im System hinterlegten (Plan-)Umlagesätzen erfolgt, ist für die Weiterverteilung von Verrechnungskostenstellen ein internes Belegwesen aufzubauen und anzuwenden. Dieses Belegwesen dokumentiert die Mengenansätze für entsprechenden Be- und Entlastungsbuchungen.

Die Organisation der Sekundärkosten kann, wie oben beschrieben, durch eine innerbetriebliche Leistungsverrechnung oder durch Kostenminderungen erfolgen:

- **Innerbetriebliche Leistungsverrechnung** heißt, dass auf der leistenden Kostenstelle innerbetriebliche Leistungen (Entlastungen) verbucht werden, denen buchungstechnisch eine entsprechende Kostenbelastung auf der empfangenden Kostenstelle bzw. dem empfangenden Kostenträger gegenübersteht. In diesem Fall wird das Kostenstellenergebnis als Differenz zwischen Belastungen (empfangene Primärkosten und weiterverteilte Sekundärkosten von anderen Kostenstellen) und Entlastungen (aus der innerbetrieblichen Leistungsverrechnung) ermittelt.
- **Kostenminderung** bedeutet, dass die weiterverteilten Kosten auf der abgebenden Kostenstelle Kosten mindernd, auf der empfangenden Kostenstelle bzw. dem empfangenden Kostenträger Kosten steigernd gebucht werden. In diesem Fall entspricht das Kostenstellenergebnis der Summe aller Belastungen (Primär- und Sekundärkosten) abzüglich der verbuchten Kostenminderungen. Das Kostenstellenergebnis ist dann im Idealfall am Ende des Betrachtungszeitraums gleich Null.

Unabhängig von der Verrechnungsart spricht man bei einem positiven Kostenstellenergebnis von einer Überdeckung, bei einem negativen Kostenstellenergebnis von einer Unterdeckung.

Hinweis

Grundsätzlich ist die innerbetriebliche Leistungsverrechnung der Kosten mindernden Verrechnung vorzuziehen, da es bei der Kosten mindernden Verrechnung schwierig ist, die Summe der insgesamt auf der Kostenstelle angefallenen Kosten zu ermitteln. Zu empfehlen ist daher die Einrichtung gesonderter Verrechnungskonten, über die die Be- und Entlastungen buchungstechnisch transparent dargestellt werden. Dabei ist der Umfang der innerbetrieblichen Leistungsverrechnung mit Augenmaß handhabbar zu halten.

Im Hinblick auf die Organisation von Kostenstellen als Umlage- oder Verrechnungskostenstelle stellt sich immer wieder die Frage nach einer verursachungsgerechten Weiterverteilung einerseits und dem dafür notwendigen Administrationsaufwand andererseits.

Grundsätzlich ist es sinnvoll, möglichst viele Kostenstellen als Verrechnungskostenstellen zu organisieren, da diese – anders als die eher verursachungsunabhängig weiterverteilenden Umlagekostenstellen – ihre interne Leistung verursachungsgerechter weiterverteilen. Dem steht aber gegenüber, dass Verrechnungskostenstellen immer ein entsprechendes Belegwesen benötigen, mit dem die Be- und Entlastungsbuchungen zu organisieren sind. Der Administrationsaufwand wird vor allem durch die lückenlose Erstellung, Dokumentation und Verbuchung der internen Belege bestimmt; alle Aktivitäten einer Kostenstelle für eine andere Kostenstelle oder einen Kostenträger sind mittels interner Belege verursachungskonform zu erfassen und die Belege anschließend entsprechend zu verbuchen. Bei Leistungs- und Vorhaltegeräten z. B. ist der Administrationsaufwand dafür noch überschaubar; eine verursachungsgerechte Verteilung von Kleingeräten und Werkzeugen führt dagegen zu einem enormen Verwaltungsaufwand. Daher wird die Kostenstelle „Kleingeräte/Werkzeuge" in der Regel als Umlagekostenstelle organisiert und die dort gesammelten Kosten werden im Verhältnis zu den auf den Baustellen angefallenen Lohnkosten verteilt.

Hinweis

> Moderne IT-Technologien erlauben es, die bisher manuell zu erstellenden Belege automatisch zu erzeugen, zu erfassen und zu verbuchen. So können z. B. Betankungen von Geräten über Chipkarten oder Gerätebewegungen mittels RFID-Chips in den Geräten gesteuert werden. Mithilfe dieser Technologien können – mit überschaubarem Aufwand – wesentlich detailliertere Kostenstellensysteme mit kleinteiligen Verrechnungskostenstellen aufgebaut werden.

Zu beachten ist, dass bei der innerbetrieblichen Leistungsverrechnung zwischen Ist- und Plan-Werten für die Umlage- und Verrechnungssätze unterschieden werden muss:

- **Ist-Umlage** bzw. **Ist-Verrechnung** bedeutet, dass die Umlage- und Verrechnungssätze in Abhängigkeit von den auf der abgebenden Kostenstelle tatsächlich angefallenen Primär- und Sekundärkosten zum Zeitpunkt der innerbetrieblichen Leistungsverrechnung ermittelt werden. Sollen z. B. die Verwaltungskosten auf die Baustellen entsprechend der dort erbrachten Bauleistung weiterverteilt werden, erfolgt beim Ist-Verfahren die Ermittlung der Umlagewerte aus dem Verhältnis der Ist-Kosten auf der Verwaltungskostenstelle zu den auf den Baustellen erbrachten Ist-Leistungen. Die Verwaltungskosten werden also vollumfänglich auf die Baustellen weiterverteilt. Die Verwaltungskostenstelle ist anschließend ausgeglichen.
- **Plan-Umlage** bzw. **Plan-Verrechnung** bedeutet, dass zu Beginn einer Rechnungslegungsperiode unternehmensindividuell Plan-Umlagen bzw. Plan-Verrechnungssätze ermittelt bzw. festgelegt werden. Diese werden zu Beginn eines Geschäftsjahrs idealerweise aus entsprechenden Vorjahresdaten abgeleitet und anschließend im Hinblick auf zu erwartende Veränderungen in der Plan-Periode angepasst. Hierbei sind z. B. kostenstellen- und kostenträgerbezogene Mehr- oder Minderkosten, Veränderungen in den erwarteten Einsatzzeiten oder auch Veränderungen auf der Leistungsseite zu berücksichtigen. Wenn beim Plan-Verfahren die Verwaltungskosten auf die Baustellen entsprechend der dort erbrachten Bauleistung weiterverteilt werden sollen, dann wird die jeweilige Leistung einer Baustelle mit dem vorab ermittelten Verwaltungskostenzuschlag belastet, die Verwaltungskostenstelle entsprechend entlastet. In der Folge kann die Verwaltungskostenstelle ein positives (Überdeckung) oder ein negatives (Unterdeckung) Ergebnis ausweisen. Überdeckungen entstehen, wenn die weiterverteilten Kosten höher als die auf der Kostenstelle insgesamt angefallenen Primär- und Sekundärkosten sind. Unterdeckungen entstehen, wenn die weiterverteilten Kosten niedriger sind.

Hinweis

> Der Vorteil einer Plan-Umlage bzw. einer Plan-Verrechnung ist, dass hierdurch bessere Rückschlüsse auf die Produktivität oder Wirtschaftlichkeit der Kostenstellen möglich sind. Gerade bei der Analyse von Bauprojekten führen Plan-Umlagen bzw. Plan-Verrechnungen zu einem besseren Abgleich zwischen geplanten Kosten der Bauauftragsrechnung und realisierten Kosten der Baubetriebsrechnung. So entsprechen sich bei Anwendung des Plan-Verfahrens z. B. die wertemäßigen Geräteverrechnungssätze in der Kalkulation und in der Baubetriebsrechnung, sodass Kostenabweichungen nur aus dem Mengengerüst der Kosten (Mehr- und Minderverbräuche) resultieren können.

Sekundärkosten verursachen keine weitere Gesamtkostenbelastung (diese resultiert aus der Summe der Primärkosten). Daher muss der Saldo aus Sekundärkosten und Umlagen bzw. Verrechnungen in einer Rechnungslegungsperiode immer Null sein.

3.2.1.3 Kostenträgerrechnung

Die **Kostenträgerrechnung** beantwortet die Frage: „Wodurch sind die Kosten im Baubetrieb entstanden?" Sie dient der Zuordnung der Kosten zum Kostenverursacher (Kostenverursachungsprinzip). Kostenträger sind das Ergebnis des Wertschöpfungsprozesses eines Bauunternehmens. Ihnen werden einerseits Kosten und andererseits erzielte Leistungen (im Sinne von Erlösen) periodengerecht zugerechnet.

Hinweis

> Auf den Kostenstellen werden Primär- und Sekundärkosten, auf den Kostenträgern Einzel- und Gemeinkosten verwaltet. Dabei werden Primär- und Einzelkosten direkt belastet, während Sekundär- und Gemeinkosten aus der innerbetrieblichen Leistungsverrechnung resultieren.

In Bauunternehmen weist die baubetriebliche Kosten-, Leistungs- und Ergebnisrechnung eine Besonderheit auf: Der Ort der Kostenentstehung (Baustelle als Kostenstelle) ist mit dem aus der Leistungserstellung resultierenden Produkt (Bauprojekt als Kostenträger) identisch. Kostenstelle und Kostenträger bilden also eine Einheit.

Hinweis

> Die Identität von Kostenstelle und Kostenträger (Baustelle und Bauprojekt) unterscheidet die Bauwirtschaft von anderen Wirtschaftszweigen mit Unikatcharakter und Einzelfertigung. Im mit der Bauwirtschaft z. B. vergleichbaren Schiffsbau werden zwar auch Unikate in Einzelfertigung hergestellt, dennoch werden auf der Werft (Kostenstelle) mehrere Schiffe (Kostenträger) produziert. Im Baubereich wird auf der Baustelle (Kostenstelle) üblicherweise nur ein Bauwerk (Kostenträger) produziert.

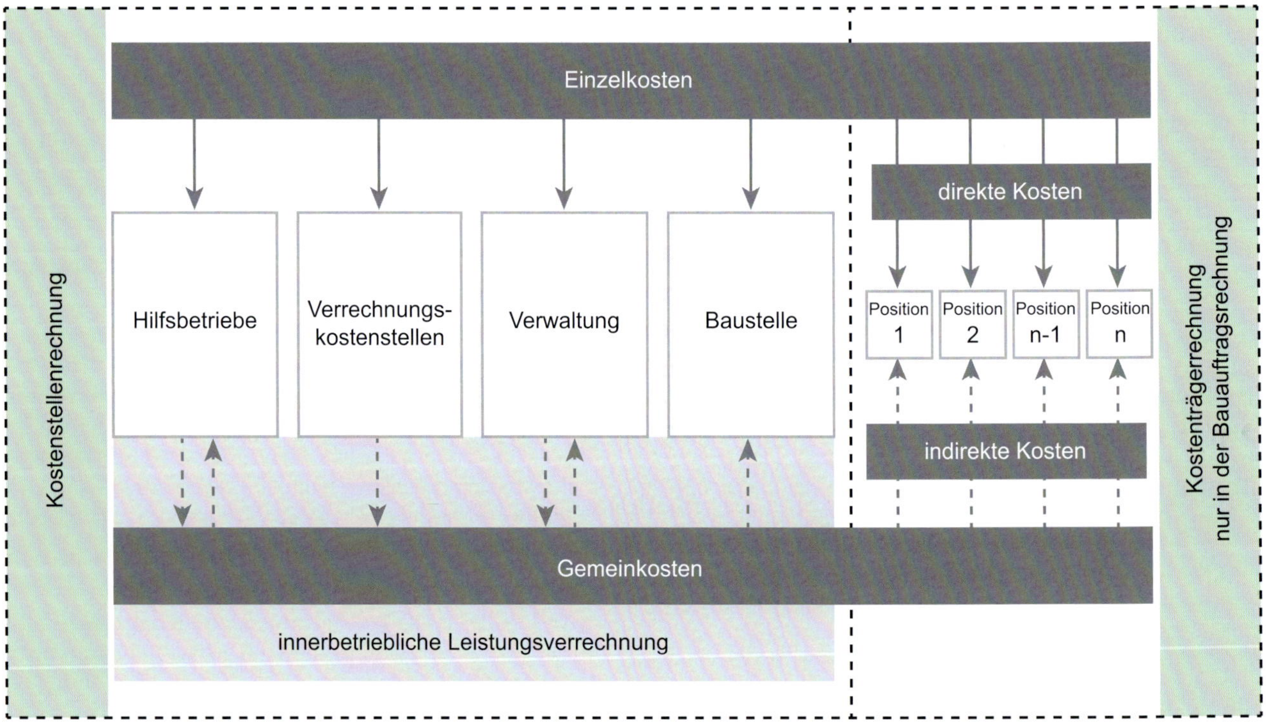

Abb. 3.3: Kostenstellen-/Kostenträgerrechnung – Modell 1

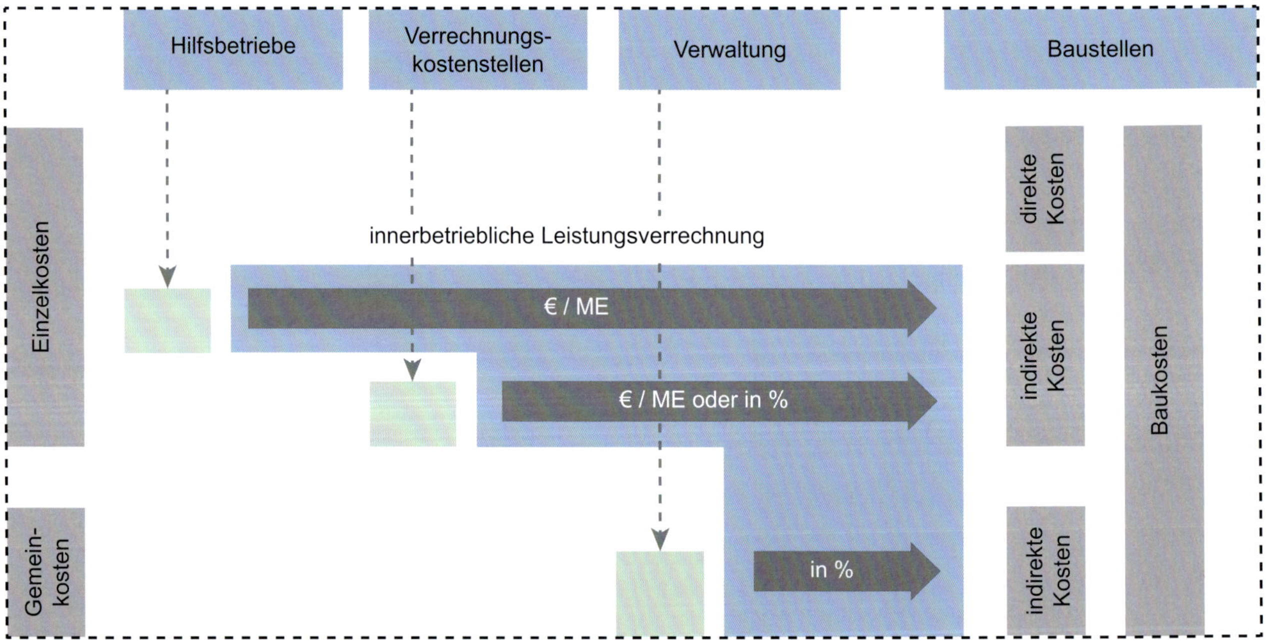

Abb. 3.4: Zuordnung von Einzel- und Gemeinkosten in Modell 1

Insbesondere in den folgenden Punkten ist es aber notwendig, zwischen Kostenstellen und Kostenträgern zu unterscheiden:

- Beteiligung mehrerer Betriebseinheiten an der Erstellung eines Bauprojekts
- Aufteilung des Bauprojekts in mehrere Vertragseinheiten
- industrielle Vorfertigung des Bauprojekts, z. B. Einbau einzelner Fertigteile

Hinweis

Unabhängig von der Kostenträger-/-stellen-Diskussion kann man sog. Sammelkostenstellen für Kleinprojekte einrichten, z. B. Instandhaltungsdienstleistungen für einen Auftraggeber im Zusammenhang mit Rahmenverträgen.

Vor diesem Hintergrund gibt es grundsätzlich 2 unterschiedliche Modelle, die Organisation der Kostenstellen und Kostenträger (baustellen- bzw. projektbezogen) abzuleiten, wobei beide Modelle auf der Basis des BKR 2016 umgesetzt werden können.

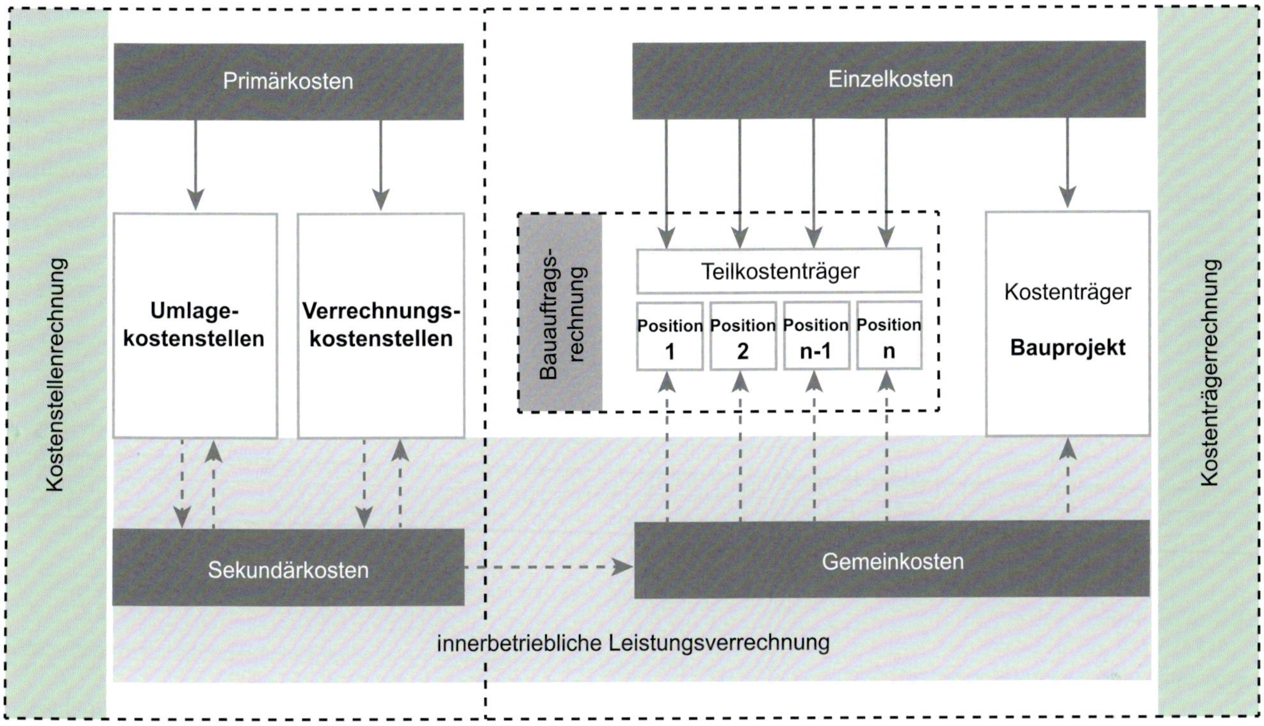

Abb. 3.5: Kostenstellen-/Kostenträgerrechnung – Modell 2

Modell 1: Baustelle/Bauprojekt als Hauptkostenstelle mit Kostenträgercharakter

Das Modell 1 der Kostenstellen-/Kostenträgerrechnung definiert eine Baustelle als Hauptkostenstelle mit Kostenträgercharakter. Hinzu kommen weitere Hilfskostenstellen (Hilfsbetriebe, Verrechnungskostenstellen und Verwaltung). Die dem Modell 1 zugrunde liegende Struktur verdeutlicht das Schaubild in Abb. 3.3.

Aus Vereinfachungsgründen wird in vielen Bauunternehmen das Bauprojekt als Hauptkostenstelle geführt. Ein separater Kostenträger ist dann nicht erforderlich. Bestimmte Einzelkosten können dieser Hauptkostenstelle als direkte Kosten unmittelbar, andere über die innerbetriebliche Leistungsverrechnung als indirekte Kosten zugerechnet werden. Auch die Gemeinkosten werden als indirekte Kosten über die innerbetriebliche Leistungsverrechnung dieser Hauptkostenstelle zugerechnet. Die Darstellung in Abb. 3.4 verdeutlicht die Vorgehensweise in Modell 1.

In Modell 1 werden die im (auftraggeberseitig erstellten) LV enthaltenen LV-Positionen als eigentliche Kostenträger betrachtet. Die Zuordnung der Kosten zu den LV-Positionen erfolgt nur in der Bauauftragsrechnung, nicht jedoch in der Baubetriebsrechnung! Auf eine Weiterverteilung der in der Baubetriebsrechnung gesammelten Kosten auf LV-Positionen wird aus Gründen des hohen Dokumentations- und Arbeitsaufwands verzichtet. So findet faktisch nur auf der Seite der Bauauftragsrechnung eine Kostenträgerrechnung statt.

Hinweis

Da in der Bauwirtschaft der Ort der Kostenentstehung mit dem Bauprojekt identisch ist, stellt das Modell 1 eine gerechtfertigte Vereinfachung der Baubetriebsrechnung dar.

Modell 2: Baustelle/Bauprojekt als Kostenträger

In Modell 2 der Kostenstellen-/Kostenträgerrechnung erfolgt eine durchgängige Trennung von Kostenstellen und Kostenträgern. Eingerichtet werden erstens Verteilungskostenstellen (Umlage- oder Verrechnungskostenstellen) und zweitens Kostenträger (Bauprojekte). Eine Verteilungskostenstelle kann ihre Kostenbelastungen sowohl direkt auf einen Kostenträger als auch indirekt über eine andere Verteilungskostenstelle weiter belasten. Die auf diese Weise von einem Kostenträger empfangenen Kosten gelten als Gemeinkosten. Das Modell 2 entspricht der Kostenträgerrechnung, so wie sie in der allgemeinen Betriebswirtschaftslehre beschrieben ist. In der Kostenstellenrechnung wird nunmehr nur die Verrechnung von Gemeinkosten organisiert; alle Einzelkosten werden außerhalb der Kostenstellenrechnung in der Kostenträgerrechnung erfasst.

Hinweis

In Modell 2 kann darüber hinaus in der Bauauftragsrechnung ein Kostenträger nach Teilkostenträgern weiter aufgegliedert werden (z. B. nach LV-Positionen). Die im (auftraggeberseitig erstellten) LV enthaltenen LV-Positionen gelten dann als Teilkostenträger. EKT sind dementsprechend positionsbezogene Einzelkosten, BGK projektbezogene Einzelkosten.

Die dem Modell 2 zugrunde liegende Struktur verdeutlicht das obige Schaubild (vgl. Abb. 3.5).

Hinweis

Da in Modell 2 bezüglich der Kostenstellen zwischen Umlage- und Verrechnungskostenstellen unterschieden wird, wird vorgeschlagen – in Abwandlung der unter Kapitel 1.5.5.1.gezeigten Abb. 1.11 zur Ausgestaltung der Kontenklasse 9 im System des BKR –, Umlagekostenstellen in der Kontengruppe 95 und Verrechnungskostenstellen in der Kontengruppe 96 organisieren. Es empfiehlt sich dann, Bauprojekte als Kostenträger in der Kontengruppe 97 zu verwalten. Ist es aus softwaretechnischen Gründen notwendig, ein Bauprojekt sowohl als Kostenstelle wie auch als Kostenträger zu führen, kann die Kostenstelle in der Kontengruppe 97, der Kostenträger in der Kontengruppe 98 verwaltet werden, obwohl der Kontenrahmen die Kontengruppe 98 für ARGE-Baustellen vorsieht.

Bezüglich Modell 2 unterscheidet man 2 Varianten:

- **Modell 2 – Variante 1** bildet den Standardfall der Bauproduktion ab, bei dem auf einer Baustelle (Ort der Kostenentstehung) ein Bauwerk (Produkt als Kostenverursacher) realisiert wird. Die Einzelkosten werden direkt auf das Bauprojekt als Kostenträger gebucht und der Kostenträger empfängt zusätzlich Gemeinkosten von abgebenden Verteilungskostenstellen. Denkbar wäre auch, dass aus Gründen der IT-Organisation die Baustelle als Kostenstelle Primär- und Sekundärkosten empfängt und diese eins zu eins auf das Bauprojekt als Kostenträger im Sinne von Gemeinkosten weiterbelastet. Der Kostenträger empfängt in diesem Fall keine Einzelkosten. In beiden Fällen wird die Bauleistung dem Kostenträger als externe Leistung zugeordnet.

  Hinweis

  In Modell 2 – Variante 1 wäre bei der Einrichtung der Buchhaltungssoftware zu klären, ob die Baustelle als Kostenstelle und das Bauprojekt parallel als Kostenträger angelegt werden soll (mit entsprechender „Durchbuchung"), oder ob die Einzelkosten direkt auf den Kostenträger gebucht werden können. In diesem Fall entfällt die Anlage der Baustelle als Kostenstelle.

- **Modell 2 – Variante 2** bildet solche Praxisfälle ab, bei denen die Kosten der Bauproduktion auf einer Baustelle mehreren Kostenverursachern zugeordnet werden müssen. Solche Fälle treten z. B. im Kanalbau auf, wenn der Auftraggeber vom Auftragnehmer fordert, die realisierte Teilleistung in Kostenträger (z. B. Stadt/Kommune, Versorgungsträger, Wohnungseigentümer) aufzuteilen. Ähnlich verhält es sich bei der Projektentwicklung, bei der die Kosten z. B. auf mehrere Wohneinheiten aufgeteilt werden müssen. Hier wird dann eine Baustelle als Kostenstelle eingerichtet, die ihre empfangenen Primär- und Sekundärkosten nach einem im Unternehmen zu wählenden Schlüssel (z. B. m^2 Wohnfläche) als Gemeinkosten auf mehrere Kostenträger (z. B. Wohneinheiten) weiterverteilt. Jedem Kostenträger wird dann eine anteilige externe Leistung zugeordnet, um das Kostenträgerergebnis ermitteln zu können.

  Hinweis

  In Modell 2 – Variante 2 wäre bei der Einrichtung der Buchhaltungssoftware zu klären, ob die Baustelle als Kostenstelle oder als Kostenträger organisiert werden soll. Im erstgenannten Fall verteilen sich dann die Kosten der Baustelle auf verschiedene Kostenträger, im zweitgenannten Fall vom Kostenträger auf verschiedene Teilkostenträger.

Gründe für die konsequente Trennung von Kostenstellen und Kostenträgern

Die konsequente Trennung von Umlage- und Verrechnungskostenstellen einerseits und Bauprojekten als Kostenträgern andererseits bietet zusammengefasst folgende Vorteile:

- Das Bauprojekt als Kostenträger hat einen klar definierten Anfang und ein klar definiertes Ende. Kostenträger sind temporärer Natur, Kostenstellen sind dagegen zeitlich unbegrenzt. Zwar bleibt das fertige Bauwerk nach Beendigung der Bauausführung am Ort seiner Entstehung, es geht aber dann meist in das Eigentum des Auftraggebers über.
- Das Bauprojekt sammelt wie eine Kostenstelle zunächst alle direkt zurechenbaren Primärkosten, bezeichnet diese aber (wie in der Kostenträgerrechnung üblich) als Einzelkosten. Belastet wird der Kostenträger dann im Rahmen der innerbetrieblichen Leistungsverrechnung auch mit Sekundärkosten (aus Umlage- und Verrechnungskostenstellen), bezeichnet diese aber als Gemeinkosten. Die Kostenbegriffe Einzel- und Gemeinkosten werden – wie in der Betriebswirtschaft üblich – nur in der Kostenträgerrechnung verwendet.
- Anders als bei den Kostenstellen werden die auf dem Kostenträger gesammelten Einzel- und Gemeinkosten nicht weiterverteilt, da der Kostenträger den endgültigen Ort der Kostenverursachung darstellt. Die innerbetriebliche Leistungsverrechnung endet auf dem Kostenträger, d. h. die auf den Kostenstellen organisierte Leistungsverrechnung ist eine Vorstufe für die abschließende Verrechnung auf den Kostenträger.
- Auf dem Kostenträger werden nur externe, für den Auftraggeber bestimmte Leistungen verwaltet; interne Leistungen im Sinne der innerbetrieblichen Leistungsverrechnung werden demnach konsequenterweise nur in der Kostenstellenrechnung verwaltet. So entspricht die auf allen Kostenträgern gebuchte Leistung der externen Gesamtleistung des Unternehmens. Ausnahme bilden direkt auf der Kostenstelle verbuchte externe Leistungen, z. B. Materiallieferungen an Dritte.

Hinweis

In jedem Bauunternehmen muss individuell entschieden werden, ob Bauprojekte als Kostenstelle (Modell 1) oder als Kostenträger (Modell 2) organisiert werden sollen. Grundsätzlich unterscheidet sich Modell 2 – Variante 1 gegenüber Modell 1 grundsätzlich nur in der verwendeten Nomenklatur. Buchungstechnisch sind beide Modelle ähnlich zu behandeln, wenn Einzelkosten direkt auf den Kostenträger gebucht werden können.

Tabelle 3.1: Entscheidungsmatrix zur Auswahl von Modell 1 und Modell 2

					Organisation im BKR 2016			
Bauprojekt-Nr.	**Bauprojekt**	**Auftraggeber/ Vertragseinheit**	**Empfehlung gemäß „KLR Bau"**	**Kontierung/ Anmerkung**	**Kostenart**	**Leistungsart**	**Kostenstelle**	**Kostenträger**
1	Einzelprojekt	einer	Modell 1: Die Baustelle wird als (Haupt-) Kostenstelle mit Kostenträgercharakter geführt	Es existiert nur eine Kostenstelle	6..	5..	97..	
2	Einzelprojekt	einer	Modell 2 – Variante 1: Das Bauprojekt wird als Kostenträger geführt.	Es existiert nur ein Kostenträger, die zugehörige Kostenstelle wird ggf. automatisch vorbelegt	6..	5..	(97..)	98..
3	Bau einer Wohnanlage mit drei Reihenhäusern	einer oder mehrere	Modell 2 – Variante 2: Das Bauprojekt wird als Kostenträger geführt.	Das Bauprojekt wird in mehrere Kostenträger aufgeteilt: • Reihenhaus 1 • Reihenhaus 2 • Reihenhaus 3	6..	5..	(97..)	98..
4	Rohrleitungsbau mit Hausanschlüssen	einer oder mehrere	Modell 2 – Variante 2: Das Bauprojekt wird als Kostenträger geführt.	Das Bauprojekt wird in mehrere Kostenräger aufgeteilt: • Kommune • Versorgungsträger • Hauseigentümer	6..	5..	(97..)	98..

Anders Modell 2 – Variante 2: Hier ist eine parallele Anlage von Kostenstelle und Kostenträger(n) notwendig. Zu prüfen ist, ob der Mehraufwand durch die Doppelkontierung im Verhältnis zum erzielten Erkenntnismehrwert steht. Dies betrifft vor allem die verursachungsgerechte Zurechnung der Kosten (Beton, Schalung usw.). Die nachfolgend dargestellte Matrix unterstützt die Entscheidungsfindung. Hier ist bei Modell 2 zu beachten, dass eine separate Einrichtung einer Baustelle als Kostenstelle zusätzlich zum Bauprojekt als Kostenträger nur dann notwendig ist, wenn es die Programmlogik der eingesetzten Bausoftware (keine ausschließliche Verbuchung auf Kostenträger) erfordert. In diesem Fall empfiehlt es sich, für die Kostenstellenorganisation die Kontengruppe 97, für die Kostenträgerorganisation die Kontengruppe 98 des BKR zu nutzen (vgl. Tabelle 3.1).

Einrichten einer Verrechnungskostenstelle „Lohn"

Eine mögliche Ergänzung in beiden Modellen besteht darin, die auf den Baustellen anfallenden Lohnstunden zunächst auf einer separaten Verrechnungskostenstelle „Lohn" zu sammeln. Von dort würden die auf den jeweiligen Baustellen anfallenden Lohnstunden, multipliziert mit dem in der Kalkulation verwendeten Mittellohn (Betriebs-, Baustellen-, Kolonnen-Mittellohn), dem entsprechenden Bauprojekt weiterbelastet. Auf der Kostenstelle „Lohn" entstehende Über- und Unterdeckungen zeigen, ob es einem Bauunternehmen gelungen ist, seine Personalkapazitäten projektübergreifend rentabel einzusetzen. Die Bauprojekte werden in diesem Fall nicht mehr mit den tatsächlichen Lohnkosten der einzelnen Mitarbeiter belastet, sondern – wie in der Bauauftragsrechnung – mit einem Mittellohn.

Der Soll/Ist-Vergleich weist somit nur noch Veränderungen aufgrund von Mehr- bzw. Minderstunden aus, aber nicht mehr Abweichungen zwischen kalkulatorischem Mittellohn und tatsächlichen Lohnkosten. Zudem kann die Verteilung der Lohnkosten auf den Kostenträger in der Kostenrechnung statt in der Lohn- und Gehaltsbuchhaltung erfolgen. Der Vorteil hierbei ist, dass die verursachten Lohnkosten tagesaktuell den Kostenträgern zugeordnet werden können.

Hinweis

Das Einrichten einer Verrechnungskostenstelle „Lohn" hat den Vorteil, dass Abweichungen zwischen kalkulierten und tatsächlichen Lohnkosten nur auf Stundenabweichungen zurückzuführen sind; dem steht der Nachteil gegenüber, dass unterschiedliche Kolonnenzusammensetzungen (z. B. nach der Qualifikation der Mitarbeiter) unberücksichtigt bleiben.

3.2.2 Leistungsrechnung

Die Leistungsrechnung stellt das Gegenstück der Kostenrechnung dar und dient der Ermittlung der realisierten Leistung in einer Abrechnungsperiode. Die Leistung stellt das bewertete Resultat der betrieblichen Tätigkeit dar und umfasst sowohl solche Leistungen, die für den Markt bestimmt sind, als auch alle innerbetrieblichen Leistungen.

Insofern ist eine Aufgliederung der Leistungsrechnung sinnvoll, bei der unterschieden wird nach

- **internen Leistungen**, die nur den innerbetrieblichen Leistungsverrechnungsprozess betreffen und demnach nicht in die Finanzbuchhaltung einfließen, und
- **externen Leistungen**, die für Auftraggeber (also für den Markt) bestimmt sind und damit in die Finanzbuchhaltung in Form von Erträgen (wenn auch bei unfertigen Baustellen mitunter in anderer Höhe) einfließen.

Ermittlung	
geleistete Menge pro LV-Position · Einheitspreis pro LV-Position = **Bauleistung**	
Beispiel	
geleistete Menge	400,000 m³
Einheitspreis	7,00 €/m³
Ermittlung der Bauleistung	
400,000 m³ · 7,00 €/m³	= **2.800,00 €**
Anmerkung: Im Einheitspreis enthalten sind die EKT-Bestandteile der LV-Position sowie Umlagen für BGK, AGK und Gewinn.	

Abb. 3.6: Klassische Methode der Leistungsbewertung

Ermittlung		
geleistete Menge pro LV-Position · Einzelkosten der LV-Position (bzw. Unterposition)		
+ geleistete Menge pro BGK-Position · Einzelkosten der BGK-Position		
= Soll-Herstellkosten		
+ Deckungsbeitrag		
= **Bauleistung**		
Beispiel		
geleistete Menge der LV-Position		400,000 m³
Einzelkosten der LV-Position		5,00 €/m³
geleistete Menge der BGK-Position		1 Monat
Einzelkosten der BGK-Position		500,00 €/Monat
Deckungsbeitrag (AGK und Gewinn)		10,00 % von oben = 11,00 % von unten
Ermittlung der Bauleistung		
400,000 m³ · 5,00 €/m³	=	2.000,00 €
+ 1 Monat · 500 €/Monat	=	500,00 €
= Soll-Herstellkosten	=	2.500,00 €
+ 2.500,00 € · 11,11 %	=	277,75 €
= **Bauleistung**	=	**2.777,75 €**

Abb. 3.7: Modifizierte Methode der Leistungsbewertung

Hinweis

Interne Leistungen sind deckungsgleich mit den Sekundärkosten aus Kostenstellensicht bzw. den Gemeinkosten aus Kostenträgersicht und stellen Leistungen einer abgebenden Kostenstelle entweder für eine andere empfangende Kostenstelle oder einen Kostenträger dar. Zur Organisation der internen Leistung wird auf die unter Kapitel 3.2.1.2 Kostenstellenrechnung gemachten Ausführungen zur innerbetrieblichen Leistungsverrechnung verwiesen.

3.2.2.1 Ermittlung der externen Leistung bei fertigen Bauprojekten

Wie die Kostenrechnung berücksichtigt auch die Leistungsrechnung bei den externen Leistungen nur solche Sachverhalte, die aus dem eigentlichen Betriebszweck des Bauunternehmens resultieren, also keine neutralen Erträge im Sinne der Finanzbuchhaltung darstellen.

Es bietet sich daher an, die externen Leistungen in solche Leistungsarten aufzugliedern, die als betriebliche Erträge auch in die Finanzbuchhaltung einfließen. Der BKR 2016 verwaltet diese externen Erträge in der Kontenklasse 5. Entsprechend können als wesentliche externe Leistungsarten insbesondere die Bauleistung (bestehend aus Hauptauftrag, Zusatz- und Nachtragsaufträgen) sowie untergeordnet auch sonstige Lieferungen und Leistungen an Dritte genannt werden. Dabei wird die Bauleistung in der Leistungsrechnung nicht als Gesamtsumme behandelt, sondern nach der Systematik der Kostenträgerrechnung den einzelnen Baustellen/Bauprojekten zugeordnet.

Die Bauleistung ist grundsätzlich mit dem zu erwartenden, d. h. abrechenbaren Erlösanteil zu bewerten. Bei fertigen Baustellen ist dies gewöhnlich der Schlussrechnungsbetrag abzüglich zu erwartender Kürzungen. In der Folge können die Schlussrechnungsbeträge der in einer Abrechnungsperiode fertiggestellten und schlussgerechneten Bauprojekte direkt aus der Finanzbuchhaltung in die Betriebsbuchhaltung übernommen und dem jeweiligen Kostenträger zugeordnet werden.

Hinweis

Bei fertigen Bauprojekten entspricht die externe Leistung in der Leistungsrechnung üblicherweise dem Schlussrechnungsbetrag, der aber periodengerecht abzugrenzen ist. Vom Schlussrechnungsbetrag ist daher zur Ermittlung der periodenbezogenen Leistung die Leistung der Vorperiode abzuziehen. Auch sollten mögliche oder erwartete Kürzungen des Schlussrechnungsbetrags abgegrenzt werden, um Überbewertungen im Hinblick auf die Höhe der Schlusszahlung zu verhindern.

3.2.2.2 Ermittlung der externen Leistung bei unfertigen Bauprojekten

Für eine lückenlose und aussagefähige Baubetriebsrechnung muss auch die Leistung der unfertigen Bauprojekte, die zum Bewertungsstichtag noch nicht fertiggestellt und abgenommen sind, zeitnah zum Periodenende ermittelt werden. Dabei muss die Leistung so weit wie möglich der tatsächlich erbrachten, erlöswirksamen Bauausführung zum Bewertungsstichtag entsprechen.

Auch wenn die Betriebsbuchhaltung die Leistung fertiger Bauprojekte eigenständig ermitteln kann, ist sie hierzu bei unfertigen Bauprojekten nicht in der Lage. Vielmehr ist sie auf Informationen der Projektleitung angewiesen, die den Wert der unfertigen Bauprojekte ermitteln und der Betriebsbuchhaltung mitteilen muss.

Hinweis

Für den Fall, dass der Abrechnungsstand dem Leistungsstand der Baustelle zum Stichtag entspricht, kann anstelle einer eigenständigen Leistungsermittlung auch der Abrechnungsstand (gestellte Abschlags- und Teilschlussrechnungen) der unfertigen Bauprojekte zur Leistungsbemessung herangezogen werden. Wenn der Leistungsstand und der Abrechnungsstand zum Stichtag aber nicht übereinstimmen, dann ist eine Leistungsermittlung (Leistungsmeldung) zwingend notwendig für eine aussagefähige Baubetriebsrechnung.

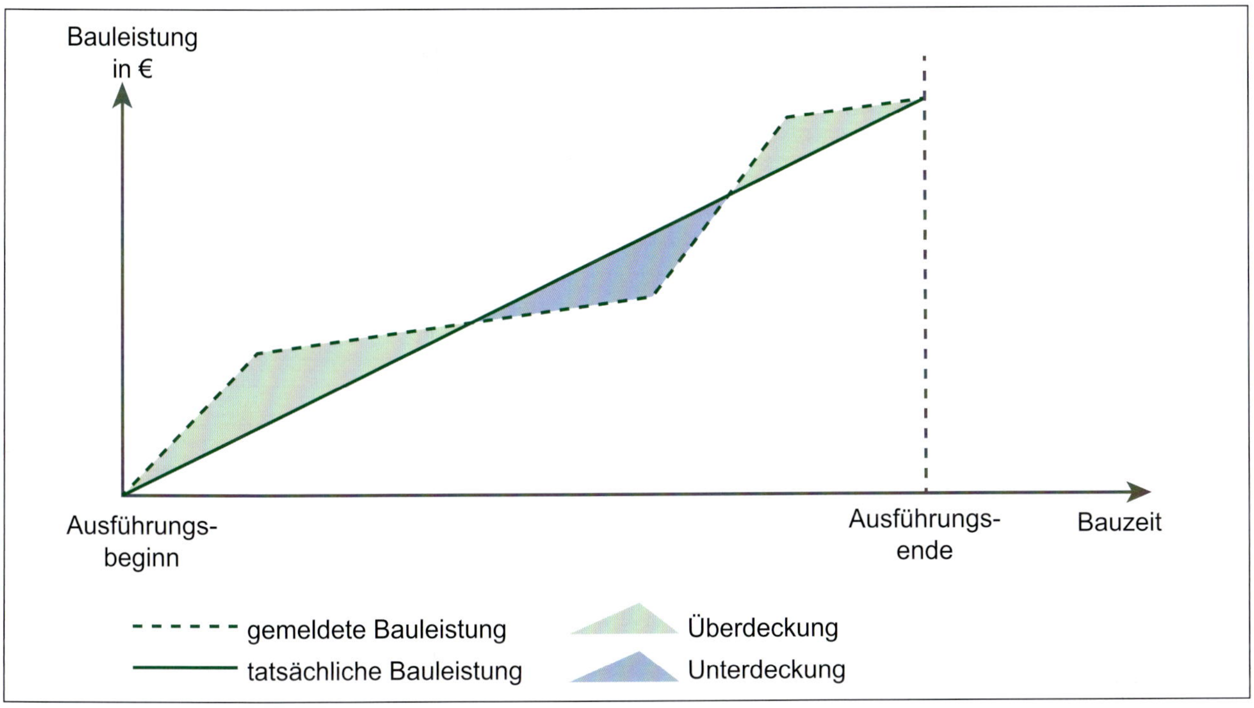

Abb. 3.8: Abweichung von tatsächlich angefallenen und bewerteten BGK bei Anwendung der klassischen Methode der Leistungsbewertung

Zwei Verfahren zur Bewertung der Bauleistung unfertiger Bauprojekte stehen zur Wahl:

- Die **klassische Methode der Leistungsbewertung** bewertet die zum Stichtag geleisteten Mengendaten mit den vertraglich vereinbarten Preisen (unter Berücksichtigung von Skonti und Nachlässen), um zur Bauleistung zu gelangen (vgl. Abb. 3.6).
- Die **modifizierte Methode der Leistungsbewertung** bewertet die Bauleistung zum Stichtag auf der Basis der Soll-Herstellkosten der Arbeitskalkulation unter Hinzurechnung des projektspezifischen Deckungsbeitrags; sie ist also vollkommen entkoppelt von der Rechnungsstellung gegenüber dem Auftraggeber (vgl. Abb. 3.7).

In Kapitel 3.3.3 wird die klassische Methode der Leistungsbewertung am Beispiel-Projekt „Stützwand" gezeigt. Auf die grundsätzliche Ermittlung der Mengendaten wird in Kapitel 3.2.4.1 eingegangen.

In Kapitel 3.4.2 wird die modifizierte Methode der Leistungsbewertung am Beispiel-Projekt „Stützwand" gezeigt.

In den meisten Bauunternehmen wird die Bauleistung zum Stichtag über die klassische Methode der Leistungsbewertung ermittelt. Diese findet in der Regel immer dann Anwendung, wenn für den jeweiligen Auftrag keine Arbeitskalkulation vorliegt. Sie führt aber bei der Leistungsbewertung unfertiger Bauprojekte regelmäßig zu Ergebnisverzerrungen, insbesondere dann, wenn das Verhältnis von EKT und anteiligen BGK innerhalb der Einheitspreise stark variiert. So kann es vorkommen, dass wesentliche Teile der kalkulierten BGK über die klassische Methode der Leistungsbewertung als geleistet gemeldet werden, obwohl diese faktisch noch nicht angefallen sind. Dies führt ggf. zu einer Überbewertung der Baustelle. In diesen Fällen kann es zu Abweichungen zwischen tatsächlich angefallener und über die klassische Methode der Leistungsbewertung ermittelter Bauleistung kommen (vgl. Abb. 3.8).

Hinweis

> Im Übergabegespräch sollte der Kalkulator den Projektleiter auf die unterschiedliche Bezuschlagung einzelner LV-Positionen mit BGK hinweisen, damit der Projektleiter bei der Erstellung der Leistungsmeldung entsprechende Rückstellungen bilden kann.

Die Betriebsbuchhaltung übernimmt die vom Projektleiter ermittelte Bauleistung und ordnet diese dem jeweiligen Kostenträger zu.

3.2.3 Ergebnisrechnung

Nach Abschluss der Leistungsrechnung sind für alle Kostenstellen und Kostenträger die jeweiligen Kosten und Leistungen bekannt, sodass in der Ergebnisrechnung eine stichtagsbezogene Gegenüberstellung vorgenommen werden kann. Die Ergebnisrechnung ermittelt zunächst das Ergebnis pro Bauprojekt und verdichtet dieses zum sog. Gesamt-Bauprojektergebnis. Unter Hinzurechnung der Über- und Unterdeckungen der Umlage- und Verrechnungskostenstellen errechnet sich dann das sog. Betriebsergebnis (vgl. Abb. 3.9).

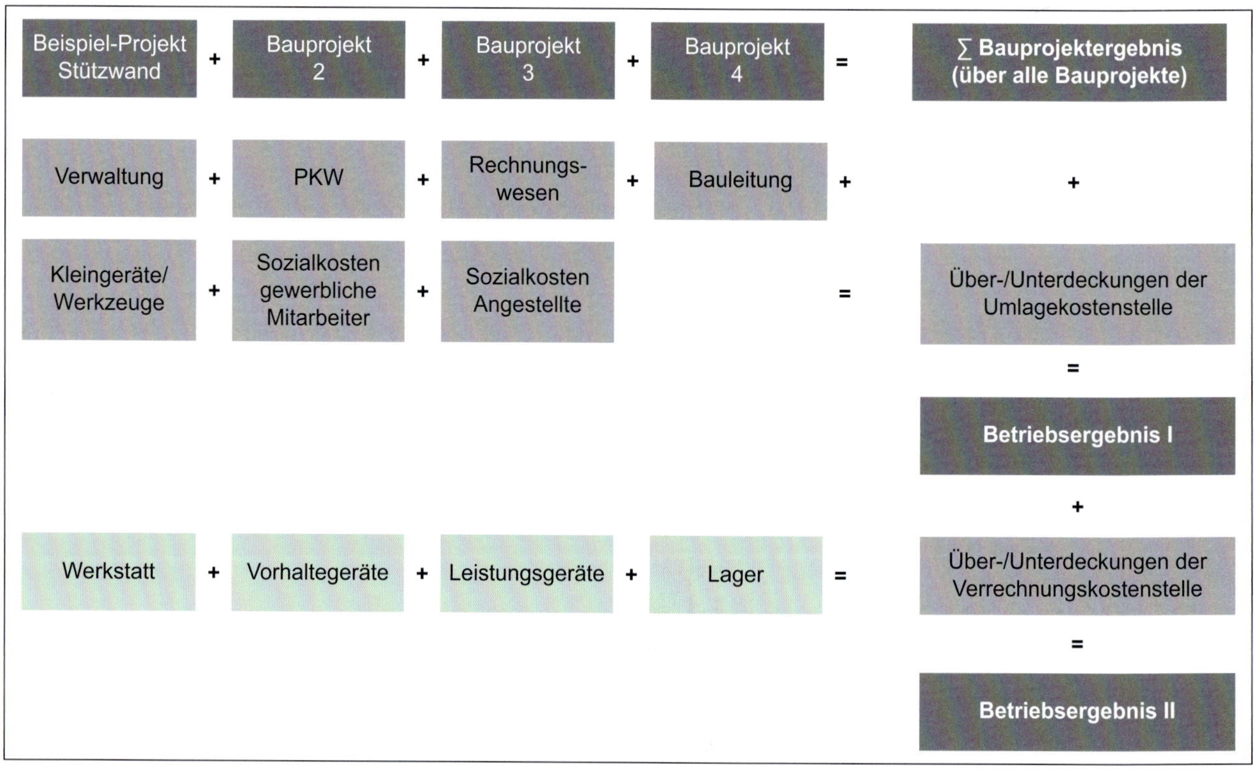

Abb. 3.9: Gestufte Ergebnisrechnung – vom Bauprojektergebnis zum Betriebsergebnis

In Kapitel 3.3 wird anhand eines Beispiel-Unternehmens, der Musterbau GmbH, eine gestufte Ergebnisrechnung gezeigt. In dieses Beispiel fließt auch eine Leistungsbewertung des in Kapitel 2 behandelten Beispiel-Projekts „Stützwand" ein.

3.2.4 Leistungsmeldung als notwendiges Organisationselement

Zur Unterstützung der Leistungsermittlung, der Leistungsabgrenzung sowie der Kostenabgrenzung sollten Bauunternehmen das Instrument der Leistungsmeldung intensiv und zuverlässig für alle Bauprojekte nutzen (vgl. Abb. 3.10).

3.2.4.1 Mengen- und Leistungsermittlung

Um die Bauleistung ermitteln und bewerten zu können, sind zunächst die zum Stichtag geleisteten Mengen zu ermitteln. Grundsätzlich empfiehlt es sich, die für die Leistungsbewertung notwendige Mengenermittlung (sog. Leistungsmengen) mit der für die Bauabrechnung notwendigen Mengenermittlung (sog. Abrechnungsmengen) zu koppeln, um Doppelarbeit zu vermeiden. Dabei können sich Leistungs- und Abrechnungsmengen entsprechen, sie können aber auch voneinander abweichen (vgl. Kapitel 3.2.4.2).

Grundsätzlich sollten die Mengendaten als Plan-Daten aus (vom Auftraggeber bereitgestellten) Plänen abgeleitet werden. Dabei handelt es sich heute meist um mittels CAD erstellte zwei- oder dreidimensionale Pläne, zukünftig werden es verstärkt Bauwerksmodelle (sog. BIM-Modelle = Building Information Modeling) sein. Die Mengenermittlung nach Plan stellt den Regelfall der DIN ATV 18299 dar. Nur wenn die Leistungs- und/oder Abrechnungsmengen von den Plan-Daten abweichen bzw. entsprechende Plan-Daten nicht vorhanden sind, dann sind die Mengendaten im Sinne von Ist-Daten zu ermitteln (Ausnahmefall der DIN 18299).

Hinweis

> Im Sprachgebrauch der Bauwirtschaft spricht man bei der Ermittlung der Mengendaten nach Ist vom sog. Aufmaß.

Im engeren Sinn sind **Aufmaße** zunächst manuelle Mengenerfassungen auf der Baustelle mit konventionellen Hilfsmitteln (Zollstock, Bandmaß oder Laser), die mittels Aufmaßskizzen visualisiert werden. Aus diesen und den gemessenen Größen (Länge, Breite, Höhe) werden dann mittels Flächen- oder Volumenformeln die entsprechenden Mengendaten errechnet.

Im erweiterten Sinne versteht man unter einem Aufmaß auch die Mengenerfassung und -ermittlung mittels Vermessungsgeräten (z. B. Nivellement und Tachymeteraufnahmen). Solche Vermessungsgeräte – deren Entwicklung im Zuge der zunehmenden Digitalisierung immer weiter voranschreitet (z. B. Laserscanning oder drohnengestützte Mengenermittlungen) – erleichtern die Mengenermittlung gerade bei größeren Infrastrukturmaßnahmen, bei fließendem Verkehr oder bei problematischen Rahmenbedingungen (Dunkelheit, Unwegsamkeit u. Ä.).

Leistungsmeldung

Leistungsmeldung per ...	Kostenträger bzw. Kostenstelle	vertraglicher Baubeginn/Ist-Baubeginn
Bauleiter	Bezeichnung	vertragliches Bauende/Prognose-Bauende

1. Auftragssumme

Auftragssumme gemäß Bauvertrag				0,00 €
Beauftragte Nachträge			+	0,00 €
Auftragsminderungen			–	0,00 €
Auftragsmehrungen			+	0,00 €
Nachlass		0,00 %	–	0,00 €
Skonto		0,00 %	–	0,00 €
Aufträge von Dritten (nach Nachlass und Skonto)			+	0,00 €
Aktuelle Auftragssumme			=	0,00 €
eingereichte, noch nicht beauftragte Nachträge		0,00 €		
noch nicht eingereichte Nachträge	+	0,00 €		
Nachtragspotenziale	=	0,00 €		

2. Rechnungssumme (nach Nachlass)

in Rechnung gestellte Vertragsleistung AG (Summe Abschlagsrechnung)		0,00 €
in Rechnung gestellte Vertragsleistung AG (Summe (Teil-)Schlussrechnung)	+	0,00 €
Rechnung für beauftragte Nachträge	+	0,00 €
Rechnung für eingereichte, noch nicht beauftragte Nachträge	+	0,00 €
in Rechnung gestellte Leistung an Dritte	+	0,00 €
Rechnungssumme	=	0,00 €

3. Bauleistung

aus Vertragsleistung AG		0,00 €
aus beauftragten Nachträgen	+	0,00 €
Leistungskürzungen, z. B. Nacharbeiten, Rechnungskürzungen	–	0,00 €
aus Leistung an Dritte	+	0,00 €
Bauleistung gesamt	=	0,00 €
Bauleistung bis Ende Vormonat	–	0,00 €
Bauleistung im Berichtsmonat	=	0,00 €

4. Leistungsabgrenzung

Leistung in Abrechnung nicht enthalten (wenn Bauleistung größer Rechnungssumme)	0,00 €
Rechnungsvorgriffe ohne Leistung (wenn Bauleistung kleiner Rechnungssumme)	0,00 €

5. Kostenabgrenzung

Rückstellungen (Kosten, in der Betriebsbuchhaltung noch nicht gebucht)	0,00 €
sonstige Rückstellungen, z. B. für Mängelbeseitigung	0,00 €
Lagerbestände (Vorräte, als Kostenabgrenzung in der Betriebsbuchhaltung zu buchen)	0,00 €

6. Auftragsbestand

Auftragsbestand zum Stichtag	0,00 €
Apr	
Mai	
Jun	
Jul	
Aug	
Sep	
Okt	
Nov	
Dez	
-	
-	
-	
Vorschauleistung 2016	0,00 €
Auftragsbestand zum 01.01.2017	0,00 €

Legende

Rechenfeld

Eingabefeld

Abb. 3.10: Muster einer Leistungsmeldung

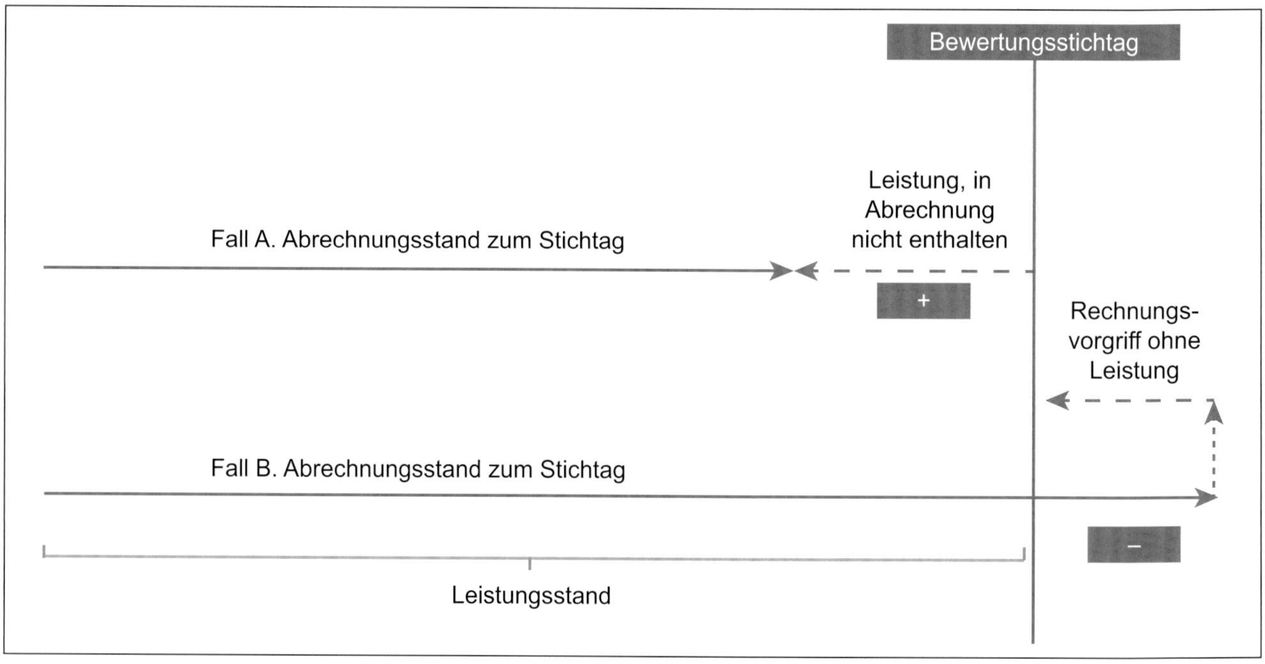

Abb. 3.11: Leistungsabgrenzung zum Stichtag

Hinweis

> Da der öffentliche Auftraggeber an die Prüffähigkeit einer Rechnung besondere Anforderungen stellt (vgl. § 14 Abs. 1 VOB/B), sollte die Wahl der Mengenermittlung bzw. Aufmaßerstellung im Zuge der Bauabrechnung mit diesem abgestimmt sein. Im Bereich des Straßen- und Brückenbaus sind für die Mengenermittlung eigene Verfahrensbeschreibungen – die REB-VB – entwickelt worden.

Die entweder als Plan-Daten oder als Ist-Daten ermittelten und berechneten Mengendaten werden dann zunächst den einzelnen LV-Positionen (zu Zwecken der Leistungsermittlung auch den einzelnen Unterpositionen und BGK-Positionen) zugeordnet. Als Abrechnungsmengen fließen sie dann multipliziert mit dem Einheitspreis in die Erstellung der Abschlags- oder Schlussrechnung an den Auftraggeber ein. Als Leistungsmengen fließen sie entweder

- multipliziert mit dem Einheitspreis (ggf. abzüglich der gewährten Nachlässe) bei Anwendung der klassischen Methode der Leistungsbewertung oder
- multipliziert mit den Einzelkosten bei Anwendung der modifizierten Methode der Leistungsbewertung

in die Leistungsermittlung und -bewertung ein.

Hinweis

> Angaben zur Leistungsermittlung sind im Leistungsmeldungsformular (vgl. Abb. 3.10) unter Nr. 3 zu machen.

3.2.4.2 Leistungsabgrenzung

Aus Vereinfachungsgründen wird bei Anwendung der klassischen Methode der Leistungsbewertung die Bauleistung oftmals aus den gestellten Abschlagsrechnungen abgeleitet. Dabei ist aber unbedingt zu prüfen, ob die Abrechnungsmengen den Leistungsmengen entsprechen oder nicht, denn in vielen Fällen sind hier Abweichungen vorzufinden. Zum einen können zum Stichtag bereits Leistungen erbracht worden sein, die noch nicht abgerechnet wurden. Diese Leistung ist in die Leistungsbewertung zum Stichtag aufzunehmen. Sollte es sich dabei um noch nicht beauftragte Nachtragsleistungen handeln, so ist die Leistung entsprechend vorsichtig zu bewerten. Andererseits können im Abrechnungsstand aber auch Vorgriffe enthalten sein, denen noch keine entsprechende Leistung gegenübersteht. Diese Vorgriffe sind dann bei der Ermittlung der Bauleistung zum Stichtag herauszurechnen (vgl. Abb. 3.11).

Hinweis

> Angaben zur Leistungsabgrenzung sind im Leistungsmeldungsformular (vgl. Abb. 3.10) unter Nr. 4 zu machen.

3.2.4.3 Kostenabgrenzung

Die in der Baubetriebsrechnung erfassten Kosten stimmen aufgrund der Verbuchungsmechanismen in den Bauunternehmen oftmals nicht mit den auf der Baustelle angefallenen Kosten überein. Insbesondere Lieferanten- und Nachunternehmerrechnungen werden zum Zeitpunkt des Rechnungseingangs verbucht, auch wenn auf der Baustelle die betreffende Lieferung oder Leistung noch nicht erbracht und somit noch keine Kosten entstanden sind.

Hierzu 2 Beispiele:

- Hat ein Nachunternehmer seine anteilige Bauleistung erbracht und wird diese in der Leistungsbewertung zum Stichtag berücksichtigt, dann müssen die Kosten dieser Nachunternehmerleistung in der kurzfristigen Ergebnisrechnung berücksichtigt werden, unabhängig davon, ob der Nachunternehmer seine Leistung bereits in Rechnung gestellt hat oder nicht.

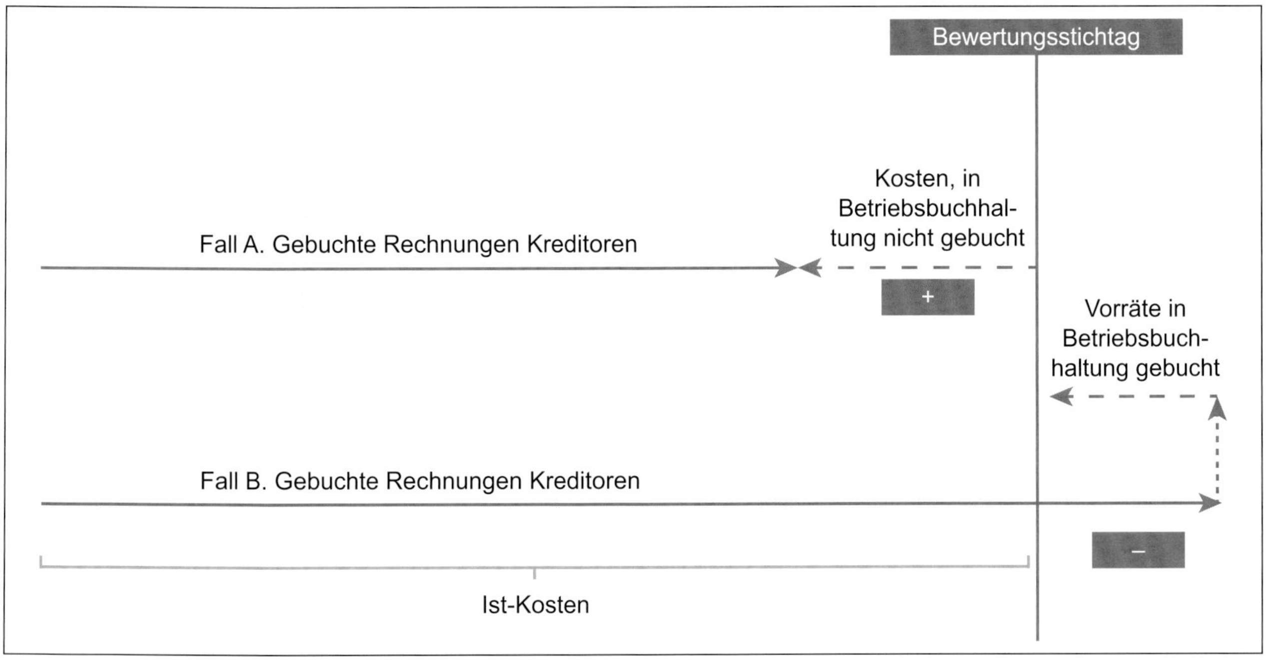

Abb. 3.12: Kostenabgrenzung zum Stichtag

- Hat ein Materiallieferant seine Lieferung in Rechnung gestellt, ohne dass die gelieferte Menge bereits vollständig verbaut wurde, dann müssen die per Rechnung gebuchten Kosten um die auf der Baustelle lagernden Materialvorräte reduziert werden (Ist-Kosten zum Bewertungsstichtag).

Für die exakte Ermittlung der Ist-Kosten zum Stichtag kommt es also nicht auf den Zeitpunkt der Rechnungsstellung/-verbuchung an. Entscheidend für eine Berücksichtigung ist vielmehr die Frage, ob die Kosten zum Stichtag in den Bauproduktionsprozess eingeflossen sind oder nicht. Die Ist-Kosten zum Stichtag ergeben sich demnach aus den gebuchten Kosten zuzüglich der zum Stichtag entstandenen, in der Betriebsbuchhaltung noch nicht gebuchten Kosten und abzüglich der auf den Baustellen lagernden Vorräte (vgl. Abb. 3.12).

Hinweis

Angaben zur Kostenabgrenzung sind im Leistungsmeldungsformular (vgl. Abb. 3.10) unter Nr. 5 zu machen.

3.2.5 Periodengerechte Betrachtung

Als vergangenheits- und zeitraumbezogene Betrachtung muss die Baubetriebsrechnung Kosten und Leistungen immer periodengerecht abgrenzen. Soll also das Ergebnis eines Geschäftsjahrs ermittelt werden, dürfen deshalb auch nur diejenigen Kosten und Leistungen betrachtet werden, die in diesem Geschäftsjahr realisiert wurden. Gleiches gilt für Quartals- und/oder Monatsauswertungen.

Da aber die Betriebsbuchhaltung Kosten und Leistungen kumulativ ermittelt, sind die Werte der aktuellen Periode immer von den Werten der Vorperiode abzugrenzen. Insofern ist notwendigerweise am Ende einer jeden Periode eine sachgerechte Kostenabgrenzung einerseits und Leistungsbewertung andererseits durchzuführen. Falls nur Jahreswerte gewünscht werden, reicht eine Kostenabgrenzung und Leistungsbewertung jeweils zum Jahresende aus. Um allerdings der Steuerungsfunktion der Kosten-, Leistungs- und Ergebnisrechnung gerecht werden zu können, sind monatliche Auswertungen sinnvoll, weshalb dann Kostenabgrenzungen und Leistungsbewertungen (zumindest grob) auch zum Monatsende durchzuführen sind.

In diesem Fall errechnet sich z. B. die Bauleistung im Monat als Differenz der kumulierten Gesamtbauleistung per Monatsende abzüglich der kumulierten Gesamtbauleistung zum Ende des Vormonats. Werden Kostenabgrenzungen und Leistungsbewertungen jeweils monatlich realisiert, so lassen sich folgende Auswertungen realisieren:

- Jahresbeginn bis Stichtag
- Monatsbeginn bis Monatsende
- Baubeginn bis Stichtag (nur auf Kostenträgerebene)

3.2.6 Baubetriebsrechnung als Informationslieferant der Unternehmensrechnung

Die periodengerechte Betrachtung spielt vor allem dann eine wichtige Rolle, wenn die Baubetriebsrechnung die Informationen für die Unternehmensrechnung liefert. Dies gilt insbesondere bei der Bewertung unfertiger Bauprojekte im Jahresabschluss.

Hinweis

Im Gegensatz zur Baubetriebsrechnung, die unfertige Bauprojekte per Leistungsmeldung „nah an den erwarteten Erträgen" bewertet, muss die Unternehmensrechnung die unfertigen Bauprojekte HGB-konform zu Herstellungskosten bewerten (vgl. Kapitel 3.3.8). Das kaufmännische Vorsichtsprinzip des HGB verbietet die Berücksichtigung noch nicht realisierter Gewinnanteile bei der Bewertung unfertiger Baustellen im externen Rechnungswesen und fordert zudem die Berücksichtigung drohender Verluste zum Projektende.

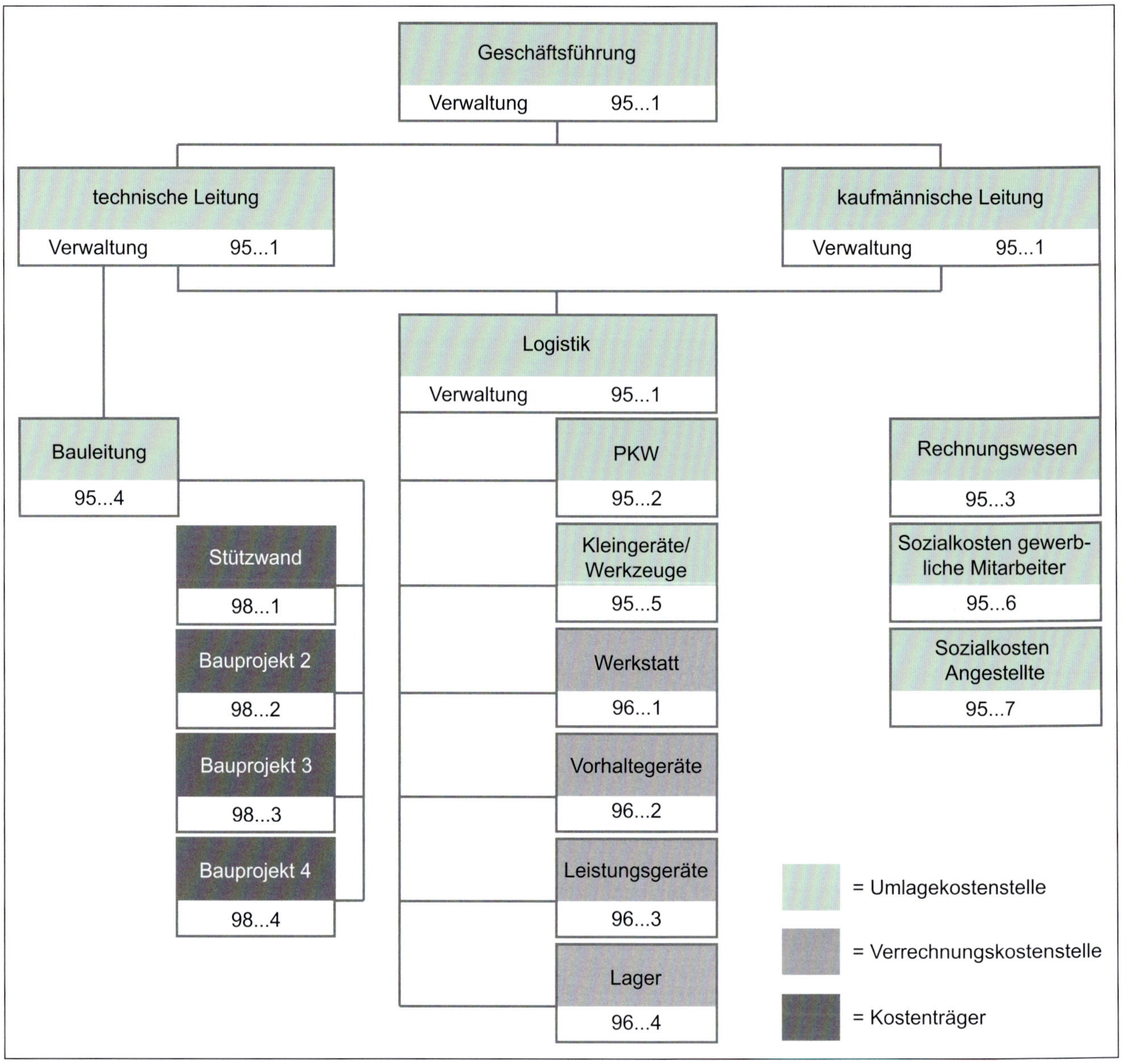

Abb. 3.13: Organigramm der Musterbau GmbH

Zur Ermittlung der Herstellungskosten bilden die in der Baubetriebsrechnung im jeweiligen Kostenträger (Baustelle/Bauprojekt) verwalteten Herstell- und Selbstkosten einerseits und die ermittelte und bewertete Bauleistung andererseits eine wichtige Eingangsgröße.

Die Daten der Baubetriebsrechnung – namentlich die periodenechten Kosten und Leistungen der noch im Bau befindlichen Bauprojekte – dienen somit als Ausgangsbasis für die HGB-konforme Bewertung der unfertigen Baustellen im externen Rechnungswesen.

3.3 Durchführung der Baubetriebsrechnung an einem Unternehmensbeispiel

Nachdem zunächst die grundlegende Organisation der Baubetriebsrechnung dargelegt wurde, erfolgt nun die Verdeutlichung anhand eines Praxisbeispiels, der Musterbau GmbH.

3.3.1 Organisation und Ausgangslage der Musterbau GmbH

Die Aufbauorganisation der Musterbau GmbH stellt sich wie in Abb. 3.13 gezeigt dar.

Die Musterbau GmbH hat insgesamt 11 Umlage- und Verrechnungskostenstellen eingerichtet, die mit Plan-Umlagen bzw. Plan-Verrechnungssätzen ihre empfangenen Kosten auf andere Kostenstellen oder auf Kostenträger

Tabelle 3.2: Primärkosten der Musterbau GmbH

BKR	Kostenartengruppen	Σ Umlagekostenstellen	Σ Verrechnungskostenstellen	Σ Kostenträger	Summe
60....	Lohn- und Gehaltskosten	**378.259,00 €**	**28.050,00 €**	**240.063,00 €**	**646.372,00 €**
62....	Materialkosten	**0,00 €**	**13.000,00 €**	**123.802,00 €**	**136.802,00 €**
640...	Bauhilfsstoffe	**0,00 €**	**0,00 €**	**84.500,00 €**	**84.500,00 €**
641...	Gerätekosten	**0,00 €**	**107.700,00 €**	**0,00 €**	**107.700,00 €**
644...	Ausstattungskosten	**67.202,00 €**	**25.000,00 €**	**15.757,00 €**	**107.959,00 €**
66....	NU	**0,00 €**	**0,00 €**	**216.745,00 €**	**216.745,00 €**
68....	SoKo	**0,00 €**	**5.000,00 €**	**67.529,00 €**	**72.529,00 €**
	Summe	**445.461,00 €**	**178.750,00 €**	**748.396,00 €**	**1.372.607,00 €**

weiterverteilen. Im Einzelnen sind dies folgende 7 Umlagekostenstellen:

- **Verwaltung (95...1)** – legt die empfangenen Kosten auf alle Kostenträger um, und zwar prozentual zur jeweils realisierten Bauleistung.
- **PKW (95...2)** – legt als Vollumlage 30,00 % der empfangenen PKW-Kosten auf die Verwaltungskostenstelle und 70,00 % auf die Kostenstelle Bauleitung um.
- **Rechnungswesen (95...3)** – legt die empfangenen Kosten komplett auf die Kostenstelle Verwaltung um.

Hinweis

Solche Komplettumlagen sind sinnvoll, um die Ist-Kosten einer Kostenstelle gesondert erfassen und überprüfen zu können.

- **Bauleitung (95...4)** – legt 10,00 % der empfangenen Bauleitungskosten als Vorabumlage auf die Kostenstelle Verwaltung (allgemeine Bauleitungstätigkeiten, z. B. Bauleitersitzungen, Organisation, Qualitätsmanagement) und die restlichen 90,00 % anschließend auf die einzelnen Kostenträger prozentual nach ihrer Bauleistung um.
- **Kleingeräte/Werkzeuge (95...5)** – legt die empfangenen Kosten prozentual zu den auf den Kostenträgern angefallenen Lohnkosten um.
- **Sozialkostenstelle gewerbliche Mitarbeiter (95...6)** – legt die empfangenen Kosten prozentual zu den auf den übrigen Kostenstellen und Kostenträgern angefallenen Lohnkosten um.
- **Sozialkostenstelle Angestellte (95...7)** – legt die empfangenen Kosten prozentual zu den auf den übrigen Kostenstellen angefallenen Gehaltskosten um.

Hinweis

Die Entscheidung über die Organisation der Kostenstellen als Umlage- oder Verrechnungskostenstellen ist unternehmensindividuell zu treffen. So wäre es grundsätzlich auch möglich, z. B. die Bauleitung als Verrechnungskostenstelle zu organisieren. In diesem Fall würden dann z. B. Stundenverrechnungssätze für Projektleiter ermittelt, die auf die Kostenträger je nach geleisteten Stunden belastet würden.

In der Musterbau GmbH kommen noch 4 Verrechnungskostenstellen hinzu:

- **Werkstatt (96...1)** – verrechnet die empfangenen Kosten nach geleisteten Stunden mittels eines Stundenverrechnungssatzes auf die Kostenstellen Leistungsgeräte und Vorhaltegeräte und auf Kostenträger (Baustellen).
- **Vorhaltegeräte (96...2)** – verrechnet die empfangenen Kosten nach geleisteten Tagen mittels Tagesverrechnungssätzen auf Kostenträger.
- **Leistungsgeräte (96...3)** – verrechnet die empfangenen Kosten nach geleisteten Stunden mittels eines Stundenverrechnungssatzes auf Kostenträger.
- **Lager (96...4)** – verrechnet die empfangenen Kosten für einzelne Materiallieferungen auf Kostenträger (dokumentiert über Lieferscheine).

Die Musterbau GmbH organisiert zudem ihre Baustellen als Kostenträger in der Kontengruppe 98. Eine der zum Bewertungsstichtag insgesamt 4 relevanten Baustellen ist das **Beispiel-Projekt „Stützwand" (98...1)**, das in Kapitel 2 kalkuliert wurde und das zum Bewertungsstichtag ein unfertiges Bauprojekt darstellt.

3.3.2 Ermittlung Primär- und Einzelkosten der Musterbau GmbH

Ausgangspunkt für die Baubetriebsrechnung sind die in der Musterbau GmbH zum Periodenende angefallenen Kosten (vgl. Tabelle 3.2).

Hinweis

Abweichend von der Bauauftragsrechnung (dort in der Kostenartengruppe SoKo) sind in der Baubetriebsrechnung die Gehaltskosten der kaufmännischen und technischen Angestellten in der Kostenartengruppe Lohn- und Gehaltskosten geschlüsselt.

Nach Zuordnung der Primärkosten zu den Umlage- und Verteilungskostenstellen und der Einzelkosten zu den Kostenträgern zeigen sich die in Abb. 3.14 bis 3.16 dargestellten Kostenbelastungen.

BKR	Kostenartengruppen / Umlagekostenstellen	Verwaltung 95...1
60....	Lohn- und Gehaltskosten	51.000,00 €
62....	Materialkosten	0,00 €
640...	Bauhilfsstoffe	0,00 €
641...	Gerätekosten	0,00 €
644...	Ausstattungskosten	34.500,00 €
66....	NU	0,00 €
68....	SoKo	0,00 €
	∑ primäre Kosten	**85.500,00 €**

BKR	Kostenartengruppen / Umlagekostenstellen	PKW 95...2
60....	Lohn- und Gehaltskosten	0,00 €
62....	Materialkosten	0,00 €
640...	Bauhilfsstoffe	0,00 €
641...	Gerätekosten	0,00 €
644...	Ausstattungskosten	15.000,00 €
66....	NU	0,00 €
68....	SoKo	0,00 €
	∑ primäre Kosten	**15.000,00 €**

BKR	Kostenartengruppen / Umlagekostenstellen	Rechnungswesen 95...3
60....	Lohn- und Gehaltskosten	18.000,00 €
62....	Materialkosten	0,00 €
640...	Bauhilfsstoffe	0,00 €
641...	Gerätekosten	0,00 €
644...	Ausstattungskosten	4.500,00 €
66....	NU	0,00 €
68....	SoKo	0,00 €
	∑ primäre Kosten	**22.500,00 €**

BKR	Kostenartengruppen / Umlagekostenstellen	Bauleitung 95...4
60....	Lohn- und Gehaltskosten	49.500,00 €
62....	Materialkosten	0,00 €
640...	Bauhilfsstoffe	0,00 €
641...	Gerätekosten	0,00 €
644...	Ausstattungskosten	6.000,00 €
66....	NU	0,00 €
68....	SoKo	0,00 €
	∑ primäre Kosten	**55.500,00 €**

BKR	Kostenartengruppen / Umlagekostenstellen	Kleingeräte/Werkzeuge 95...5
60....	Lohn- und Gehaltskosten	0,00 €
62....	Materialkosten	0,00 €
640...	Bauhilfsstoffe	0,00 €
641...	Gerätekosten	0,00 €
644...	Ausstattungskosten	7.202,00 €
66....	NU	0,00 €
68....	SoKo	0,00 €
	∑ primäre Kosten	**7.202,00 €**

BKR	Kostenartengruppen / Umlagekostenstellen	Sozialkosten gewerbliche Mitarbeiter 5...6
60....	Lohn- und Gehaltskosten	228.949,00 €
62....	Materialkosten	0,00 €
640...	Bauhilfsstoffe	0,00 €
641...	Gerätekosten	0,00 €
644...	Ausstattungskosten	0,00 €
66....	NU	0,00 €
68....	SoKo	0,00 €
	∑ primäre Kosten	**228.949,00 €**

BKR	Kostenartengruppen / Umlagekostenstellen	Sozialkosten Angestellte 95...7
60....	Lohn- und Gehaltskosten	30.810,00 €
62....	Materialkosten	0,00 €
640...	Bauhilfsstoffe	0,00 €
641...	Gerätekosten	0,00 €
644...	Ausstattungskosten	0,00 €
66....	NU	0,00 €
68....	SoKo	0,00 €
	∑ primäre Kosten	**30.810,00 €**

Abb. 3.14: Primärkosten der Musterbau GmbH nach Umlagekostenstellen zum Stichtag

BKR	Kostenartengruppen / Verrechnungskostenstellen	Werkstatt 96...1
60....	Lohn- und Gehaltskosten	19.380,00 €
62....	Materialkosten	0,00 €
640...	Bauhilfsstoffe	0,00 €
641...	Gerätekosten	0,00 €
644...	Ausstattungskosten	15.000,00 €
66....	NU	0,00 €
68....	SoKo	0,00 €
	Σ primäre Kosten	**34.380,00 €**

BKR	Kostenartengruppen / Verrechnungskostenstellen	Vorhaltegeräte 96...2
60....	Lohn- und Gehaltskosten	0,00 €
62....	Materialkosten	0,00 €
640...	Bauhilfsstoffe	0,00 €
641...	Gerätekosten	61.800,00 €
644...	Ausstattungskosten	1.000,00 €
66....	NU	0,00 €
68....	SoKo	5.000,00 €
	Σ primäre Kosten	**67.800,00 €**

BKR	Kostenartengruppen / Verrechnungskostenstellen	Leistungsgeräte 96...3
60....	Lohn- und Gehaltskosten	0,00 €
62....	Materialkosten	0,00 €
640...	Bauhilfsstoffe	0,00 €
641...	Gerätekosten	45.900,00 €
644...	Ausstattungskosten	0,00 €
66....	NU	0,00 €
68....	SoKo	0,00 €
	Σ primäre Kosten	**45.900,00 €**

BKR	Kostenartengruppen / Verrechnungskostenstellen	Lager 96...4
60....	Lohn- und Gehaltskosten	8.670,00 €
62....	Materialkosten	13.000,00 €
640...	Bauhilfsstoffe	0,00 €
641...	Gerätekosten	0,00 €
644...	Ausstattungskosten	9.000,00 €
66....	NU	0,00 €
68....	SoKo	0,00 €
	Σ primäre Kosten	**30.670,00 €**

Abb. 3.15: Primärkosten der Musterbau GmbH nach Verrechnungskostenstellen zum Stichtag

BKR	Kostenartengruppen / Kostenträger	Stützwand 98...1
60....	Lohn- und Gehaltskosten	10.665,00 €
62....	Materialkosten	5.500,00 €
640...	Bauhilfsstoffe	3.754,00 €
641...	Gerätekosten	0,00 €
644...	Ausstattungskosten	700,00 €
66....	NU	11.170,00 €
68....	SoKo	3.000,00 €
	Σ Einzelkosten	**34.789,00 €**

BKR	Kostenartengruppen / Kostenträger	Bauprojekt 2 98...2
60....	Lohn- und Gehaltskosten	88.230,00 €
62....	Materialkosten	45.501,00 €
640...	Bauhilfsstoffe	31.056,00 €
641...	Gerätekosten	0,00 €
644...	Ausstattungskosten	5.791,00 €
66....	NU	92.408,00 €
68....	SoKo	24.819,00 €
	Σ Einzelkosten	**287.805,00 €**

BKR	Kostenartengruppen / Kostenträger	Bauprojekt 3 98...3
60....	Lohn- und Gehaltskosten	79.407,00 €
62....	Materialkosten	40.951,00 €
640...	Bauhilfsstoffe	27.951,00 €
641...	Gerätekosten	0,00 €
644...	Ausstattungskosten	5.212,00 €
66....	NU	83.167,00 €
68....	SoKo	22.337,00 €
	Σ Einzelkosten	**259.025,00 €**

BKR	Kostenartengruppen / Kostenträger	Bauprojekt 4 98...4
60....	Lohn- und Gehaltskosten	61.761,00 €
62....	Materialkosten	31.850,00 €
640...	Bauhilfsstoffe	21.739,00 €
641...	Gerätekosten	0,00 €
644...	Ausstattungskosten	4.054,00 €
66....	NU	30.000,00 €
68....	SoKo	17.373,00 €
	Σ Einzelkosten	**166.777,00 €**

Abb. 3.16: Einzelkosten der Musterbau GmbH nach Kostenträgern zum Stichtag

Leistungsmeldung

31.03.16	98…1	01.03.2016/05.03.2016
Leistungsmeldung per …	Kostenträger bzw. Kostenstelle	vertraglicher Baubeginn/Ist-Baubeginn
NN	Beispiel-Projekt „Stützwand"	15.07.2016/10.07.2016
Bauleiter	Bezeichnung	vertragliches Bauende/Prognose-Bauende

1. Auftragssumme

Auftragssumme gemäß Bauvertrag				146.843 €
beauftragte Nachträge			+	0 €
Auftragsminderungen			–	0 €
Auftragsmehrungen			+	0 €
Nachlass		2,00 %	–	2.937 €
Skonto		0,00 %	–	0 €
Aufträge von Dritten (nach Nachlass und Skonto)			+	0 €
aktuelle Auftragssumme			=	143.906 €
eingereichte, noch nicht beauftragte Nachträge		0 €		
noch nicht eingereichte Nachträge	+	0 €		
Nachtragspotenziale	=	0 €		

2. Rechnungssumme (nach Nachlass)

in Rechnung gestellte Vertragsleistung AG (Summe Abschlagsrechnung)		54.338 €
in Rechnung gestellte Vertragsleistung AG (Summe (Teil-)Schlussrechnung)	+	
Rechnung für beauftragte Nachträge	+	
Rechnung für eingereichte, noch nicht beauftragte Nachträge	+	
in Rechnung gestellte Leistung an Dritte	+	
Rechnungssumme	=	54.338 €

3. Bauleistung

aus Vertragsleistung AG		54.338 €
aus beauftragten Nachträgen	+	
Leistungskürzungen, z. B. Nacharbeiten, Rechnungskürzungen	–	774 €
aus Leistung an Dritte	+	0 €
Bauleistung gesamt	=	53.564 €
Bauleistung bis Ende Vormonat	–	0 €
Bauleistung im Berichtsmonat	=	53.564 €

4. Leistungsabgrenzung

Leistung in Abrechnung nicht enthalten (wenn Bauleistung größer Rechnungssumme)	0 €
Rechnungsvorgriffe ohne Leistung (wenn Bauleistung kleiner Rechnungssumme)	774 €

5. Kostenabgrenzung

Rückstellungen (Kosten, in der Betriebsbuchhaltung noch nicht gebucht)	0 €
sonstige Rückstellungen, z. B. für Mängelbeseitigung	0 €
Lagerbestände (Vorräte, als Kostenabgrenzung in der Betriebsbuchhaltung zu buchen)	0 €

6. Auftragsbestand

Auftragsbestand zum Stichtag	90.342 €
Apr	30.000 €
Mai	25.000 €
Jun	30.000 €
Jul	5.342 €
Aug	
Sep	
Okt	
Nov	
Dez	
-	
-	
-	
Vorschauleistung 2016	90.342 €
Auftragsbestand zum 01.01.2017	0 €

Legende

▒ Rechenfeld

☐ Eingabefeld

Abb. 3.17: Leistungsmeldung der Musterbau GmbH zum Stichtag des Beispiel-Projekts „Stützwand"

Tabelle 3.3: Leistungsbewertung des Beispiel-Projekts „Stützwand" zum Stichtag

Projekt: Stützwand, LV							
Leistungsmeldung nach dem 1. Baumonat, klassische Methode							
Titel / **Position**	**Rechnungsmenge**	**LE-Menge**	**Einheit**	**Positionsbeschreibung**	**Einheitspreis in €** **-2 %**	**Rechnung in €**	**Leistung in €**
1				**Erdarbeiten**		**3.703,40**	**3.703,40**
1.010	600,000	600,000	m^3	Boden lösen und seitlich lagern Boden nach Angabe des AG lösen und seitlich lagern abgerechnet wird nach Abtragsprofilen	3,85	2.310,00	2.310,00
1.020	100,000	100,000	m^3	Abfuhr von überschüssigem Boden Abfuhr von überschüssigem Boden nach Angabe des AG auf Kippe des AG	7,49	749,00	749,00
1.030	120,000	120,000	m^3	Arbeitsraum Hinterfüllung des Arbeitsraums mit dem gelagerten Boden	5,37	644,40	644,40
2				**Betonarbeiten**		**50.633,62**	**49.860,27**
2.010	120,000	100,000	m^2	Sauberkeitsschicht C 8/10, $d = 5$ cm Ortbeton der Sauberkeitsschicht, aus unbewehrtem Beton, als Normalbeton C 8/10 liefern und einbauen, Oberflächen eben abziehen $d = 5$ cm	15,99	1.918,80	1.599,00
2.020	52,500	45,000	m^3	Fundamentbeton C 20/25, $d = 60$ cm, $h = 1{,}25$ m Ortbeton des Streifenfundaments, obere Betonfläche waagrecht, aus Stahlbeton, als Normalbeton C 20/25 liefern und einbauen, $d = 60$ cm	118,47	6.219,68	5.331,15
2.030	84,000	84,000	m^2	Schalung der Fundamente Schalung der Streifenfundamente, Bauteilhöhe über 0,50 bis 1,00 m	58,12	4.907,28	4.907,28
2.040	4,5	5,0	t	Betonstahl 500 S Betonstahl 500 S, Durchmesser über 10 bis 16 mm, Längen bis 14 m, liefern, schneiden, biegen und verlegen	1.018,71	4.584,20	5.093,55
2.050	42,000	42,000	m^3	Wandbeton C 20/25, $d = 30$ cm, $h = 2{,}5$ m Ortbeton der tragenden Stahlbetonwände als Normalbeton C 20/25 liefern und einbauen Schalung der Stahlbetonwände, aus glatter Schalung, einseitig sichtbar bleibende Betonoberfläche, Betonfläche absatzfrei, Bauteilhöhe über 2,00 bis 3,00 m Betonstahlmatten 500 M, Ausführung als Lagermatten, liefern, schneiden und verlegen	726,49	30.512,75	30.512,75
2.060	3,02	3,02	m	Dehnungsfugen Fugenband aus PVC als einbaufertiges System, Breite 300 mm, DIN 18541 für Dehnungsfugen in Fundament und Stahlbetonwänden lotrecht liefern und einbauen, Fugenbreite bis 20 mm	74,10	223,78	223,78
2.070	60,00	60,00	m	Arbeitsfugen Fugenbleche für Arbeitsfugen im Streifenfundament liefern und einbauen, Einbaulage horizontal, Blechbreite $b = 30$ cm	21,67	1.300,20	1.300,20
2.080	13,00	12,00	m	Sollbruchfugen Fugenband aus PVC als einbaufertiges System liefern und einbauen, DIN 18541 für Sollbruchfugen lotrecht, Dichtungsrohr $d > 80$ mm einschließlich erforderlicher Trapezleisten	74,38	966,94	892,56
Gesamtsumme (netto, ohne Mehrwertsteuer)						**54.337,02**	**53.563,67**

3.3.3 Ermittlung der externen Leistung der Musterbau GmbH

Im nächsten Schritt wird die externe Leistung der Musterbau GmbH ermittelt. Hierfür ist die zum Stichtag realisierte Bauleistung der laufenden Bauprojekte zu ermitteln. Exemplarisch soll dies an dem in Kapitel 2 behandelten Beispiel-Projekt „Stützwand" erfolgen. Die Bauleitung erstellt für dieses Projekt eine Leistungsmeldung (vgl. Abb. 3.17).

Basis der ermittelten Bauleistung in Höhe von 53.564 € sind die Leistungsmengen aus Tabelle 3.3 (= Spalte „LE-Menge") zum Stichtag, die mittels der klassischen Methode der Leistungsbewertung anhand der Einheitspreise der Vertragskalkulation bewertet wurden.

Die so ermittelte Bauleistung in Höhe von 53.564 € wird in der Betriebsbuchhaltung dem Kostenträger „Stützwand" zugeordnet. Analog wird die Bauleistung der parallel laufenden Bauprojekte 2, 3 und 4 ermittelt und in der Kostenträgerrechnung berücksichtigt. Die Musterbau GmbH meldet für das Bauprojekt 2 eine Bauleistung von 575.000,00 €, für das Bauprojekt 3 eine Bauleistung von 490.000,00 € und für das Bauprojekt 4 eine Bauleistung in Höhe von 290.000,00 €.

3.3.4 Innerbetriebliche Leistungsverrechnung der Musterbau GmbH

Im dritten Schritt muss nun die innerbetriebliche Leistungsverrechnung angestoßen werden. Die Musterbau GmbH hat dazu zu Beginn des Geschäftsjahrs Plan-Umlagen bzw. Plan-Verrechnungssätze ermittelt und festgelegt (vgl. Tabelle 3.4).

Hinweis

Die Plan-Umlagen bzw. Plan-Verrechnungssätze sind basierend auf Vorjahresauswertungen der Baubetriebsrechnung ermittelt worden. Es empfiehlt sich, die aus der Baubetriebsrechnung abgeleiteten Vorjahresdaten auf etwaige Änderungen im neuen Geschäftsjahr hin zu aktualisieren (z. B. zu erwartende Mehr- oder Minderkosten innerhalb einer Kostenstelle, Veränderungen in der Jahresbauleistung oder zu erwartender Mehr- oder Mindereinsatz eines Geräts). Die Auswertung der Baubetriebsrechnung zur Ermittlung neuer Plan-Umlagen bzw. Plan-Verrechnungssätze wird in Kapitel 3.3.7 erläutert.

Tabelle 3.4: Plan-Umlagen bzw. Plan-Verrechnungssätze der Musterbau GmbH

Umlagekostenstellen	**Umlage auf**	**Basis**	**Faktor**
Verwaltung	Kostenträger	Bauleistung	7,00 %
PKW	Verwaltung	pauschal	30,00 %
	Bauleitung	pauschal	70,00 %
Rechnungswesen	Verwaltung	pauschal	100,00 %
Bauleitung	Verwaltung	pauschal	10,00 %
	Kostenträger	Bauleistung	5,00 %
Kleingeräte/Werkzeuge	Kostenträger	Lohn	3,00 %
Sozialkosten Lohn	alle	Lohn	87,00 %
Sozialkosten Angestellte	alle	Gehalt	25,00 %
Verrechnungs-kostenstellen	**Verrechnung auf**	**Basis**	**Faktor**
Werkstatt	Kostenträger Vorhaltegeräte Leistungsgeräte	Stunden	65,00 €/h
Vorhaltegeräte[1)]	Kostenträger	Tage	120,00 €/Tag
Leistungsgeräte[1)]	Kostenträger	Stunden	40,00 €/h
Lager	Kostenträger	Entnahme-scheine	individuell

[1)] Im Idealfall bildet ein Unternehmen je nach Bedeutung für jede Gerätegruppe bzw. für jedes größere Gerät eine eigene Kostenstelle. Aus Vereinfachungsgründen wird im Unternehmensbeispiel der Musterbau GmbH aber jeweils nur eine Kostenstelle für alle Vorhalte- und Leistungsgeräte eingerichtet.

Zudem sind über das interne Belegwesen (Maschinenberichte der Leistungs- und Vorhaltegeräte, Arbeitsberichte der Werkstatt und Lieferscheine des Lagers über Materiallieferungen auf Baustellen), ggf. IT-gestützt, Arbeits- und Geräteeinsatzzeiten für die Verrechnungskostenstellen dokumentiert (vgl. Tabelle 3.5).

Tabelle 3.5: Mengendaten der Verrechnungskostenstellen der Musterbau GmbH

abgebende Kostenstelle	**empfangende Kostenstelle/Kostenträger**	**Menge**
Werkstatt	Stützwand	10,00 h
	Projekt 2	20,00 h
	Projekt 3	15,00 h
	Projekt 4	8,00 h
	Vorhaltegerät	300,00 h
	Leistungsgerät	400,00 h
Vorhaltegeräte	Stützwand	4,0 Tage
	Projekt 2	440,0 Tage
	Projekt 3	267,0 Tage
	Projekt 4	6,0 Tage
Leistungsgeräte	Stützwand	75,00 h
	Projekt 2	900,00 h
	Projekt 3	800,00 h
	Projekt 4	0,00 h
Lager	Stützwand	0,00 €
	Projekt 2	16.000,00 €
	Projekt 3	12.000,00 €
	Projekt 4	7.000,00 €

Anhand der Plan-Umlagen und Plan-Verrechnungssätze kann nun die innerbetriebliche Leistungsverrechnung erfolgen, indem auf der abgebenden Kostenstelle eine Entlastung gebucht wird und auf der empfangenden Kostenstelle eine Belastung als Gegenbuchung erfolgt. Die Belastungsbuchung erzeugt Sekundärkosten auf der die interne Leistung empfangenden Kostenstelle sowie Gemeinkosten auf dem die interne Leistung empfangenden Kostenträger.

Die innerbetriebliche Leistungsverrechnung führt so in der Musterbau GmbH insgesamt zu den in Abb. 3.18 bis 3.20 dargestellten Be- und Entlastungen.

Umlage/Verrechnung von …	
Sozialkosten Angestellte	12.750,00 €
Rechnungswesen	27.000,00 €
PKW	4.500,00 €
Bauleitung	7.837,50 €
Summe	52.087,50 €

Verwaltung		95…1
Belastung		137.587,50 €
primäre Kosten	85.500,00 €	
sekundäre Kosten	52.087,50 €	
Entlastung		98.599,48 €
Unterdeckung		–38.988,02 €

Umlage/Verrechnung auf …	
Stützmauer	3.749,48 €
Projekt 2	40.250,00 €
Projekt 3	34.300,00 €
Projekt 4	20.300,00 €
Summe	98.599,48 €

Umlage/Verrechnung von …	
Summe	0,00 €

PKW		95…2
Belastung		15.000,00 €
primäre Kosten	15.000,00 €	
sekundäre Kosten	0,00 €	
Entlastung		15.000,00 €
ausgeglichen		0,00 €

Umlage/Verrechnung auf …	
Verwaltung	4.500,00 €
Bauleitung	10.500,00 €
Summe	15.000,00 €

Umlage/Verrechnung von …	
Sozialkosten Angestellte	4.500,00 €
Summe	4.500,00 €

Rechnungswesen		95…4
Belastung		27.000,00
primäre Kosten	22.500,00 €	
sekundäre Kosten	4.500,00 €	
Entlastung		27.000,00 €
ausgeglichen		0,00 €

Umlage/Verrechnung auf …	
Verwaltung	27.000,00 €
Summe	27.000,00 €

Umlage/Verrechnung von …	
Sozialkosten Angestellte	12.375,00 €
PKW	10.500,00 €
Summe	22.875,00 €

Bauleitung		95…4
Belastung		78.375,00 €
primäre Kosten	55.500,00 €	
sekundäre Kosten	22.875,00 €	
Entlastung		78.265,70 €
Unterdeckung		–109,30 €

Umlage/Verrechnung auf …	
Verwaltung	7.837,50 €
Stützwand	2.678,20 €
Projekt 2	28.750,00 €
Projekt 3	24.500,00 €
Projekt 4	14.500,00 €
Summe	78.265,70 €

Umlage/Verrechnung von …	
Summe	0,00 €

Kleingeräte/Werkzeuge		95…5
Belastung		7.202,00 €
primäre Kosten	7.202,00 €	
sekundäre Kosten	0,00 €	
Entlastung		7.201,89 €
Unterdeckung		–0,11 €

Umlage/Verrechnung auf …	
Stützwand	319,95 €
Projekt 2	2.646,90 €
Projekt 3	2.382,21 €
Projekt 4	1.852,83 €
Summe	7.201,89 €

Umlage/Verrechnung von …	
Summe	0,00 €

Sozialkosten gewerbliche Mitarbeiter		95…6
Belastung		228.949,00 €
primäre Kosten	228.949,00 €	
sekundäre Kosten	0,00 €	
Entlastung		233.258,31 €
Überdeckung		4.309,31 €

Umlage/Verrechnung auf …	
Stützwand	9.278,55 €
Projekt 2	76.760,10 €
Projekt 3	69.084,09 €
Projekt 4	53.732,07 €
Werkstatt	16.860,60 €
Lager	7.542,90 €
Summe	233.258,31 €

Umlage/Verrechnung von …	
Summe	0,00 €

Sozialkosten Angestellte		95…7
Belastung		30.810,00 €
primäre Kosten	30.810,00 €	
sekundäre Kosten	0,00 €	
Entlastung		29.625,00 €
Unterdeckung		–1.185,00 €

Umlage/Verrechnung auf …	
Verwaltung	12.750,00 €
Rechnungswesen	4.500,00 €
Bauleitung	12.375,00 €
Summe	29.625,00 €

Abb. 3.18: Be- und Entlastungen nach Umlagekostenstellen zum Stichtag

Umlage/Verrechnung von …	
Sozialkosten gewerbliche Mitarbeiter	16.860,60 €
Summe	16.860,60 €

Werkstatt		96…1
Belastung		51.240,60 €
primäre Kosten	34.380,00	
sekundäre Kosten	16.860,60	
Entlastung		48.945,00 €
Unterdeckung		–2.295,60 €

Umlage/Verrechnung auf …	
Stützwand	650,00 €
Projekt 2	1.300,00 €
Projekt 3	975,00 €
Projekt 4	520,00 €
Vorhaltegerät	19.500,00 €
Leistungsgerät	26.000,00 €
Summe	48.945,00 €

Umlage/Verrechnung von …	
Werkstatt	19.500,00 €
Summe	19.500,00 €

Vorhaltegeräte		96…2
Belastung		87.300,00 €
primäre Kosten	67.800,00 €	
sekundäre Kosten	19.500,00 €	
Entlastung		86.040,00 €
Unterdeckung		–1.260,00 €

Umlage/Verrechnung auf …	
Stützwand	480,00 €
Projekt 2	52.800,00 €
Projekt 3	32.040,00 €
Projekt 4	720,00 €
Summe	86.040,00 €

Umlage/Verrechnung von …	
Werkstatt	26.000,00 €
Summe	26.000,00 €

Leistungsgeräte		96…3
Belastung		71.900,00 €
primäre Kosten	45.900,00 €	
sekundäre Kosten	26.000,00 €	
Entlastung		71.000,00 €
Unterdeckung		–900,00 €

Umlage/Verrechnung auf …	
Stützwand	3.000,00 €
Projekt 2	36.000,00 €
Projekt 3	32.000,00 €
Projekt 4	0,00 €
Summe	71.000,00 €

Umlage/Verrechnung von …	
Sozialkosten gewerbliche Mitarbeiter	7.542,90 €
Summe	7.542,90 €

Lager		96…4
Belastung		38.212,90 €
primäre Kosten	30.670,00 €	
sekundäre Kosten	7.542,90 €	
Entlastung		35.000,00 €
Unterdeckung		–3.212,90 €

Umlage/Verrechnung auf …	
Stützwand	0,00 €
Projekt 2	16.000,00 €
Projekt 3	12.000,00 €
Projekt 4	7.000,00 €
Summe	35.000,00 €

Abb. 3.19: Be- und Entlastungen nach Verrechnungskostenstellen zum Stichtag

Umlage/Verrechnung von …	
Sozialkosten gewerbliche Mitarbeiter	9.278,55 €
Kleingeräte/Werkzeuge	319,95 €
Werkstatt	650,00 €
Vorhaltegeräte	480,00 €
Leistungsgeräte	3.000,00 €
Lager	0,00 €
Bauleitung	2.678,20 €
Verwaltung	3.749,48 €
Summe	20.156,18 €

Stützwand		98…1
Belastung		54.945,18 €
primäre Kosten = Einzelkosten	34.789,00 €	
sekundäre Kosten = Gemeinkosten	20.156,18 €	
Bauleistung		53.564,00 €
Bauprojekt-Ergebnis		–1.381,18 €

Umlage/Verrechnung von …	
Sozialkosten gewerbliche Mitarbeiter	76.760,10 €
Kleingeräte/Werkzeuge	2.646,90 €
Werkstatt	1.300,00 €
Vorhaltegeräte	52.800,00 €
Leistungsgeräte	36.000,00 €
Lager	16.000,00 €
Bauleitung	28.750,00 €
Verwaltung	40.250,00 €
Summe	254.507,00 €

Bauprojekt 2		98…2
Belastung		542.312,00 €
primäre Kosten = Einzelkosten	287.805,00 €	
sekundäre Kosten = Gemeinkosten	254.507,00 €	
Bauleistung		575.000,00 €
Bauprojekt-Ergebnis		32.688,00 €

Umlage/Verrechnung von …	
Sozialkosten gewerbliche Mitarbeiter	69.084,09 €
Kleingeräte/Werkzeuge	2.382,21 €
Werkstatt	975,00 €
Vorhaltegeräte	32.040,00 €
Leistungsgeräte	32.000,00 €
Lager	12.000,00 €
Bauleitung	24.500,00 €
Verwaltung	34.300,00 €
Summe	207.281,30 €

Bauprojekt 3		98…3
Belastung		466.306,30 €
primäre Kosten = Einzelkosten	259.025,00 €	
sekundäre Kosten = Gemeinkosten	207.281,30 €	
Bauleistung		490.000,00 €
Bauprojekt-Ergebnis		23.693,70 €

Umlage/Verrechnung von …	
Sozialkosten gewerbliche Mitarbeiter	53.732,07 €
Kleingeräte/Werkzeuge	1.852,83 €
Werkstatt	520,00 €
Vorhaltegeräte	720,00 €
Leistungsgeräte	0,00 €
Lager	7.000,00 €
Bauleitung	14.500,00 €
Verwaltung	20.300,00 €
Summe	98.624,90 €

Bauprojekt 4		98…4
Belastung		265.401,90 €
primäre Kosten = Einzelkosten	166.777,00 €	
sekundäre Kosten = Gemeinkosten	98.624,90 €	
Bauleistung		290.000,00 €
Bauprojekt-Ergebnis		24.598,10 €

Abb. 3.20: Be- und Entlastungen nach Kostenträgern zum Stichtag

Exemplarisch sei die innerbetriebliche Leistungsverrechnung anhand der Umlagekostenstelle Verwaltung der Musterbau GmbH gezeigt. Diese empfängt folgende Sekundärkosten:

- von der Sozialkostenstelle Angestellte: 12.750,00 € (Berechnung: 51.000,00 € Lohn- und Gehaltskosten · 25,00 %)
- von der Kostenstelle Rechnungswesen: 27.000,00 € (Berechnung: 27.000,00 € Summe Belastung · 100,00 %)
- von der Kostenstelle PKW: 4.500,00 € (Berechnung: 15.000,00 € Summe Belastung · 30,00 %)
- von der Kostenstelle Bauleitung: 7.837,00 € (Berechnung: 78.375,00 € Summe Belastung · 10,00 %)

Primär- und Sekundärkosten ergeben die Gesamtbelastung der Kostenstelle Verwaltung. Den Kostenbelastungen stehen Entlastungen gegenüber. Die Verwaltungskostenstelle verteilt die von ihr empfangenen Belastungen in Form einer Plan-Umlage in Höhe von 7,00 % der auf den Kostenträgern gemeldeten Bauleistung. Diese Umlagen auf die Kostenträger berechnen sich wie folgt:

- auf das Beispiel-Projekt „Stützwand“: 3.750,00 € (Berechnung: 53.564,00 € · 7,00 %)
- auf das Bauprojekt 2: 40.250,00 € (Berechnung: 575.000,00 € · 7,00 %)
- auf das Bauprojekt 3: 34.300,00 € (Berechnung: 490.000,00 € · 7,00 %)
- auf das Bauprojekt 4: 20.300,00 € (Berechnung: 290.000,00 € · 7,00 %)

3.3.5 Kostenstellen- und Kostenträgerauswertungen der Musterbau GmbH

Nunmehr sind alle notwendigen Schritte für die Baubetriebsrechnung realisiert:

- Ermittlung aller Primär- und Einzelkosten zum Stichtag,
- Ermittlung der Bauleistung zum Stichtag,
- Durchführung der innerbetrieblichen Leistungsverrechnung und damit
- Ermittlung aller Sekundär- und Gemeinkosten.

Somit kann die Ergebnisermittlung zum Bewertungsstichtag erfolgen.

Im Kostenstellen- und Kostenträgerbereich der Musterbau GmbH ergeben sich die in Abb. 3.21 bis 3.23 dargestellten Stichtagsauswertungen.

BKR / Kostenartengruppen \ Umlagekostenstellen	Verwaltung 95...1
∑ primäre Kosten	**85.500,00 €**
Umlage/Verrechnung von ...	
Sozialkosten Angestellte	12.750,00 €
Rechnungswesen	27.000,00 €
PKW	4.500,00 €
Bauleitung	7.837,50 €
∑ sekundäre Kosten	**52.087,50 €**
∑ Belastung	**137.587,50 €**
Umlage/Verrechnung auf ...	
Stützmauer	3.749,48 €
Projekt 2	40.250,00 €
Projekt 3	34.300,00 €
Projekt 4	20.300,00 €
∑ Entlastung	**98.599,48 €**
Unterdeckung	**– 38.988,02 €**

BKR / Kostenartengruppen \ Umlagekostenstellen	PKW 95...2
∑ primäre Kosten	**15.000,00 €**
Umlage/Verrechnung von ...	
∑ sekundäre Kosten	**0,00 €**
∑ Belastung	**15.000,00 €**
Umlage/Verrechnung auf ...	
Verwaltung	4.500,00 €
Bauleitung	10.500,00 €
∑ Entlastung	**15.000,00 €**
Ausgeglichen	**0,00 €**

BKR / Kostenartengruppen \ Umlagekostenstellen	Rechnungswesen 95...3
∑ primäre Kosten	**22.500,00 €**
Umlage/Verrechnung von ...	
Sozialkosten Angestellte	4.500,00 €
∑ sekundäre Kosten	**4.500,00 €**
∑ Belastung	**27.000,00 €**
Umlage/Verrechnung auf ...	
Verwaltung	27.000,00 €
∑ Entlastung	**27.000,00 €**
Ausgeglichen	**0,00 €**

BKR / Kostenartengruppen \ Umlagekostenstellen	Bauleitung 95...4
∑ primäre Kosten	**55.500,00 €**
Umlage/Verrechnung von ...	
Sozialkosten Angestellte	12.375,00 €
PKW	10.500,00 €
∑ sekundäre Kosten	**22.875,00 €**
∑ Belastung	**78.375,00 €**
Umlage/Verrechnung auf ...	
Verwaltung	7.837,50 €
Stützwand	2.678,20 €
Projekt 2	28.750,00 €
Projekt 3	24.500,00 €
Projekt 4	14.500,00 €
∑ Entlastung	**78.265,70 €**
Unterdeckung	**– 109,30 €**

BKR / Kostenartengruppen \ Umlagekostenstellen	Kleingeräte/Werkzeuge 95...5
∑ primäre Kosten	**7.202,00 €**
Umlage/Verrechnung von ...	
∑ sekundäre Kosten	**0,00 €**
∑ Belastung	**7.202,00 €**
Umlage/Verrechnung auf ...	
Stützwand	319,95 €
Projekt 2	2.646,90 €
Projekt 3	2.382,21 €
Projekt 4	1.852,83 €
∑ Entlastung	**7.201,89 €**
Unterdeckung	**– 0,11 €**

BKR / Kostenartengruppen \ Umlagekostenstellen	Sozialkosten gewerbliche Mitarbeiter 95...6
∑ primäre Kosten	**228.949,00 €**
Umlage/Verrechnung von ...	
∑ sekundäre Kosten	**0,00 €**
∑ Belastung	**228.949,00 €**
Umlage/Verrechnung auf ...	
Stützwand	9.278,55 €
Projekt 2	76.760,10 €
Projekt 3	69.084,09 €
Projekt 4	53.732,07 €
Werkstatt	16.860,60 €
Lager	7.542,90 €
∑ Entlastung	**233.258,31 €**
Überdeckung	**4.309,31 €**

BKR / Kostenartengruppen \ Umlagekostenstellen	Sozialkosten Angestellte 95...7
∑ primäre Kosten	**30.810,00 €**
Umlage/Verrechnung von ...	
∑ sekundäre Kosten	**0,00 €**
∑ Belastung	**30.810,00 €**
Umlage/Verrechnung auf ...	
Verwaltung	12.750,00 €
Rechnungswesen	4.500,00 €
Bauleitung	12.375,00 €
∑ Entlastung	**29.625,00 €**
Unterdeckung	**– 1.185,00 €**

Abb. 3.21: Stichtagsergebnis der Umlagekostenstellen der Musterbau GmbH

BKR	Kostenartengruppen / Verrechnungskostenstellen	Werkstatt 96...1
	∑ primäre Kosten	**34.380,00 €**
	Umlage/Verrechnung von …	
	Sozialkosten gewerbliche Mitarbeiter	16.860,60 €
	∑ sekundäre Kosten	**16.860,60 €**
	∑ Belastung	**51.240,60 €**
	Umlage/Verrechnung auf …	
	Stützwand	650,00 €
	Projekt 2	1.300,00 €
	Projekt 3	975,00 €
	Projekt 4	520,00 €
	Vorhaltegerät	19.500,00 €
	Leistungsgerät	26.000,00 €
	∑ Entlastung	**48.945,00 €**
	Unterdeckung	**–2.295,60 €**

BKR	Kostenartengruppen / Verrechnungskostenstellen	Vorhaltegeräte 96...2
	∑ primäre Kosten	**67.800,00 €**
	Umlage/Verrechnung von …	
	Werkstatt	19.500,00 €
	∑ sekundäre Kosten	**19.500,00 €**
	∑ Belastung	**87.300,00 €**
	Umlage/Verrechnung auf …	
	Stützwand	480,00 €
	Projekt 2	52.800,00 €
	Projekt 3	32.040,00 €
	Projekt 4	720,00 €
	∑ Entlastung	**86.040,00 €**
	Unterdeckung	**–1.260,00 €**

BKR	Kostenartengruppen / Verrechnungskostenstellen	Leistungsgeräte 96...3
	∑ primäre Kosten	**45.900,00 €**
	Umlage/Verrechnung von …	
	Werkstatt	26.000,00 €
	∑ sekundäre Kosten	**26.000,00 €**
	∑ Belastung	**71.900,00 €**
	Umlage/Verrechnung auf …	
	Stützwand	3.000,00 €
	Projekt 2	36.000,00 €
	Projekt 3	32.000,00 €
	Projekt 4	0,00 €
	∑ Entlastung	**71.000,00 €**
	Unterdeckung	**–900,00 €**

BKR	Kostenartengruppen / Verrechnungskostenstellen	Lager 96...4
	∑ primäre Kosten	**30.670,00 €**
	Umlage/Verrechnung von …	
	Sozialkosten gewerbliche Mitarbeiter	7.542,90 €
	∑ sekundäre Kosten	**7.542,90 €**
	∑ Belastung	**38.212,90 €**
	Umlage/Verrechnung auf …	
	Stützwand	0,00 €
	Projekt 2	16.000,00 €
	Projekt 3	12.000,00 €
	Projekt 4	7.000,00 €
	∑ Entlastung	**35.000,00 €**
	Unterdeckung	**–3.212,90 €**

Abb. 3.22: Stichtagsergebnis der Verrechnungskostenstellen der Musterbau GmbH

BKR	Kostenträger / Kostenartengruppen	Stützwand 98...1
	∑ Einzelkosten	34.789,00 €
	Umlage/Verrechnung von ...	
	Sozialkosten gewerbliche Mitarbeiter	9.278,55 €
	Kleingeräte/Werkzeuge	319,95 €
	Werkstatt	650,00 €
	Vorhaltegeräte	480,00 €
	Leistungsgeräte	3.000,00 €
	Lager	0,00 €
	Bauleitung	2.678,20 €
	Verwaltung	3.749,48 €
	∑ Gemeinkosten	20.156,18 €
	∑ Belastung	54.945,18 €
	Bauleistung	53.564,00 €
	Herstellkosten	51.195,70 €
	Selbstkosten	54.945,18 €
	Bauprojekt-Deckungsbeitrag	2.368,30 €
	Bauprojekt-Ergebnis	– 1.381,18 €

BKR	Kostenträger / Kostenartengruppen	Bauprojekt 2 98...2
	∑ Einzelkosten	287.805,00 €
	Umlage/Verrechnung von ...	
	Sozialkosten gewerbliche Mitarbeiter	76.760,10 €
	Kleingeräte/Werkzeuge	2.646,90 €
	Werkstatt	1.300,00 €
	Vorhaltegeräte	52.800,00 €
	Leistungsgeräte	36.000,00 €
	Lager	16.000,00 €
	Bauleitung	28.750,00 €
	Verwaltung	40.250,00 €
	∑ Gemeinkosten	254.507,00 €
	∑ Belastung	542.312,00 €
	Bauleistung	575.000,00 €
	Herstellkosten	502.062,00 €
	Selbstkosten	542.312,00 €
	Bauprojekt-Deckungsbeitrag	72.938,00 €
	Bauprojekt-Ergebnis	32.688,00 €

BKR	Kostenträger / Kostenartengruppen	Bauprojekt 3 98...3
	∑ Einzelkosten	259.025,00 €
	Umlage / Verrechnung von...	
	Sozialkosten gewerbliche Mitarbeiter	69.084,09 €
	Kleingeräte/Werkzeuge	2.382,21 €
	Werkstatt	975,00 €
	Vorhaltegeräte	32.040,00 €
	Leistungsgeräte	32.000,00 €
	Lager	12.000,00 €
	Bauleitung	24.500,00 €
	Verwaltung	34.300,00 €
	∑ Gemeinkosten	207.281,30 €
	∑ Belastung	466.306,30 €
	Bauleistung	490.000,00 €
	Herstellkosten	432.006,30 €
	Selbstkosten	466.306,30 €
	Bauprojekt-Deckungsbeitrag	57.993,70 €
	Bauprojekt-Ergebnis	23.693,70 €

BKR	Kostenträger / Kostenartengruppen	Bauprojekt 4 98...4
	∑ Einzelkosten	166.777,00 €
	Umlage/Verrechnung von ...	
	Sozialkosten gewerbliche Mitarbeiter	53.732,07 €
	Kleingeräte/Werkzeuge	1.852,83 €
	Werkstatt	520,00 €
	Vorhaltegeräte	720,00 €
	Leistungsgeräte	0,00 €
	Lager	7.000,00 €
	Bauleitung	14.500,00 €
	Verwaltung	20.300,00 €
	∑ Gemeinkosten	98.624,90 €
	∑ Belastung	265.401,90 €
	Bauleistung	290.000,00 €
	Herstellkosten	245.101,90 €
	Selbstkosten	265.401,90 €
	Bauprojekt-Deckungsbeitrag	44.898,10 €
	Bauprojekt-Ergebnis	24.598,10 €

Abb. 3.23: Stichtagsergebnis der Kostenträger der Musterbau GmbH

3.3.6 Ergebnisermittlung der Musterbau GmbH

Verdichtet zeigt sich das in Tabelle 3.6 dargestellte Bauprojekt- und Betriebsergebnis der Musterbau GmbH zum Stichtag.

Das positive Gesamt-Bauprojektergebnis der laufenden Bauprojekte in Höhe von 79.598,62 € wird durch Unterdeckungen sowohl der Umlage- als auch der Verrechnungskostenstellen reduziert, sodass das Betriebsergebnis der Musterbau GmbH bei 35.957,00 € liegt (vgl. Tabelle 3.6).

Hinweis

Abweichungen zwischen Bauprojekt- und Betriebsergebnis sind gerade in den ersten Monaten eines Geschäftsjahrs typisch. Sie resultieren oft daraus, dass zu Beginn eines Jahrs die durchschnittliche Bauleistung pro Monat geringer ausfällt als in den Sommermonaten, wodurch es zu Unterdeckungen gerade in den Bereichen Verwaltung und Geräte kommt.

Neben der in Tabelle 3.6 gezeigten gestuften Ergebnisdarstellung kann das Ist-Ergebnis auch in Form eines Betriebsabrechnungsbogens dargestellt werden. Dieser stellt in komprimierter Form zum einen alle Primär- und Sekundärkosten und damit auch die Über-/Unterdeckungen der Kostenstellen dar; zum anderen zeigt er neben der Bauleistung auch die Einzel- und Gemeinkosten der Kostenträger und damit das Ergebnis über alle Bauprojekte, also das Bauprojektergebnis. Auch hier ergibt sich aus der Addition von Bauprojektergebnis und Über-/Unterdeckungen der Umlage- und Verteilungskostenstellen das Betriebsergebnis (vgl. Tabelle 3.7).

3.3.7 Ermittlung neuer Plan-Umlagen/Plan-Verrechnungssätze der Musterbau GmbH

Aus der Auswertung der auf Umlage- und Verrechnungskostenstellen verbuchten Be- und Entlastungen lassen sich auch neue Plan-Umlagen bzw. Plan-Verrechnungssätze ableiten.

Exemplarisch soll dies an der Umlagekostenstelle Verwaltung und der Verrechnungskostenstelle Leistungsgeräte gezeigt werden:

- Die auf der Kostenstelle Verwaltung angefallene Belastung beträgt 137.587,50 €. Über alle Bauprojekte beträgt die Bauleistung in der Summe 1.408.564,00 €. Würden diese Werte als Erfahrungswerte des Vorjahrs die Plan-Umlage des neuen Geschäftsjahrs bestimmen, so ergabe sich für das neue Geschäftsjahr eine Plan-Umlage in Höhe von (137.587,50 € : 1.408.564,00 € = 9,77 %) gerundet 10,00 %.

Tabelle 3.6: Gestufte Ergebnisrechnung der Musterbau GmbH zum Stichtag

		Leistung	Selbstkosten	Deckungsbeitrag I (nach Herstellkosten)	Ergebnis (nach Selbstkosten)
Kostenträger		**1.408.564,00 €**	**1.328.965,38 €**	**178.198,10 €**	**79.598,62 €**
Stützwand	98...1	53.564,00 €	54.945,18 €	2.368,30 €	-1.381,18 €
Bauprojekt 2	98...2	575.000,00 €	542.312,00 €	72.938,00 €	32.688,00 €
Bauprojekt 3	98...3	490.000,00 €	466.306,30 €	57.993,70 €	23.693,70 €
Bauprojekt 4	98...4	290.000,00 €	265.401,90 €	44.898,10 €	24.598,10 €
				Gesamt-Bauprojektergebnis	**79.598,62 €**
Umlagekostenstellen		**488.950,38 €**	**524.923,50 €**	**Über-/Unterdeckung**	**-35.973,12 €**
Verwaltung	95...1	98.599,48 €	137.587,50 €	Unterdeckung	-38.988,02 €
PKW	95...2	15.000,00 €	15.000,00 €	ausgeglichen	0,00 €
Rechnungswesen	95...3	27.000,00 €	27.000,00 €	ausgeglichen	0,00 €
Bauleitung	95...4	78.265,70 €	78.375,00 €	Unterdeckung	-109,30 €
Kleingeräte/Werkzeuge	95...5	7.201,89 €	7.202,00 €	Unterdeckung	-0,11 €
Sozialkosten gewerbliche Mitarbeiter	95...6	233.258,31 €	228.949,00 €	Überdeckung	4.309,31 €
Sozialkosten Angestellte	95...7	29.625,00 €	30.810,00 €	Unterdeckung	-1.185,00 €
Verrechnungskostenstellen		**240.985,00 €**	**248.653,50 €**	**Über-/Unterdeckung**	**-7.668,50 €**
Werkstatt	96...1	48.945,00 €	51.240,60 €	Unterdeckung	-2.295,60 €
Vorhaltegeräte	96...2	86.040,00 €	87.300,00 €	Unterdeckung	-1.260,00 €
Leistungsgeräte	96...3	71.000,00 €	71.900,00 €	Unterdeckung	-900,00 €
Lager	96...4	35.000,00 €	38.212,90 €	Unterdeckung	-3.212,90 €
				Betriebsergebnis	**35.957,00 €**

- Die auf der Kostenstelle Leistungsgeräte angefallene Belastung beträgt 71.900,00 €, die Gesamteinsatzzeit 1.774,87 Stunden. Würden diese Werte als Erfahrungswerte des Vorjahrs den Plan-Verrechnungssatz des neuen Geschäftsjahrs bestimmen, so läge dieser bei (71.900,00 € : 1.774,87 h = 40,51 €/h) gerundet 40,50 €/h.

Hinweis

Plan-Umlagen bzw. Plan-Verrechnungssätze sollten für ein neues Geschäftsjahr immer basierend auf den Auswertungen der Vorjahresdaten und unter Berücksichtigung möglicher Veränderungen z. B. durch Lohn- und Gehaltserhöhungen im neuen Geschäftsjahr ermittelt werden. Die so ermittelten Plan-Umlagen bzw. Plan-Verrechnungssätze sollten dann in der Bauauftrags- und Baubetriebsrechnung möglichst synchron verwendet werden.

3.3.8 Überleitung zur Unternehmensrechnung der Musterbau GmbH

Das Ergebnis der Baubetriebsrechnung spiegelt sich grundsätzlich auch in der GuV des externen Rechnungswesens wider, da die gebuchten Primär- bzw. Einzelkosten parallel zur Verbuchung in der Kostenrechnung auch auf Aufwandskonten in der Finanzbuchhaltung aufgeschlüsselt werden. Gleiches gilt für externe Erlöse, die auf entsprechenden Ertragskonten der Finanzbuchhaltung geschlüsselt werden. Aufwands- und Ertragskonten sind dann entsprechenden GuV-Zeilen zugeordnet, sodass sich die in Abb. 3.24 gezeigte vereinfachte Überleitung zwischen der Ergebnisrechnung der Baubetriebsrechnung und dem Jahresüberschuss/Jahresfehlbetrag der GuV der Musterbau GmbH ergibt.

Hinweis

Betriebsergebnis und Jahresüberschuss der GuV entsprechen sich im Beispiel der Musterbau GmbH, da nur Geschäftsvorfälle berücksichtigt wurden, die sowohl in der Baubetriebsrechnung als auch in der Bauunternehmensrechnung erfolgswirksam sind. Hinzu kommt, dass die Bauleistung der Kostenträger eins zu eins in die GuV-Position „Bestandsveränderung der unfertigen Baustellen" übertragen wurde. Dies ist dem Ansatz nach richtig, da sich alle Bauprojekte noch im Ausführungsstadium befinden. Korrekterweise müssten diese unfertigen Baustellen aber nach den geltenden Bewertungsvorschriften des HGB für das Vorratsvermögen zu Herstellungskosten bewertet werden. Im Normalfall liegt dann der Bewertungsansatz der unfertigen Baustellen unterhalb der in der Baubetriebsrechnung verbuchten Leistung, da anteilige Gewinne und bestimmte Kostenbestandteile nicht in die Herstellungskosten einbezogen werden dürfen. In der Folge treten deshalb Abweichungen zwischen Betriebsergebnis der Baubetriebsrechnung und GuV-Ergebnis der Bauunternehmensrechnung auf. Weitere Abweichungen entstehen durch betriebsfremde, periodenfremde und außerordentliche Aufwendungen (vgl. im Detail die Ausführungen unter Kapitel 1.3.1) und Erträge.

Hinzuweisen ist noch darauf, dass Bauprojekte erst mit dem Gefahrenübergang vom Auftragnehmer auf den Auftraggeber (also zum Zeitpunkt der Abnahme) in der GuV-Position Umsatzerlöse ausgewiesen werden dürfen. Insofern werden sich Betriebsergebnis des internen Rechnungswesens und Jahresüberschuss/Jahresfehlbetrag des externen Rechnungswesens immer unterscheiden.

Tabelle 3.7: Betriebsabrechnungsbogen der Musterbau GmbH zum Stichtag

BKR	Kostenstellen/-träger / Kostenartengruppen	Umlagekostenstellen							Verrechnungskostenstellen				Kostenträger				Gesamt
		Verwaltung	PKW	Rechnungswesen	Bauleitung	Kleingeräte/ Werkzeug	Sozialkosten gewerbliche Mitarbeiter	Sozialkosten Angestellte	Werkstatt	Vorhaltegeräte	Leistungsgeräte	Lager	Stützwand	Bauprojekt 2	Bauprojekt 3	Bauprojekt 4	
		95…1	95…2	95…3	95…4	95…5	95…6	95…7	96…1	96…2	96…3	96…4	98…1	98…2	98…3	98…4	
60….	Lohn- und Gehaltskosten	51.000,00 €	0,00 €	18.000,00 €	49.500,00 €	0,00 €	228.949,00 €	30.810,00 €	19.380,00 €	0,00 €	0,00 €	8.670,00 €	10.665,00 €	88.230,00 €	79.407,00 €	61.761,00 €	**646.372,00 €**
62….	Materialkosten	0,00 €	0,00 €	0,00 €	0,00 €	0,00 €	0,00 €	0,00 €	0,00 €	0,00 €	0,00 €	13.000,00 €	5.500,00 €	45.501,00 €	40.951,00 €	31.850,00 €	**136.802,00 €**
640…	Bauhilfsstoffe	0,00 €	0,00 €	0,00 €	0,00 €	0,00 €	0,00 €	0,00 €	0,00 €	0,00 €	0,00 €	0,00 €	3.754,00 €	31.056,00 €	27.951,00 €	21.739,00 €	**84.500,00 €**
641…	Gerätekosten	0,00 €	0,00 €	0,00 €	0,00 €	0,00 €	0,00 €	0,00 €	0,00 €	61.800,00 €	45.900,00 €	0,00 €	0,00 €	0,00 €	0,00 €	0,00 €	**107.700,00 €**
644…	Ausstattungskosten	34.500,00 €	15.000,00 €	4.500,00 €	6.000,00 €	7.202,00 €	0,00 €	0,00 €	15.000,00 €	1.000,00 €	0,00 €	9.000,00 €	700,00 €	5.791,00 €	5.212,00 €	4.054,00 €	**107.959,00 €**
66….	NU	0,00 €	0,00 €	0,00 €	0,00 €	0,00 €	0,00 €	0,00 €	0,00 €	0,00 €	0,00 €	0,00 €	11.170,00 €	92.408,00 €	83.167,00 €	30.000,00 €	**216.745,00 €**
68….	SoKo	0,00 €	0,00 €	0,00 €	0,00 €	0,00 €	0,00 €	0,00 €	0,00 €	5.000,00 €	0,00 €	0,00 €	3.000,00 €	24.819,00 €	22.337,00 €	17.373,00 €	**72.529,00 €**
	Σ primäre Kosten/Einzelkosten	**85.500,00 €**	**15.000,00 €**	**22.500,00 €**	**55.500,00 €**	**7.202,00 €**	**228.949,00 €**	**30.810,00 €**	**34.380,00 €**	**67.800,00 €**	**45.900,00 €**	**30.670,00 €**	**34.789,00 €**	**287.805,00 €**	**259.025,00 €**	**166.777,00 €**	**1.372.607,00 €**
95…1	Verwaltung												3.749,48 €	40.250,00 €	34.300,00 €	20.300,00 €	**98.599,48 €**
95…2	PKW	4.500,00 €			10.500,00 €												**15.000,00 €**
95…3	Rechnungswesen	27.000,00 €															**27.000,00 €**
95…4	Bauleitung	7.837,50 €											2.678,20 €	28.750,00 €	24.500,00 €	14.500,00 €	**78.265,70 €**
95…5	Kleingeräte/Werkzeug												319,95 €	2.646,90 €	2.382,21 €	1.852,83 €	**7.201,89 €**
95…6	Sozialkosten gewerbliche Mitarbeiter								16.860,60 €			7.542,90 €	9.278,55 €	76.760,10 €	69.084,09 €	53.732,07 €	**233.258,31 €**
95…7	Sozialkosten Angestellte	12.750,00 €		4.500,00 €	12.375,00 €												**29.625,00 €**
96…1	Werkstatt									19.500,00 €	26.000,00 €		650,00 €	1.300,00 €	975,00 €	520,00 €	**48.945,00 €**
96…2	Vorhaltegeräte												480,00 €	52.800,00 €	32.040,00 €	720,00 €	**86.040,00 €**
96…3	Leistungsgeräte												3.000,00 €	36.000,00 €	32.000,00 €	0,00 €	**71.000,00 €**
96…4	Lager												0,00 €	16.000,00 €	12.000,00 €	7.000,00 €	**35.000,00 €**
	Σ sekundäre Kosten/Gemeinkosten	**52.087,50 €**	**0,00 €**	**4.500,00 €**	**22.875,00 €**	**0,00 €**	**0,00 €**	**0,00 €**	**16.860,60 €**	**19.500,00 €**	**26.000,00 €**	**7.542,90 €**	**20.156,18 €**	**254.507,00 €**	**207.281,30 €**	**98.624,90 €**	**729.935,38 €**
	Σ Belastung	**137.587,50 €**	**15.000,00 €**	**27.000,00 €**	**78.375,00 €**	**7.202,00 €**	**228.949,00 €**	**30.810,00 €**	**51.240,60 €**	**87.300,00 €**	**71.900,00 €**	**38.212,90 €**					
	Σ Entlastung	**98.599,48 €**	**15.000,00 €**	**27.000,00 €**	**78.265,70 €**	**7.201,89 €**	**233.258,31 €**	**29.625,00 €**	**48.945,00 €**	**86.040,00 €**	**71.000,00 €**	**35.000,00 €**					
	Über-/Unterdeckung	**−38.988,02 €**	**0,00 €**	**0,00 €**	**−109,30 €**	**−0,11 €**	**4.309,31 €**	**−1.185,00 €**	**−2.295,60 €**	**−1.260,00 €**	**−900,00 €**	**−3.212,90 €**					
	Bauleistung												**53.564,00 €**	**575.000,00 €**	**490.000,00 €**	**290.000,00 €**	**1.408.564,00 €**
	Herstellkosten												**51.195,70 €**	**502.062,00 €**	**432.006,30 €**	**245.101,90 €**	**1.230.365,90 €**
	Selbstkosten												**54.945,18 €**	**542.312,00 €**	**466.306,30 €**	**265.401,90 €**	**1.328.965,38 €**
	Bauprojekt-Deckungsbeitrag												**2.368,30 €**	**72.938,00 €**	**57.993,70 €**	**44.898,10 €**	**178.198,10 €**
	Bauprojekt-Ergebnis												**−1.381,18 €**	**32.688,00 €**	**23.693,70 €**	**24.598,10 €**	**79.598,62 €**
	Über-/Unterdeckung																**−43.641,62 €**
	Betriebsergebnis																**35.957,00 €**

GuV		in €	in €
1.	Umsatzerlöse		0,00
2.	Erhöhung oder Verminderung des Bestands an fertigen und unfertigen Erzeugnissen		1.408.564,00
3.	Andere aktivierte Eigenleistungen		0,00
4.	Sonstige betriebliche Erträge		0,00
5.	Materialaufwand		353.547,00
	a) Aufwendungen für Roh-, Hilfs- und Betriebstoffe	136.802,00	
	b) Aufwendungen für bezogene Leistungen	216.745,00	
6.	Personalaufwand		646.372,00
	a) Löhne und Gehälter	386.613,00	
	b) Soziale Abgaben und Aufwendungen für Altersversorgung und für Unterstützung,	259.759,00	
	davon für Alterversorgung	0,00	
7.	Abschreibungen		0,00
	a) auf immaterielle Vermögensgegenstände des Anlagevermögens und Sachanlagen	0,00	
	b) auf Vermögensgegenstände des Umlaufvermögens, soweit diese die in der Kapitalgesellschaft üblichen Abschreibungen überschreiten	0,00	
8.	Sonstiger betrieblicher Aufwand		372.688,00
9.	Erträge aus Beteiligungen,		0,00
	davon aus verbundenen Unternehmen	0,00	
10.	Erträge aus Wertpapieren und Ausleihungen des Finanzanlagevermögens,		0,00
	davon aus verbundenen Unternehmen	0,00	
11.	Sonstige Zinsen und ähnliche Erträge,		0,00
	davon aus verbundenen Unternehmen	0,00	
12.	Abschreibungen auf Finanzanlagen und auf Wertpapiere des Umlaufvermögens		0,00
13.	Zinsen und ähnliche Aufwendungen,		0,00
	davon an verbundene Unternehmen	0,00	
14.	Steuern vom Einkommen und Ertrag		0,00
15.	Ergebnis nach Steuern		35.957,00
16.	Sonstige Steuern		0,00
17.	Jahresüberschuss/Jahresfehlbetrag		**35.957,00**

Ergebnisrechnung		in €
	Bauleistung	**1.408.564,00**
BKR	**Kostenartengruppen**	**1.372.607,00**
60....	Lohn- und Gehaltskosten	646.372,00
62....	Materialkosten	136.802,00
640...	Bauhilfsstoffe	84.500,00
641...	Gerätekosten	107.700,00
644...	Ausstattungskosten	107.959,00
66....	NU	216.745,00
68....	SoKo	72.529,00
	Betriebsergebnis	**35.957,00**

Abb. 3.24: Überleitungsrechnung der Musterbau GmbH zum Stichtag

Tabelle 3.8: Arten von Soll/Ist-Vergleichsrechnungen

			Bauprojekt	Bauabschnitte	BAS	LV-Positionen
Vergleichszahlen	Mengen	Arbeitsstunden	X[2]	X[2]	X[2]	–
		Materialmengen	X[3]	X[3]	–	X[3]
		Gerätestunden	X[4]	X[4]	–	X[4]
	Werte	Kosten	X[5]	–	–	–
		Leistung	X	–	–	–
		Ergebnisse	X	–	–	–
	Termine		X	X	X	–
Vergleichszeiträume	während der Bauausführung[1]		X	X	X	X
	nach Beendigung der Bauausführung		X	X	X	X

1) z. B. Tag, Woche, Monat, Quartal, Geschäftsjahr
2) nur bei lohnintensiven Arbeiten
3) nur bei materialintensiven Arbeiten für einzelne wichtige Baumaterialien
4) nur bei geräteintensiven Arbeiten für einzelne Leistungsgeräte
5) für Gesamtkosten oder aufgegliedert nach Kostenartengruppen

3.4 Soll/Ist-Vergleichsrechnungen

Da die Baubetriebsrechnung nur die Ist-Kosten, die Ist-Leistung und das Ist-Ergebnis zeigt, kann es sinnvoll sein – gerade auf Bauprojektebene – den Ist-Daten entsprechende Soll-Daten gegenüberzustellen.

Hinweis

> Im baubetrieblichen Sprachgebrauch spricht man dabei von einer Soll/Ist-Vergleichsrechnung oder kurz von Soll/Ist-Vergleichen.

3.4.1 Aufgabe der Soll/Ist-Vergleichsrechnungen

Soll/Ist-Vergleichsrechnungen haben die Aufgabe, Abweichungen zwischen dem geplanten und dem tatsächlichen Ablauf eines Bauprojekts zu erkennen. Hierzu werden zunächst die Soll- und Ist-Daten ermittelt und gegenübergestellt. Anschließend werden aufgetretene Abweichungen nach ihren Ursachen und Wirkungen analysiert, um bei Bedarf gezielte Gegenmaßnahmen einzuleiten.

Soll/Ist-Vergleiche haben folgende Aufgaben:

- Kontrolle und Analyse der Mengen- und Wertansätze der Bauauftragsrechnung im Hinblick auf ihre Richtigkeit für die Verwendung neu zu erstellender Angebots- und Vertragskalkulationen
- Kontrolle und Steuerung des laufenden Bauprojekts

Hinweis

> Die Ist-Kosten werden üblicherweise aus der Baubetriebsrechnung inklusive der notwendigen Kostenabgrenzungen (vgl. Kapitel 3.2.4.3) übernommen. Die entsprechenden Soll-Daten werden meist aus der baubegleitenden Arbeitskalkulation abgeleitet.

3.4.2 Arten von Soll/Ist-Vergleichsrechnungen

Soll/Ist-Vergleichsrechnungen können nach verschiedenen Gesichtspunkten differenziert werden, wobei die Vergleichszahlen und die Vergleichszeiträume zu unterscheiden sind (vgl. Tabelle 3.8).

Tabelle 3.8 zeigt, dass sich Soll- und Ist-Zahlen bezogen auf Mengen, Zeiten und Werte miteinander vergleichen lassen. Im Sinne der baubetrieblichen Kosten-, Leistungs- und Ergebnisrechnung ist der wertebezogene Soll/Ist-Vergleich von besonderer Bedeutung.

3.4.3 Soll/Ist-Vergleich der Kosten

Der Soll/Ist-Vergleich der Kosten wird zum einen während der Bauausführung stichtagsbezogen und zum anderen nach der Bauausführung umgesetzt. Während der Bauausführung geht es darum, aufgetretene Abweichungen frühzeitig zu erkennen, um Gegenmaßnahmen einleiten zu können. Nach der Bauausführung geht es um die Analyse des realisierten Bauprojekts und um die Ableitung neuer Vorgabewerte für die Bauauftragsrechnung. Dabei können die Soll- und Ist-Kosten summiert oder differenziert nach Kostenartengruppen gegliedert miteinander verglichen werden.

Hinweis

> Im baubetrieblichen Sprachgebrauch spricht man dann vom Kostenarten-Soll/Ist-Vergleich.

Tabelle 3.9: Ist-Ergebnis des Beispiel-Projekts „Stützwand“ zum Stichtag

BKR	Kostenträger / Kostenartengruppen	Stützwand 98...1	
60....	Lohn- und Gehaltskosten	10.665,00 €	
62....	Materialkosten	5.500,00 €	
640...	Bauhilfsstoffe	3.754,00 €	
641...	Gerätekosten	0,00 €	
644...	Ausstattungskosten	700,00 €	
66....	NU	11.170,00 €	
68....	SoKo	3.000,00 €	
	Σ Einzelkosten	**34.789,00 €**	
	Umlage/Verrechnung von ...		
	Sozialkosten gewerbliche Mitarbeiter	9.278,55 €	
	Kleingeräte/Werkzeuge	319,95 €	
	Werkstatt	650,00 €	
	Vorhaltegeräte	480,00 €	
	Leistungsgeräte	3.000,00 €	
	Lager	0,00 €	
	Bauleitung	2.678,20 €	
	Verwaltung	3.749,48 €	
	Σ Gemeinkosten	20.156,18 €	
	Σ Belastung	54.945,18 €	
	Bauleistung	**53.564,00 €**	**100,00 %**
	Herstellkosten	**51.195,70 €**	**95,58 %**
	Selbstkosten	**54.945,18 €**	**102,58 %**
	Bauprojekt-Deckungsbeitrag	**2.368,30 €**	**4,42 %**
	Bauprojekt-Ergebnis	**−1.381,18 €**	**−2,58 %**

Der Soll/Ist-Vergleich der Kosten(arten) stellt also zunächst Soll- und Ist-Kosten eines Bauprojekts gegenüber. Dies erfolgt in 3 Schritten:

- Im ersten Arbeitsgang sind die bis zum Stichtag angefallenen Soll-Kosten zu ermitteln. Diese werden durch Multiplikation der jeweils geleisteten Mengen mit den Kostenansätzen der (baubegleitenden) Arbeitskalkulation (ist diese nicht vorhanden, ersatzweise auch der Vertragskalkulation) berechnet.
- Im zweiten Arbeitsgang sind dann die Ist-Kosten des Bauprojekts zu bestimmen. Diese können direkt aus der Baubetriebsrechnung übernommen werden, wobei die Thematik der Kostenabgrenzung beachtet werden muss (vgl. Kapitel 3.2.4.3).
- Im dritten Arbeitsgang werden dann die Soll-Kosten den Ist-Kosten gegenübergestellt und auf etwaige Abweichungen überprüft.

Hinweis

Wird nun den Soll- und Ist-Kosten die ermittelte Bauleistung gegenübergestellt, kann die Kosten(arten)-Soll/Ist-Vergleichsrechnung auch auf die Leistungs- und Ergebnisebene eines Bauprojekts ausgeweitet werden.

3.5 Soll/Ist-Vergleich der Kosten des Beispiel-Projekts „Stützwand“

Da die Projektergebnisse für das operative Ergebnis eines Bauunternehmens von besonderer Bedeutung sind, empfiehlt es sich, diese in einer Soll/Ist-Vergleichsrechnung noch differenzierter zu betrachten. Exemplarisch erfolgt dies am Kostenträger „Stützwand“ (vgl. Tabelle 3.9).

3.5.1 Analyse des Ist-Ergebnisses des Beispiel-Projekts „Stützwand"

Zunächst zeigt die Kostenträgerauswertung als Summe der Einzelkosten (34.789,00 €) und Gemeinkosten (20.156,18 €) eine Gesamtbelastung in Höhe von 54.945,18 €. Diese Summe entspricht im Sprachgebrauch der Bauwirtschaft den Selbstkosten. Demnach errechnet sich als Differenz von Bauleistung (53.564,00 €) und Selbstkosten ein negatives Bauprojektergebnis zum Stichtag in Höhe von –1.381,18 €. Subtrahiert man von den Selbstkosten den umgelegten Verwaltungskostenanteil (3.749,48 €), errechnen sich die Ist-Herstellkosten zum Stichtag in Höhe von 51.195,70 € und demzufolge als Differenz zur Bauleistung ein Ist-Deckungsbeitrag in Höhe von 2.368,30 €.

Hinweis

Die Kostenträgerauswertung lässt allerdings keine Aufteilung der Herstellkosten zum Stichtag in anteilige EKT und BGK zu. Erfasst werden meist nur die Einzelkosten nach Kostenartengruppen, nicht aber nach Einzeltätigkeiten (beschrieben in den LV-Positionen und internen Positionen im BGK-Bereich). Die Trennung von EKT und BGK ist (mit vertretbarem Aufwand) nur in der Bauauftrags-, nicht aber in der Baubetriebsrechnung möglich, da die Baubetriebsrechnung ansonsten ein nach Einzeltätigkeiten ausgerichtetes Berichtswesen führen müsste.

Die Kostenträgerauswertung zeigt zudem nur das Ist-Ergebnis zum Stichtag und lässt als solches nur bedingt Rückschlüsse auf die Produktivität der Projektrealisation zu. Hierzu fehlt es an vergleichenden Soll-Daten. Diese liefert die modifizierte Methode der Leistungsbewertung.

3.5.2 Modifizierte Leistungsbewertung des Beispiel-Projekts „Stützwand"

Die modifizierte Methode der Leistungsbewertung ermittelt basierend auf den zum Stichtag geleisteten Mengen (sowohl im Bereich der LV-Positionen als auch der internen Positionen im BGK-Bereich) zunächst die Soll-Herstellkosten zum Stichtag. Zu diesem Zweck multipliziert sie alle zum Stichtag geleisteten Mengen mit den Soll-Kosten je ME und addiert die Einzelprodukte auf. Unter Hinzurechnung des aktuellen Deckungsbeitrags (AGK- und Gewinn-Anteil) ermittelt sie dann die Bauleistung zum Stichtag. Die für das Beispiel-Projekt „Stützwand" erstellte modifizierte Leistungsbewertung zum Stichtag liefert folgende Daten (vgl. Tabelle 3.10):

- Bauleistung (gemäß modifizierter Methode der Leistungsbewertung) 57.708,50 €
- Soll-Herstellkosten 52.008,38 €
- Soll-Deckungsbeitrag 5.700,12 €

Hinweis

Die Abweichung der unter Kapitel 3.3.3 ermittelten Bauleistung (53.564,00 €) gegenüber der modifizierten Bauleistung (57.708,50 €) in Höhe von 4.144,50 € resultiert aus der unterschiedlichen Behandlung der BGK. Während diese bei Anwendung der klassischen Methode als Bestandteil der Einheitspreise in die Ermittlung der Bauleistung eingehen, werden sie bei Anwendung der modifizierten Methode nur in dem Umfang in der Bauleistung berücksichtigt, wie sie auch tatsächlich auf der Baustelle entstanden sind. Da die in den einzelnen LV-Positionen umgelegten BGK-Bestandteile variieren, kann es zu einzelnen Bewertungsstichtagen dazu kommen, dass bei Anwendung der klassischen Methode anteilig zu hohe oder zu niedrige BGK berücksichtigt werden. Bei fertigen Bauprojekten ergeben beide Methoden der Leistungsbewertung eine gleich hohe Bauleistung.

Wird die modifizierte Leistungsbewertung des Beispiel-Projekts „Stützwand" bei der Ergebnisermittlung der Musterbau GmbH berücksichtigt, so verändert sich das Ergebnis des Beispiel-Projekts zunächst um die höhere Bewertung der Bauleistung in Höhe von +4.144,50 €. Da aber gleichzeitig die Projektkosten zum Stichtag steigen, weil die Umlage der Verwaltung (7,00 % der Bauleistung) sowie der Bauleitung (5,00 % der Bauleistung) aufgrund der gestiegenen Bauleistung höher ausfallen, verändert sich das Kostenträgerergebnis nur um +3.647,16 €.

Die Gegenüberstellung in Tabelle 3.11 zeigt das Ist-Ergebnis des Kostenträgers „Stützwand" bei Anwendung der klassischen Methode der Leistungsbewertung einerseits und der modifizierten Methode andererseits.

3.5.3 Soll/Ist-Vergleich des Beispiel-Projekts „Stützwand"

Nun liegen auch die Soll-Herstellkosten (geleistete Mengen multipliziert mit den jeweiligen Soll-Kosten-Ansätzen der Vertrags- bzw. Arbeitskalkulation) nach den in der Bauauftragsrechnung verwendeten Kostenartengruppen vor. Werden diese Soll-Daten den Ist-Daten des Kostenträgers gegenübergestellt, so ist ein erster Soll/Ist-Vergleich möglich (vgl. Tabelle 3.12).

Der Soll/Ist-Vergleich des Beispiel-Projekts zeigt eine positive Ergebnisabweichung in Höhe von 605,45 €, die durch geringfügig geringere Ist-Herstellkosten entstanden ist. Da die Umlage der AGK (Umlagekostenstelle Verwaltung) in der Bauauftrags- wie in der Baubetriebsrechnung jeweils 7,00 % der Bauleistung beträgt, tritt dieselbe Abweichung auch im Bereich der Selbstkosten auf.

Hinweis

Grundsätzlich sollten Umlagen, Zuschläge und Verrechnungssätze in Bauauftrags- und Baubetriebsrechnung übereinstimmen, sodass Soll/Ist-Abweichungen nur aus Mehr- oder Minderkosten im Bereich der Einzelkosten und/oder aus Mehr- oder Mindermengen im Bereich der Gemeinkosten resultieren können.

Tabelle 3.10: Modifizierte Leistungsbewertung des Beispiel-Projekts „Stützwand" zum Stichtag

Projekt: Stützwand, Vertragskalkulation [VK(0)]																	
Leistungsmeldung, 1. Baumonat, modifizierte Methode				EKT							GKT						
Position	LE-Menge	Einheit	Beschreibung	Stunden	Lohn	Material	Geräte	SoKo	NU	EKT	Stunden	Lohn	Material	Geräte	SoKo	NU	GKT
		Kostenart	Mittellohn in €/h		34,07							34,07					
				in h	in €	in €	in €	in €	in €	in €	in h	in €	in €	in €	in €	in €	in €
1.010	600,000	m³	**Aushub und seitliches Lagern**														
1.010			Laderaupe 50 kW, diese leistet 40,00 m³/h														
1.010		641…	Betrieb Laderaupe: 8,00 €/h / 40,00 m³/h				0,20										
1.010		641…	Vorhaltung Laderaupe: 60,00 €/h / 40,00 m³/h				1,50										
1.010		60…	Bedienung 1 Mann: 1 Ak/h / 40,00 m³/h = 0,025 h/m³ + 0,005 h/m³ anteilige Handschachtung	0,0300	1,02												
1.010				0,0300	1,02		1,70			2,72	18,0000	612,00		1.020,00			1.632,00
1.020	100,000	m³	**Abfuhr**														
1.020		641…	2 Fahrzeuge: 2 · 65,00 €/h / 20,00 m³/h					6,50									
1.020								6,50		6,50					650,00		650,00
1.030	120,000	m³	**Hinterfüllung**														
1.030			Laderaupe 50 kW, diese leistet 40,00 m³/h														
1.030		641…	Betrieb Laderaupe: 8,00 €/h / 40,00 m³/h				0,20										
1.030		641…	Vorhaltung Laderaupe: 60,00 €/h / 40,00 m³/h				1,50										
1.030		641…	Betrieb Rüttelplatte: 2,00 €/h / 40,00 m³/h				0,05										
1.030		641…	Vorhaltung Rüttelplatte: 7,00 €/h / 40,00 m³/h				0,18										
1.030		60…	Bedienung 2 Mann: 2 Ak/h / 40,00 m³/h	0,0500	1,70												
1.030				0,0500	1,70		1,93			3,63	6,0000	204,00		231,60			435,60
2.010	100,000	m²	**Sauberkeitsschicht 5 cm**														
2.010			Unterposition 1: C 8/10 einbringen:														
2.010		60…	Lohn: 0,050 m³ · 2,00 h	0,1000	3,41												
2.010		62…	Liefern: 0,050 m³ · 60,00 €			3,00											
2.010			Unterposition 2: Abziehen:														
2.010		60…	Lohn: 0,10 h =	0,1000	3,41												
2.010				0,2000	6,82	3,00				9,82	20,0000	682,00	300,00				982,00
2.020	45,000	m³	**Fundamentbeton C 20/25**														
2.020		60…	Lohn: Betonieren mit Pumpe	0,5000	17,04												
2.020		641…	Betonpumpe				10,00										
2.020		62…	C 20/25			65,00											
2.020				0,5000	17,04	65,00	10,00			92,04	22,5000	766,80	2.925,00	450,00			4.141,80
2.030	84,000	m²	**Fundamentschalung**														
2.030			Unterposition 1: Schalen Vorderwand Fundament:														
2.030		60…	Lohn: 0,5 · 0,40 h	0,2000	6,81												
2.030		644…	Schalung					5,00									

Tabelle 3.10 (Fortsetzung): Modifizierte Leistungsbewertung des Beispiel-Projekts „Stützwand" zum Stichtag

Projekt: Stützwand, Vertragskalkulation [VK(0)]																	
Leistungsmeldung, 1. Baumonat, modifizierte Methode				EKT							GKT						
Position	LE-Menge	Einheit / Kostenart	Beschreibung / Mittellohn in €/h	Stunden	Lohn 34,07	Material	Geräte	SoKo	NU	EKT	Stunden	Lohn 34,07	Material	Geräte	SoKo	NU	GKT
				in h	in €	in €	in €	in €	in €	in €	in h	in €	in €	in €	in €	in €	in €
2.030			Unterposition 2: Ausschalen Vorderwand Fundament:														
2.030		60....	Lohn: 0,5 · 0,10 h	0,0500	1,70												
2.030			Unterposition 3: Schalen Rückwand:														
2.030		60....	Lohn: 0,5 · 0,73 h	0,3650	12,44												
2.030		644...	Schalung: 0,5 · 10,00 €					5,00									
2.030			Unterposition 4: Ausschalen Rückwand:														
2.030		60....	Lohn: 0,5 · 0,27 h	0,1350	4,60												
2.030				0,7500	25,55			10,00		35,55	63,0000	2.146,20			840,00		2.986,20
2.040	5,0	t	**Betonstahl 500 S**														
2.040		66....	Schneiden, Biegen, Liefern und Verlegen						900,00								
2.040									900,00	900,00						4.500,00	4.500,00
2.050		m^3	**Wandbeton C 20/25 einschließlich Schalung und Bewehrung**														
2.050			Unterposition 1: Beton einbringen:														
2.050	42,0	60....	Lohn: Betonieren mit Pumpe	0,7000	23,85						29,4000	1.001,70					
2.050	42,0	641...	Betonpumpe				10,00							420,00			
2.050	42,0	62....	C 20/25			65,00							2.730,00				
2.050			Wandschalung (6,667 m^2/m^3)														
2.050			Unterposition 2: Schalen Vorderwand (m^2):														
2.050	300,0	60....	Lohn: 6,667 · 0,5 · 0,73 h/m^2	0,3650	12,44						109,5000	3.732,00					
2.050	300,0	644...	Schalung: 6,667 · 0,5 · 10,00 €/m^2					5,00							1.500,00		
2.050			Unterposition3: Ausschalen Vorderwand (m^2):														
2.050	200,0	60....	Lohn: 6,667 · 0,5 · 0,27 h/m^2	0,1350	4,60						27,0000	920,00					
2.050			Unterposition 4: Schalen Rückwand (m^2):														
2.050	300,0	60....	Lohn: 6,667 · 0,5 · 0,73 h/m^2	0,3650	12,44						109,5000	3.732,00					
2.050	300,0	644...	Schalung: 6,667 · 0,5 · 10,00 €/m^2					5,00							1.500,00		
2.050			Unterposition 5: Ausschalen Rückwand (m^2):														
2.050	200,0	60....	Lohn: 6,667 · 0,5 · 0,27 h/m^2	0,1350	4,60						27,0000	920,00					
2.050			Betonstahlmatten 500 M (0,1 t/m^3)														
2.050	5,0	660...	Unterposition 6: Schneiden, Lieferung und Verlegen						900,00							4.500,00	
2.050				1,7000	57,93	65,00	10,00	10,00	900,00	1.042,93	302,4000	10.305,70	2.730,00	420,00	3.000,00	4.500,00	20.955,70
2.060	3,02	m	**Dehnungsfugen**														
2.060		60....	Lohn	1,0000	34,07												
2.060		62....	Dehnungsfugenband			9,95											

Tabelle 3.10 (Fortsetzung): Modifizierte Leistungsbewertung des Beispiel-Projekts „Stützwand" zum Stichtag

2.060				1,0000	34,07	9,95				44,02	3,0200	102,89	30,05				132,94
2.070	**60,00**	**m**	**Arbeitsfugen**														
2.070		60....	Lohn	0,3000	10,22												
2.070		62....	Fugenblech			2,50											
2.070				0,3000	10,22	2,50				12,72	18,0000	613,20	150,00				763,20
2.080	**12,00**	**m**	**Sollbruchfugen**														
2.080		60....	Lohn	1,0000	34,07												
2.080		62....	Sollbruchfuge			10,20											
2.080				1,0000	34,07	10,20				44,27	12,0000	408,84	122,40				531,24
Summe EKT:											**464,9200**	**15.841,63**	**6.257,45**	**2.121,60**	**4.490,00**	**9.000,00**	**37.710,68**
BGK				**Einzelkosten der internen BGK-Positionen**							**Gesamtkosten der internen BGK-Positionen**						
Position	**Menge**	**Einheit**	**Beschreibung**	**Stunden**	**Lohn**	**Material**	**Geräte**	**SoKo**	**NU**	**Einzelkosten**	**Stunden**	**Lohn**	**Material**	**Geräte**	**SoKo**	**NU**	**Gesamtkosten**
		Kostenart	**Mittellohn in €/h**		**34,07**							**34,07**					
				in h	**in €**	**in €**	**in €**	**in €**	**in €**	**in €**	**in h**	**in €**	**in €**	**in €**	**in €**	**in €**	**in €**
1	**0,5**	**pauschal**	**Einrichten und Räumen**														
1		60....	Einrichten und Räumen	220,0000	7.495,40												
1		644...	für Umformer, Innenrüttler, sonstiges Gerät sowie Schalung und Rüstung.					2.500,00									
1				220,0000	7.495,40			2.500,00		9.995,40	110,0000	3.747,70			1.250,00		4.997,70
2	**1,0**	**Monate**	**Vorhaltekosten**														
2		641...	Geräte				500,00										
2							500,00			500,00				500,00			500,00
3	**1,0**	**Monate**	**Kosten der örtlichen Bauleitung**														
3		60....	0,50 Bauleiter pro Monat					3.000,00									
3		60....	Vermesser, anteilig					350,00									
3		60....	0,25 Baukaufmann					1.250,00									
3								4.600,00		4.600,00					4.600,00		4.600,00
4	**0,5**	**pauschal**	**Betriebs- und Bedienungskosten**														
4		641...	für Geräteeinsatz				2.400,00										
4							2.400,00			2.400,00				1.200,00			1.200,00
5	**1,0**	**pauschal**	**technische Bearbeitung**														
5		65....	Konstruktion, Planerstellung und Kontrolle					3.000,00									
5								3.000,00		3.000,00					3.000,00		3.000,00
Summe BGK											**110,0000**	**3.747,70**		**1.700,00**	**8.850,00**		**14.297,70**
Summe Herstellkosten											**574,9200**	**19.589,33**	**6.257,45**	**3.821,60**	**13.340,00**	**9.000,00**	**52.008,38**
Gesamt-Deckungsbeitrag prozentual (in % der Herstellkosten)																	**10,96 %**
Gesamt-Deckungsbeitrag absolut (Gesamt-Deckungsbeitrag in % · Herstellkosten)																	**5.700,12**
Leistung zum Stichtag																	**57.708,50**

Tabelle 3.11: Vergleich der Ist-Ergebnisse des Beispiel-Projekts „Stützwand" bei unterschiedlicher Anwendung der Leistungsbewertung

BKR	Kostenartengruppen / Kostenträger Stützwand	klassische Methode der Leistungsbewertung		modifizierte Methode der Leistungsbewertung		Abweichung
60....	Lohn- und Gehaltskosten	10.665,00 €		10.665,00 €		
62....	Materialkosten	5.500,00 €		5.500,00 €		
640...	Bauhilfsstoffe	3.754,00 €		3.754,00 €		
641...	Gerätekosten	0,00 €		0,00 €		
644...	Ausstattungskosten	700,00 €		700,00 €		
66....	NU	11.170,00 €		11.170,00 €		
68....	SoKo	3.000,00 €		3.000,00 €		
	Σ Einzelkosten	**34.789,00 €**		**34.789,00 €**		
	Umlage/Verrechnung von ...					
	Sozialkosten gewerbliche Mitarbeiter	9.278,55 €		9.278,55 €		
	Kleingeräte/Werkzeuge	319,95 €		319,95 €		
	Werkstatt	650,00 €		650,00 €		
	Vorhaltegeräte	480,00 €		480,00 €		
	Leistungsgeräte	3.000,00 €		3.000,00 €		
	Lager	0,00 €		0,00 €		
	Bauleitung	2.678,20 €		2.885,43 €		207,23 €
	Verwaltung	3.749,48 €		4.039,60 €		290,11 €
	Σ Gemeinkosten	**20.156,18 €**		**20.653,52 €**		**497,34 €**
	Σ Belastung	**54.945,18 €**		**55.442,52 €**		**497,34 €**
	Bauleistung	**53.564,00 €**	**100,00 %**	**57.708,50 €**	**100,00 %**	**4.144,50 €**
	Herstellkosten	**51.195,70 €**	**95,58 %**	**51.402,93 €**	**89,07 %**	**207,23 €**
	Selbstkosten	**54.945,18 €**	**102,58 %**	**55.442,52 €**	**96,07 %**	**497,34 €**
	Bauprojekt-Deckungsbeitrag	**2.368,30 €**	**4,42 %**	**6.305,57 €**	**10,93 %**	**3.937,27 €**
	Bauprojekt-Ergebnis	**-1.381,18 €**	**-2,58 %**	**2.265,98 €**	**3,93 %**	**3.647,16 €**

Tabelle 3.12: Soll/Ist-Vergleich des Beispiel-Projekts „Stützwand"

Kostenartengruppen / Kostenträger Stützwand	**Ist**		**Soll**		**Abweichung**
Bauleistung	**57.708,50 €**	**100,00 %**	**57.708,50 €**	**100,00 %**	**0,00 €**
Herstellkosten	**51.402,93 €**	**89,07 %**	**52.008,38 €**	**90,12 %**	**-605,45 €**
Selbstkosten	**55.442,52 €**	**96,07 %**	**56.047,98 €**	**97,12 %**	**-605,45 €**
Bauprojekt-Deckungsbeitrag	**6.305,58 €**	**10,93 %**	**5.700,12 €**	**9,88 %**	**605,45 €**
Bauprojekt-Ergebnis	**2.265,98 €**	**3,93 %**	**1.660,53 €**	**2,88 %**	**605,45 €**

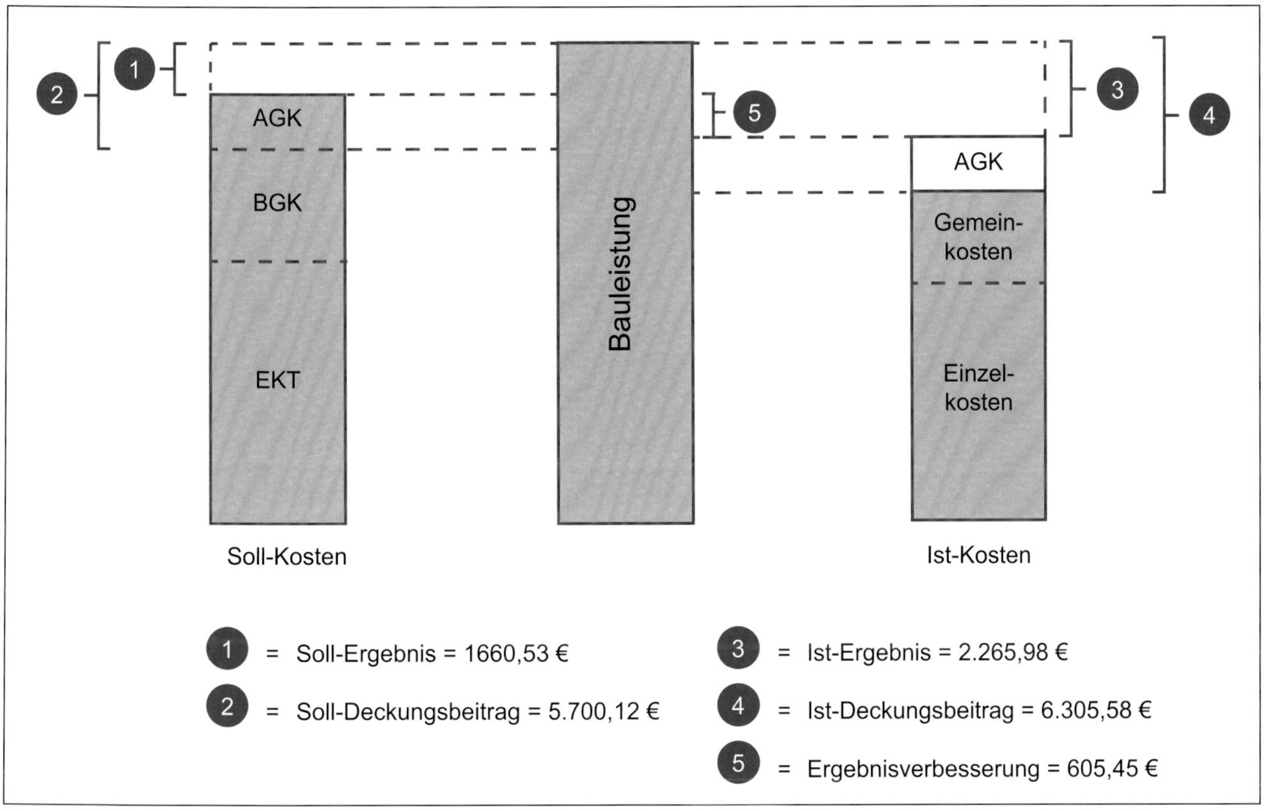

Abb. 3.25: Gegenüberstellung von Soll- und Ist-Ergebnis sowie Soll- und Ist-Deckungsbeitrag

Der Soll/Ist-Vergleich stellt auch den Deckungsbeitrag (Bauleistung – Herstellkosten) und das Ergebnis (Bauleistung – Selbstkosten) eines Bauprojekts einander gegenüber (vgl. Abb. 3.25).

3.5.4 Kostenarten-Soll/Ist-Vergleich des Beispiel-Projekts „Stützwand“

Die den Soll-Herstellkosten gegenübergestellten Ist-Herstellkosten lassen sich in einem Kostenarten-Soll/Ist-Vergleich noch differenzierter betrachten.

Beim Beispiel-Projekt „Stützwand“ wurden die in der Baubetriebsrechnung getrennt behandelten Kostenartengruppen Hilfsstoffe, Ausstattungskosten und SoKo in der Kostenartengruppe SoKo der Bauauftragsrechnung zusammengefasst. Für den Kostenarten-Soll/Ist-Vergleich bedeutet dies, dass die Ist-Kosten dieser Kostenartengruppen ebenfalls zusammengefasst werden müssen. Zudem sind die in der Baubetriebsrechnung durch Umlagen und Verrechnung enthaltenen Gemeinkosten den entsprechenden Kostenartengruppen zuzuordnen.

Im Kostenarten-Soll/Ist-Vergleich des Beispiel-Projekts „Stützwand“ sind

- die Gemeinkosten für Vorhalte- und Leistungsgeräte der Kostenartengruppe Gerätekosten,
- die Umlage der Sozialkosten für gewerbliche Mitarbeiter der Kostenartengruppe Lohnkosten und
- alle übrigen Gemeinkosten der Kostenartengruppe SoKo

zugeordnet worden.

Der Kostenarten-Soll/Ist-Vergleich zeigt nun, wie sich die Gesamtkostenabweichung auf die einzelnen Kostenartengruppen aufteilt. Er lässt so z. B. Rückschlüsse zu, ob aufgetretene Kostenveränderungen eher im Stundenverbrauch oder durch Mehrkosten im Material- und/oder im Nachunternehmerbereich verursacht wurden (vgl. Tabelle 3.13).

Hinweis

Die aus dem Kostenarten-**Soll/Ist**-Vergleich resultierenden Abweichungen müssen im Hinblick auf ihre Auswirkungen auf die Kosten zum Projektende überprüft und analysiert werden und entsprechend in die fortgeschriebene Arbeitskalkulation übernommen werden.

Tabelle 3.13: Kostenarten-Soll/Ist-Vergleich des Beispiel-Projekts „Stützwand

BKR	Kostenartengruppen / Kostenträger Stützwand	Ist		Soll		Abweichung
60....	Lohn- und Gehaltskosten	19.943,55 €		19.589,33 €		-354,22 €
62....	Materialkosten	5.500,00 €		6.257,45 €		757,45 €
641...	Gerätekosten	3.480,00 €		3.821,60 €		341,60 €
66....	NU	11.170,00 €		9.000,00 €		-2.170,00 €
640... / 644... / 68....	SoKo	11.309,38 €		13.340,00 €		2.030,63 €
	Bauleistung	**57.708,50 €**	**100,00 %**	**57.708,50 €**	**100,00 %**	**0,00 €**
	Herstellkosten	**51.402,93 €**	**89,07 %**	**52.008,38 €**	**90,12 %**	**-605,45 €**
	Selbstkosten	**55.442,52 €**	**96,07 %**	**56.047,98 €**	**97,12 %**	**-605,45 €**
	Bauprojekt-Deckungsbeitrag	**6.305,58 €**	**10,93 %**	**5.700,12 €**	**9,87 %**	**605,45 €**
	Bauprojekt-Ergebnis	**2.265,98 €**	**3,93 %**	**1.660,53 €**	**2,87 %**	**605,45 €**

Anhang

A.1 Anhang zur Berechnung der lohn- und gehaltsgebundenen Kosten für Arbeiter und Poliere in der Bauauftragsrechnung

A.1.1 Ermittlung des Mittellohns

Der zur Ermittlung der Lohnkosten verwendete Mittellohn kann grundsätzlich auf 2 verschiedene Arten berechnet werden: mit und ohne Einbeziehung der Aufsichtskosten (Poliergehälter). Beide Möglichkeiten werden nachfolgend an Beispielen berechnet.

Die Mittellohnberechnung kann darüber hinaus entweder auf den in der Baubetriebsrechnung ermittelten Zahlen (Durchschnittslohn des gesamten Unternehmens oder je Sparte) aufgebaut oder projektbezogen vorgenommen werden. In beiden Fällen ist der jeweils aktuelle Stand der Tarifverträge zu berücksichtigen, daher sind Tariferhöhungen, die in die geplante Bauzeit fallen, einzurechnen.

Folgende Mittellöhne werden in der Bauwirtschaft gebildet:

- Mittellöhne ohne anteilige Kosten des Aufsicht führenden Personals (Löhne der gewerblichen Arbeitnehmer)
  Mittellöhne Arbeiter **ML A**
- Mittellöhne mit anteiligen Kosten des Aufsicht führenden Personals (Löhne der gewerblichen Arbeitnehmer einschließlich Gehälter der Poliere und Meister)
  Mittellöhne Arbeiter und Poliere **ML AP**
- Mittellöhne A bzw. AP einschließlich der Anteile für lohngebundene Kosten (Soziallöhne sowie gesetzliche, tarifliche und sonstige Sozialkosten) **ML AS bzw. ML APS**
- Mittellöhne AS bzw. APS unter Einbeziehung der Lohnnebenkosten **ML ASL bzw. ML APSL**

Die nachfolgende Tabelle (vgl. Tabelle A.1.1) veranschaulicht noch einmal detailliert die Zusammensetzung der Mittellöhne.

Tabelle A 1.1: Übersicht der Mittellohnarten

Zusammensetzung des Mittellohns	ohne anteilige Kosten des Aufsicht führenden Personals	mit anteiligen Kosten des Aufsicht führenden Personals
Löhne der gewerblichen Arbeitnehmer • Zeitlöhne • Leistungslöhne • übertarifliche Zulage (z. B. Stammarbeiterzulage) • Zuschläge für Überstunden, Nacht-, Sonn- und Feiertagsarbeit • Erschwerniszuschläge • Arbeitgeberzulage zur Vermögensbildung, soweit der Arbeitnehmer nicht die tarifliche Zusatzrente in Anspruch nimmt **Vergütung für gewerbliche Auszubildende**[1] (abzüglich Erstattung SOKA-BAU): • Ausbildungsvergütung • übertarifliche Zulagen • Leistungszulagen • Erschwerniszuschläge • Arbeitgeberzulage zur Vermögensbildung 1) Mitunter werden in Unternehmen die Kosten für gewerbliche Auszubildende (besonders in den ersten beiden Lehrjahren) auch in die lohngebundenen Kosten oder in die AGK eingerechnet. Da die gewerblichen Auszubildenden (insbesondere im 3. Lehrjahr) Bauleistungen erbringen und damit produktiv tätig sind, ist die Erfassung im ML A sachgerecht. Zu berücksichtigen ist in jedem Fall die Erstattung durch die SOKA-BAU für die Zeiten, in denen die Auszubildenden in Ausbildungszentren oder der Berufsschule sind.	**ML A**	

Tabelle A 1.1 (Fortsetzung): Übersicht der Mittellohnarten

Zusammensetzung des Mittellohns	**ohne anteilige Kosten des Aufsicht führenden Personals**	**mit anteiligen Kosten des Aufsicht führenden Personals**
Dieser ML setzt sich zusammen aus ML A einschließlich der **Gehälter der Poliere und Meister**. Er enthält also zusätzlich zu den unter ML A aufgeführten Bestandteilen außerdem noch: • Gehälter der Poliere und Meister • übertarifliche Zulagen • Zuschläge für Überstunden, Nacht-, Sonn- und Feiertagsarbeit • Arbeitgeberzulage zur Vermögensbildung		**ML AP**
Dieser ML setzt sich zusammen aus ML A bzw. ML AP einschließlich der Anteile für **lohngebundene Kosten**. Er enthält also zusätzlich zu den unter ML A bzw. ML AP aufgeführten Bestandteilen außerdem noch: • **gesetzliche, tarifliche, betriebliche Soziallöhne** – Feiertagslöhne, Ausfalllöhne gemäß § 4 BRTV und Lohnfortzahlung im Krankheitsfall – tarifliches 13. Monatseinkommens (kann auch direkt in den Lohn) • **gesetzliche und tarifliche Sozialkosten** – Arbeitgeberanteil zur Kranken-, Renten- und Arbeitslosenversicherung, Pflegeversicherung einschließlich Umlage U2 – Beiträge zu den Sozialkassen des Baugewerbes einschließlich Winterbeschäftigungsumlage – Beiträge zur Berufsgenossenschaft einschließlich Arbeitsmedizinisch-Sicherheitstechnischem Dienst und Insolvenzgeld – Sozialversicherungsbeiträge für KUG-Empfänger – Ausgleichsabgabe/Schwerbehindertengesetz – Kosten des Gesetzes über Betriebsärzte, Sicherheitsingenieure und andere Fachkräfte für Arbeitssicherheit • **betriebliche Sozialkosten** – Gratifikationen – übertarifliches Weihnachtsgeld – Treueprämien – Beihilfen im Krankheits- oder Todesfall – Jubiläumsgeschenke – Kosten für Ausbildung und Fortbildung – Zuwendungen zu Unterstützungs- und Pensionskassen – Kantinenzuschüsse	**ML AS**	**ML APS**
Dieser ML setzt sich zusammen aus ML AS bzw. ML APS einschließlich **Lohn- (und Gehalts-) Nebenkosten**. Er enthält also zusätzlich zu den in den ML AS bzw. ML APS aufgeführten Bestandteilen noch Kosten für solche Arbeitnehmer, die auf eine Beschäftigungsstelle außerhalb des Betriebssitzes entsandt werden. Dabei handelt es sich z. B. um • Auslöse (nur bis 31. 12. 2016) • Fahrtkostenersatz für An- und Abreisen zu, von und zwischen Baustellen • Wochenendheimfahrten • Wegzeitvergütungen und Wegegelder • Verpflegungszuschuss • Unterkunftskosten	**ML ASL**	**ML APSL**

Der ML AP ist oft am Anfang und Ende der Bauarbeiten höher als während der Hauptphase der Ausführung, da die Anzahl der von einem Polier beaufsichtigten Arbeiter einer Arbeitsgruppe (Kolonne) während dieser Zeiten niedriger ist als während der Hauptbauzeit (vgl. Abb. A.1.1).

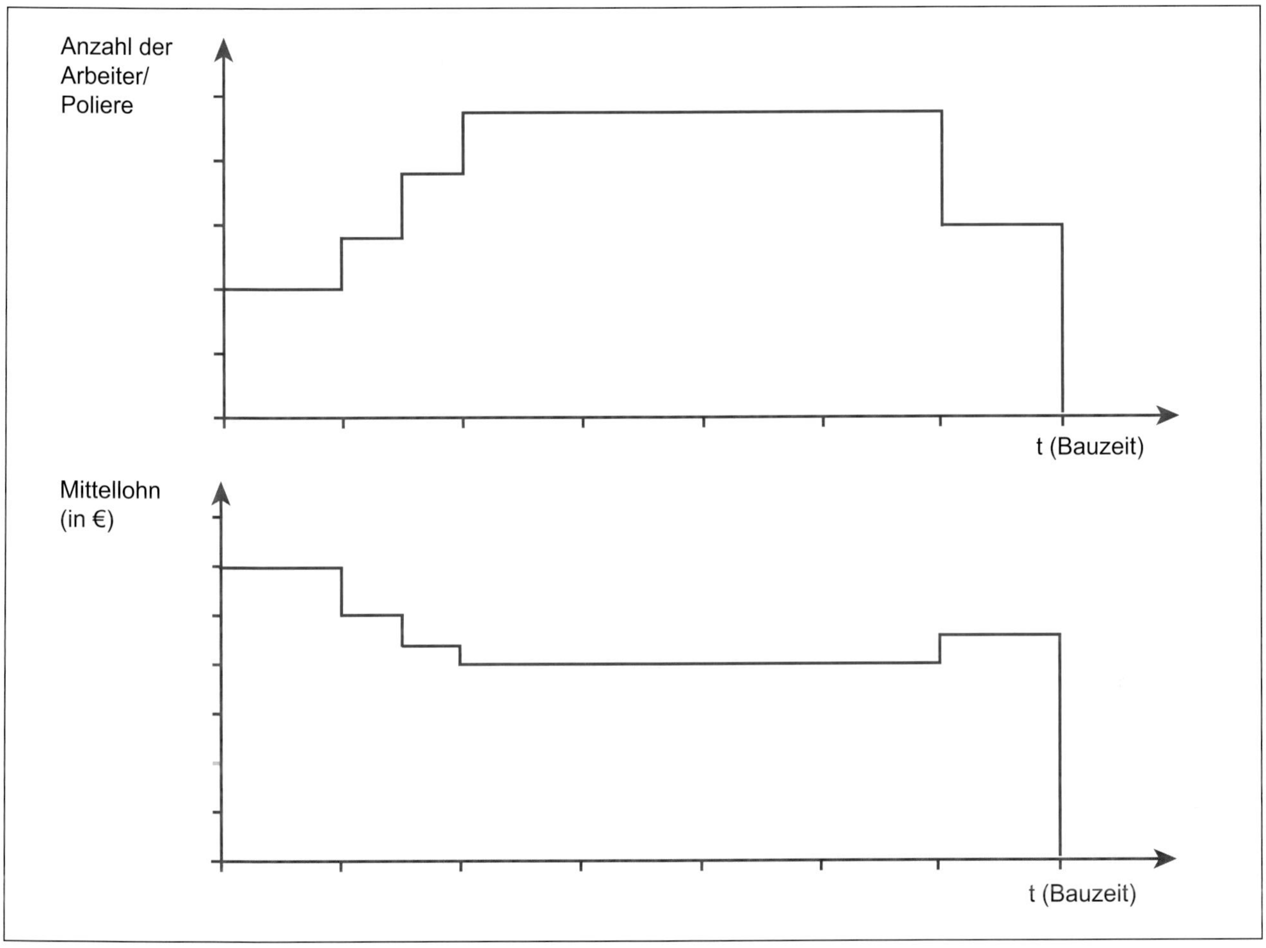

Abb. A.1.1: Abhängigkeit des Mittellohns von der Anzahl der gewerblichen Arbeiter/Poliere über die Bauzeit

Nachfolgend ist die Berechnung verschiedener Mittellohnarten in 2 Beispielen dargestellt:

Beispiel 1: Mittellohn ohne anteilige Aufsichtskosten (ML A, AS, ASL, Stand 01.01.2016)

Dieser Mittellohn geht davon aus, dass die Aufsichtskosten (Poliergehälter) gesondert in den BGK gerechnet werden. Dieses Verfahren wird in der Praxis zunehmend angewendet, da dadurch ein Soll/Ist-Vergleich des Mittellohns während der Bauzeit erleichtert wird (vgl. Abb. A.1.2).

Beispiel 2: Mittellohn mit anteiligen Aufsichtskosten (ML AP, APS, APSL, Stand: 01.01.2016)

Dieser Mittellohn bietet sich an, wenn kleinere Betriebe ständig die gleiche Leistung erbringen und deshalb mit einem Betriebsmittellohn arbeiten oder auch bei kleineren Bauvorhaben, bei denen die Gemeinkosten der Baustelle nicht gesondert berechnet werden (vgl. Abb. A.1.3).

Der ML A bzw. AP umfasst sämtliche Kosten, die sich aus der Beschäftigung von gewerblichen Arbeitnehmern (ohne bzw. einschließlich Polieren und Meistern) ergeben. Er enthält somit die tariflichen Grundlöhne, Grundgehälter und Zulagen, nicht jedoch die Sozialkosten, Lohn- und Gehaltsnebenkosten. Kosten für extern erbrachte Lohnleistungen sind nicht Bestandteil des Mittellohns.

Die Ermittlung der Sozialkosten, Lohn- und Gehaltsnebenkosten wird im Folgenden ausführlich erläutert.

Beispiel zur Berechnung eines Mittellohns ohne anteilige Aufsichtskosten				
ML A, AS, ASL; Tarif West (Stand 01.01.2016)				
1. Ermittlung der pro Stunde (h) insgesamt anfallenden Tariflöhne (Tarifvertrag Lohn/West)				
		Lohngruppe	Gesamttarif-stundenlohn in €/h	€/h
	1 Vorarbeiter	LG 5	19,57 €/h	19,57 €/h
	2 Spezialfacharbeiter	LG 4	18,64 €/h	37,28 €/h
	7 Facharbeiter	LG 3	17,07 €/h	119,49 €/h
	3 Werker	LG 1	11,25 €/h	33,75 €/h
Summe	13 Arbeiter			210,09 €/h
2. Ermittlung der verschiedenen Mittellöhne				
durchschnittlicher Gesamttarifstundenlohn		210,09 €/h	13	16,16 €/h
Stammarbeiterzulage für 8 Arbeiter	8 Stammarbeiter	0,15 €/h	13	0,09 €/h
Leistungszulage				0,15 €/h
Durchschnittslohn				16,40 €/h
Berechnung des Überstundenzuschlags	25,00 %			
wöchentliche Arbeitszeit 50,00 h = 10,00 h/Tag	50,00 h/Woche			
tarifliche Arbeitszeit (durchschnittliche regelmäßige Wochenarbeitszeit im Kalenderjahr)	40,00 h/Woche			
Überstundenzuschlag (10 · 25,00 %) / 50 =		5,00 %	16,40 €/h	0,82 €/h
Vermögensbildung (angenommen 80,00 % der Belegschaft)		80,00 %	0,13 €/h	0,10 €/h
ML A				**17,32 €/h**
lohngebundene Kosten (dieser Prozentsatz ist betriebsintern zu ermitteln)		82,61 %	17,32 €/h	14,31 €/h
ML AS				**31,63 €/h**
Lohnnebenkosten (10,00 % auf ML A)		10,00 %	17,32 €/h	1,73 €/h
ML ASL				**33,36 €/h**

Abb. A.1.2: Beispiel zur Berechnung eines Mittellohns ohne anteilige Aufsichtskosten

Beispiel zur Berechnung eines Mittellohns mit anteiliger Aufsichtskosten				
ML AP, APS, APSL; Tarif West (Stand 01.01.2016)				
1. Ermittlung der pro Stunde (h) insgesamt anfallenden Tariflöhne einschl. anteiliges Poliergehalt (Tarifvertrag Lohn/West)				
			Gesamttarif-stundenlohn in €/h	€/h
Polier Tarifgehalt 4. Berufsjahr einschl. Vermögensbildung	1 4.278,00 €/Mon.	GG A VII	173 h/Mon.	24,73 €/h
	1 Vorarbeiter	LG 5	19,57 €/h	19,57 €/h
	2 Spezialfacharbeiter	LG 4	18,64 €/h	37,28 €/h
	7 Facharbeiter	LG 3	17,07 €/h	119,49 €/h
	3 Werker	LG 1	11,25 €/h	33,75 €/h
Summe	13 Arbeiter (Poliergehalt wird umgelegt)			234,82 €/h
2. Ermittlung der verschiedenen Mittellöhne				
durchschnittlicher Gesamttarifstundenlohn mit anteiligem Poliergehalt		234,82 €/h	13	18,06 €/h
Stammarbeiterzulage für 8 Arbeiter	8 Stammarbeiter	0,15 €/h	13	0,09 €/h
Leistungszulage				0,15 €/h
Durchschnittslohn einschl. Poliergehalt				18,31 €/h
Berechnung des Überstundenzuschlags	25,00 %			
wöchentliche Arbeitszeit 50,00 h = 10,00 h/Tag	50,00 h/Woche			
tarifliche Arbeitszeit (durchschnittliche regelmäßige Wochenarbeitszeit im Kalenderjahr)	40,00 h/Woche			
Überstundenzuschlag (10 · 25,00 %) / 50 =		5,00 %	18,31 €/h	0,92 €/h
Vermögensbildung (angenommen 80,00 % der Belegschaft)		80,00 %	0,13 €/h	0,10 €/h
ML AP				**19,32 €/h**
lohngebundene Kosten (dieser Prozentsatz ist betriebsintern zu ermitteln)		82,61 %	19,32 €/h	15,96 €/h
ML APS				**35,29 €/h**
Lohnnebenkosten (10,00 % auf ML AP)		10,00 %	19,32 €/h	1,93 €/h
ML APSL				**37,22 €/h**

Abb. A.1.3: Beispiel zur Berechnung eines Mittellohns mit anteiliger Aufsichtskosten

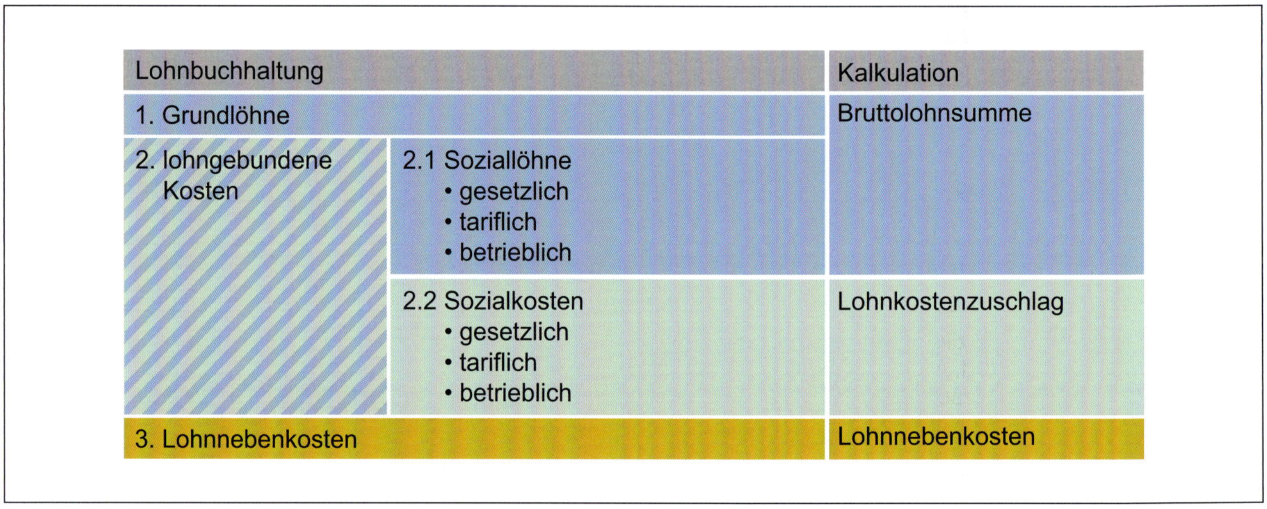

Abb. A.1.4: Schematische Darstellung der Lohnbestandteile

A.1.2 Ermittlung der personalgebundenen Kosten

Die Personalkosten und auch die darin enthaltenen personalgebundenen Kosten sind bei der Kalkulation ein maßgebender und deshalb besonders zu betrachtender Kalkulationsbestandteil. Für die Ermittlung der personalgebundenen Kosten ist grundsätzlich das baubetriebliche Rechnungswesen zuständig. Die Kalkulation sollte diese Daten übernehmen. Sollte keine Baubetriebsrechnung vorhanden sein, so können diese Kosten gemäß nachstehendem Schema ermittelt werden. Dabei muss zwischen lohngebundenen und gehaltsgebundenen Kosten unterschieden werden.

A.1.2.1 Ermittlung der lohngebundenen Kosten für gewerbliche Arbeitnehmer

Die lohngebundenen Kosten setzen sich aus den Soziallöhnen und Sozialkosten zusammen. Sie weisen die in Abb. A.1.4 dargestellte kalkulatorische Gliederung auf.

A.1.2.1.1 Ermittlung der tatsächlichen Arbeitstage

Als Basis für die Ermittlung der lohngebundenen Kosten dient die Zahl der tatsächlichen Arbeitstage im Jahr. Dies sind die um Samstage, Sonntage, Feiertage, Urlaubs- und Krankheitstage sowie gesetzliche, tarifliche, regionale und sonstige Ausfalltage verminderten Kalendertage.

Die nachfolgende Berechnung (vgl. Abb. A.1.5) ist auf das Jahr 2016 bezogen. Die errechneten Daten sind Durchschnittswerte. Sie sind, sofern erforderlich, regional und unternehmensindividuell zu modifizieren. Die unternehmensindividuell bzw. regional abzustimmenden Positionen sind entsprechend gekennzeichnet.

I. Ermittlung der tatsächlichen Arbeitstage				Tage
Kalendertage 2016				**366**
Ausfalltage	1. Samstage		53	
	2. Sonntage		52	
	3. Gesetzliche Feiertage, soweit nicht Samstage, Sonntage[1)]		7	
	24.12. und 31.12.[1)]		0	
	4. Regionale Feiertage, soweit nicht Samstage oder Sonntage[2)]		2	
	5. Urlaubstage nach § 8 BRTV		30	
	6. Tarifliche und gesetzliche Ausfalltage nach § 4 BRTV, Betriebsverfassungsgesetz, Sozialgesetzbuch III, Arbeitnehmerweiterbildungsgesetz sowie Unfallverhütungsvorschriften u. a.		2	
	zusätzliche freiwillige Ausfalltage (z. B. Fort- und Weiterbildungstage)[3)]		2	
	7. Ausfalltage wegen Schlechtwetter („Saison-KUG“: 01.12.–31.03.)[4)]	19		
	davon durch Flexibilisierung abgedeckt	−7		
	verbleibende Schlechtwettertage mit Anspruch auf Saison-KUG		12	
	8. Ausfalltage durch Schlechtwetter außerhalb des Schlechtwetter-Zeitraums[5)]	0		
	davon durch Flexibilisierung abgedeckt	0		
	verbleibende Schlechtwettertage ohne Anspruch auf Saison-KUG		0	
	9. Ausfalltage wegen Kurzarbeit („konjunkturelles KUG“)[6)]	2		
	davon durch Flexibilisierung abgedeckt	0		
	verbleibende Ausfalltage wegen Kurzarbeit mit Anspruch auf konjunkturelles KUG		2	
	10. Krankheitstage mit Lohnfortzahlung[7)]		10	
	11. Krankheitstage ohne Lohnfortzahlung[7)]		2	
	Summe der Ausfalltage			**174**
tatsächliche Arbeitstage				**192**

1) Neujahr, Karfreitag, Ostermontag, (Tag der Arbeit), Christi Himmelfahrt, Pfingstmontag, Tag der Deutschen Einheit, (1.)/2. Weihnachtsfeiertag. Der (24.12.) und (31.12.) sind **unbezahlte**, arbeitsfreie Tage.

2) Z. B. Hl. Drei Könige, Fronleichnam, Maria Himmelfahrt, Reformationstag, Allerheiligen, Buß- und Bettag. Die Anzahl der Feiertage ist regional unterschiedlich.

3) Die Anzahl der freiwilligen Ausfalltage ist unternehmensindividuell anzupassen.

4) Die Anzahl der Schlechtwetter-Tage ist regional unterschiedlich. Soweit im Rahmen einer Arbeitszeitflexibilisierung ein Arbeitszeitguthaben im Schlechtwetterzeitraum vorliegt, ist dieses vor der Inanspruchnahme von Saison KUG aufzulösen.

5) Schlechtwetter kann auch in zu heißer oder zu nasser Witterung begründet sein.

6) Die Anzahl der Ausfalltage wegen Kurzarbeit ist unternehmensindividuell unterschiedlich.

7) Die Anzahl der Krankheitstage ist unternehmensindividuell unterschiedlich.

In Klammern gesetzte Feiertage fallen auf einen Samstag oder Sonntag.

Abb. A.1.5: Ermittlung der tatsächlichen Arbeitstage

A.1.2.1.2 Berechnung des Zuschlags für lohngebundene Kosten

In Abb. A.1.6 werden diejenigen Kosten dargestellt, die bei der Zuschlagsberechnung für lohngebundene Kosten zu berücksichtigen sind.

Hinweis

Durch unternehmensindividuell vorzunehmende Anpassungen an unterschiedliche Rahmenbedingungen (z. B. Krankheitstage, regional abweichende Feiertage) kann der ermittelte Prozentsatz für die lohngebundenen Kosten variieren. Die im Berechnungsschema ermittelte Summe für die lohngebundenen Kosten von 82,61 % ist daher exemplarisch zu verstehen. Sie entspricht aus diesem Grund auch nicht dem in Kapitel 2 ermittelten Prozentsatz.

In Tabelle A.1.2 werden die in Abb. A.1.6 dargestellten Berechnungen im Einzelnen erläutert.

II. Berechnung des Zuschlags für lohngebundene Kosten (Stand 01.01.2016)

		Beitragssatz auf Bruttolohn in %	Zuschlag auf Grundlohn in %	Summe/ Gesamtzuschlag in %
1. Grundlohn				**100**
2. Lohngebundene Kosten				
2.1 Soziallöhne				
2.1.1 Gesetzliche und tarifliche Soziallöhne (bezahlte arbeitsfreie Tage)				
2.1.1.1 Feiertage (I. Ziffer 3 und 4)	$\frac{\text{gesetzliche und regionale Feiertage} \cdot 100}{\text{tatsächliche Arbeitstage}}$		4,69	
2.1.1.2 Ausfalltage (I. Ziffer 6)	$\frac{\text{Ausfalltage} \cdot 100}{\text{tatsächliche Arbeitstage}}$		1,04	
2.1.1.3 Krankheitstage mit Lohnfortzahlungsanspruch (I. Ziffer 10)	$\frac{\text{Krankheitstage mit Lohnfortzahlung} \cdot 100}{\text{tatsächliche Arbeitstage}}$		5,21	
2.1.1.4 13. Monatseinkommen[1)]	$\frac{(72{,}00\text{ h} - 2{,}00\text{ h/Ausfalltag} \cdot \text{Ausfalltage}) \cdot 100}{\text{tatsächliche Arbeitstage} \cdot \text{Arbeitsstunden/Tag}}$; Annahme 3 Ausfalltage		4,30	
2.1.2 Betriebliche Soziallöhne[2)]	$\frac{\text{Ausfalltage} \cdot 100}{\text{tatsächliche Arbeitstage}}$; Annahme 2 Fortbildungstage		1,04	
Soziallöhne (Zwischensumme)			**16,28**	**16,28**
Grundlöhne und Soziallöhne				116,28
2.1.3 Urlaubsentgelt, zusätzliches Urlaubsgeld[3)]	$\frac{(\text{Grund- und Soziallöhne ohne Urlaubsvergütung} - \text{13. Monatseinkommen} + \text{Mindesturlaubsvergütung}) \cdot 13{,}68\,\%}{(100 - 13{,}68)\,\%}$		17,97	
Soziallöhne insgesamt			34,25	
Bruttolohnsumme (II. Ziffer 1. und 2.1) als Basis für Sozialkosten			134,25	
2.2 Sozialkosten				
2.2.1 Gesetzliche Sozialkosten				
2.2.1.1 Rentenversicherung • allgemein	$\frac{18{,}70\,\%}{2}$	9,35		
• Kurzarbeiter	$\frac{\text{Anzahl KUG-Tage} \cdot \text{Rentenversicherung-Beitragssatz} \cdot 80{,}00\,\%}{\text{tatsächliche Arbeitstage}}$		0,16	
2.2.1.2 Arbeitslosenversicherung	$\frac{3{,}00\,\%}{2}$	1,50		
2.2.1.3 Krankenversicherung • allgemein	$\frac{14{,}60\,\%}{2}$	7,30		
• Kurzarbeiter	$\frac{\text{Anzahl KUG-Tage} \cdot \text{Krankenversicherung-Beitragssatz} \cdot 80{,}00\,\%}{\text{tatsächliche Arbeitstage}}$		0,13	
2.2.1.4 Pflegeversicherung • allgemein	$\frac{2{,}35\,\%}{2}$	1,175		
• Kurzarbeiter	$\frac{\text{Anzahl KUG-Tage} \cdot \text{Pflegeversicherung-Beitragssatz} \cdot 80{,}00\,\%}{\text{tatsächliche Arbeitstage}}$		0,02	

2.2.1.5	U2-Verfahren[4]	Umlagesätze je nach Kassenart unterschiedlich, angenommener Wert	0,33		
2.2.1.6	Unfallversicherung[5]	$\frac{\text{Vorschusssatz in €}}{\text{100 € Lohnsumme}}$	6,79		
	Arbeitsmedizinisch-Sicherheitstechnischer Dienst		0,222		
2.2.1.7	Insolvenzgeldumlage		0,12		
2.2.1.8	Schwerbehindertenausgleich	$\frac{\text{Pflichtplätze Schwerbehinderte} \cdot \text{Ausgleichsabgabe pro Monat} \cdot 12}{\text{100 AN} \cdot \text{Jahreslohn in €}}$		0,42	
2.2.1.9	Arbeitsschutz und -sicherheit	$\frac{250{,}00\ €}{\text{Jahreslohn in €}} \cdot 100$		0,87	
2.2.1.10	Winterbeschäftigungsumlage[6]	$\frac{\text{Winterbeschäftigungsumlage} \cdot (\text{Bruttolöhne} - \text{13. Monatseinkommen})}{100}$		1,56	
Summe gesetzliche Sozialkosten (Σ 2.2.1.1. –2.2.1.7)[7]			**26,79**		
gesetzliche Sozialkosten (Σ 2.2.1.1–2.2.1.7) auf Basis Grundlohn		$\frac{\Sigma_{2.2.1.1}^{2.2.1.7} \cdot \text{Bruttolöhne}}{100}$		35,96	
2.2.2	Tarifliche Sozialkosten				
2.2.2.1	Urlaub		14,50		
2.2.2.2	Zusatzversorgung		3,80		
2.2.2.3	Berufsbildung		2,10		
2.2.2.4	Tarifliche Zusatzrente	$\frac{30{,}68\ €/\text{Monat} \cdot 12\ \text{Monate}}{\text{Jahreslohn in €}} \cdot 0{,}00\ \%$; unter Berücksichtigung eines mittleren Stundenlohns von 18,64 €		0,00	
Summe tarifliche Sozialkosten (Σ 2.2.2.1–2.2.2.3)			**20,40**		
tarifliche Sozialkosten auf Basis Grundlohn		$\frac{\Sigma_{2.2.2.1}^{2.2.2.3} \cdot (\text{Bruttolöhne} - \text{13. Monatseinkommen})}{100}$		26,51	
2.2.3	Betriebliche Sozialkosten			0,70	
Summe Sozialkosten				66,33	**66,33**
Summe lohngebundene Kosten		**Soziallöhne (Zwischensumme) + Summe Sozialkosten = 16,28 + 66,33**			**82,61**

1) Durch den TV 13. ME vom 21.05.1997 in der Fassung vom 29.10.2003 besteht die Möglichkeit, das 13. Monatseinkommen auf bis zu 780,00 € abzusenken. Der Berechnung hier liegt die Annahme zugrunde, dass die Regelung im Durchschnitt aller Betriebe zu einer Absenkung auf 72 Gesamttarifstundenlöhne führt.
2) Wenn betriebliche Soziallöhne gezahlt werden (z. B. Fortbildungstage, Jahresgratifikation, Prämie), sind die Beträge unternehmensindividuell anzupassen.
3) Urlaubsentgelte und zusätzliches Urlaubsgeld werden von den Sozialkassen rückvergütet. Dennoch müssen sie als Teil der Bruttolohnsumme ermittelt werden, weil die Bruttolohnsumme Bemessungsgrundlage für die Ermittlung der Sozialkosten ist. Das 13. Monatseinkommen bleibt unberücksichtigt. Berücksichtigt wurde jedoch die Mindesturlaubsvergütung für Ausfalltage (krankheitsbedingte ohne Lohnfortzahlung, bei Saison-KUG > 90 Ausfallstunden).
4) Ausgleichsverfahren für die nach dem Mutterschutzgesetz zu zahlenden Bezüge
5) Es handelt sich um einen Vorschuss, dessen Höhe je nach Bezirksverwaltung der Berufsgenossenschaft der Bauwirtschaft und Gewerk unterschiedlich ist und der rückwirkend im Folgejahr festgesetzt wird. Für den Unfallversicherungsbeitrag wurden die Hauptumlage, die Lastenverteilung nach Neurenten und nach Entgelten berücksichtigt. Der Wert ist u. a. abhängig von der Gefahrenklasse (hier angenommen: Gefahrenklasse 15,12; kein Vermögen vorhanden).
6) Das 13. Monatseinkommen ist für die Winterbeschäftigungsumlage nicht Teil der Bemessungsgrundlage.
7) Der Schwerbehindertenausgleich, der Anteil für Arbeitsschutz- und -sicherheit sowie die Winterbeschäftigungsumlage werden aus rechentechnischen Gründen zwar nicht in der Summe der gesetzlichen Sozialkosten dargestellt, sie werden aber in die Gesamtsumme der Sozialkosten einbezogen.

Die bisher unter Lohnzusatzkosten einberechneten lohnbezogenen Kosten (Haftpflichtversicherung und Beiträge zu den Berufsverbänden) werden von den meisten Unternehmen üblicherweise als AGK und nicht als Teil der Lohnkosten erfasst. Die lohnbezogenen Kosten sind daher nicht mehr Bestandteil dieses Schemas. Das Berechnungsschema endet mit der Summe der lohngebundenen Kosten.

Abb. A.1.6: Berechnung des Zuschlags für lohngebundene Kosten

Tabelle A.1.2: Erläuterung zur Berechnung des Zuschlags für lohngebundene Kosten lt. Abb. A.1.6

Position	Erläuterung
1. Grundlöhne	Diese Position umfasst: • Tariflöhne und Bauzuschlag (Gesamttarifstundenlöhne) • Leistungs- und Prämienlöhne • übertarifliche Bezahlung • Überstunden-, Nacht-, Sonn- und Feiertagsarbeitslöhne • Erschwerniszuschläge • vermögenswirksame Leistungen, soweit die Arbeitnehmer nicht die tarifliche Zusatzrente in Anspruch nehmen (nur in den alten Bundesländern)
2.1 Soziallöhne	Diese Position beinhaltet gesetzlich und tariflich bedingte Lohnzahlungen ohne adäquate Arbeitsleistung.
2.1.1.4 13. Monatseinkommen	Mit Wirkung zum 1. Juli 1999 wurde das 13. Monatseinkommen auf den 93-fachen Gesamttarifstundenlohn reduziert. Im TV 13. ME in der Fassung vom 29.10.2003 wurde festgelegt, dass durch freiwillige betriebliche Vereinbarung oder durch Einzelvertrag dieser Betrag auf bis zu 780,00 € reduziert werden kann. Der Betrag verringert sich um jeweils 2 Gesamttarifstundenlöhne je Ausfalltag für den 1. bis 3. Krankheitstag eines Krankheitsfalles, für jeden krankheitsbedingten Ausfalltag mit Anspruch auf Entgeltfortzahlung ab der 4. Woche sowie für unentschuldigte Fehltage. Im Berechnungszeitraum darf das volle 13. Monatseinkommen (93 Gesamttarifstundenlöhne) um max. 28,00 h gekürzt werden. Hier wurde angenommen, dass ein 13. Monatseinkommen in Höhe von 72,00 Tarifstundenlöhnen und 3 Ausfalltagen (= 6,00 h) gezahlt wird. $\frac{\text{72,00 Gesamtstundenlöhne} - \text{2,00 h/Ausfalltag} \cdot \text{Ausfalltage}}{\text{tatsächliche Arbeitstage} \cdot \text{Arbeitsstunden/Tag}} \cdot 100 = 4{,}30\,\%$
2.1.2 Betriebliche Soziallöhne	Die betrieblichen Soziallöhne bestehen aus: • außertariflichem Weihnachtsgeld • übertariflichem Urlaubsgeld • Prämien- und Abschlussgratifikationen • anderen Bestandteilen, wie Kontoführungsgebühren etc. Falls betriebliche Soziallöhne bezahlt werden, ist der Wert firmenindividuell anzupassen.
2.1.3 Urlaub, zusätzliches Urlaubsgeld	Gemäß § 8 Abs. 4 BRTV erhält der Arbeitnehmer eine Urlaubsvergütung von 13,68 % des Bruttolohnes ohne 13. Monatseinkommen. Die Urlaubsvergütung besteht aus dem Urlaubsentgelt (11,40 % des Bruttolohns) sowie dem zusätzlichen Urlaubsgeld (20,00 % des Urlaubsentgelts, § 8 Abschn. 4.1 BRTV) Einbezogen ist auch die Mindesturlaubsvergütung • für krankheitsbedingte Ausfalltage ohne Lohnfortzahlung (hier 2 Ausfalltage) $\frac{\text{Ausfalltage} \cdot 100}{\text{tatsächliche Arbeitstage}} = 1{,}05\,\%$ • für Ausfalltage bei Saison-KUG über 90,00 Stunden (hier 0,75 Ausfalltage) $\frac{\text{Ausfalltage (>90,00 h)} \cdot 100}{\text{tatsächliche Arbeitstage}} = 0{,}39\,\%$
2.2 Sozialkosten	Diese Position umfasst die an die Lohnzahlung gebundenen gesetzlich, tariflich und betrieblich bedingten Belastungen.
2.2.1.1 Rentenversicherung	Der Beitragssatz zur gesetzlichen Rentenversicherung wurde 2015 auf 18,70 % abgesenkt. Der vom Arbeitgeber zu tragende Anteil beträgt somit: $\frac{18{,}70\,\%}{2} = 9{,}35\,\%$ Für Kurzarbeiter ist der Beitrag allein vom Arbeitgeber zu tragen. Als Bemessungsgrundlage dient ein um 20,00 % gekürztes fiktives Arbeitsentgelt. $\frac{\text{Anzahl KUG-Tage} \cdot \text{Rentenversicherungsbeitragssatz} \cdot 80{,}00\,\%}{\text{tatsächliche Arbeitstage}} \cdot 100 = 0{,}16\,\%$
2.2.1.2 Arbeitslosenversicherung	Seit dem 01.01.2011 beträgt der Gesamtbeitrag zur Arbeitslosenversicherung 3,00 %. Der vom Arbeitgeber zu tragende Anteil beträgt somit: $\frac{3{,}00\,\%}{2} = 1{,}50\,\%$

Tabelle A.1.2 (Fortsetzung): Erläuterung zur Berechnung des Zuschlags für lohngebundene Kosten lt. Abb. A.1.6

Position	Erläuterung
2.2.1.3 Krankenversicherung	Der Beitragssatz für die gesetzlichen Krankenkassen ist 2016 mit 15,70 % angesetzt. Davon sind von Arbeitgeber und Arbeitnehmer 14,60 % paritätisch zu tragen. Der zusätzliche Beitragssatz von 1,10 % ist alleine vom Arbeitnehmer zu tragen. Der vom Arbeitgeber zu tragende Anteil beträgt somit: $\frac{14{,}60\,\%}{2} = 7{,}30\,\%$ Für Kurzarbeiter ist der Beitrag allein vom Arbeitgeber zu tragen. Als Bemessungsgrundlage dient ein um 20,00 % gekürztes fiktives Arbeitsentgelt. $\frac{\text{Anzahl KUG-Tage} \cdot \text{Krankenversicherungsbeitragssatz} \cdot 80{,}00\,\%}{\text{tatsächliche Arbeitstage}} = 0{,}13\,\%$
2.2.1.4 Pflegeversicherung	Der Beitragssatz zur Pflegeversicherung beträgt 2,35 %. Vom Arbeitgeber zu tragender Anteil: $\frac{2{,}35\,\%}{2} = 1{,}175\,\%$ Für Kurzarbeiter ist der Beitrag allein vom Arbeitgeber zu tragen. Als Bemessungsgrundlage dient ein um 20,00 % gekürztes fiktives Arbeitsentgelt. $\frac{\text{Anzahl Kurzarbeitstage} \cdot \text{Pflegeversicherungsbeitragssatz} \cdot 80{,}00\,\%}{\text{tatsächliche Arbeitstage}} \cdot 100 = 0{,}02\,\%$
2.2.1.5 U2-Verfahren (Mutterschaftsleistungen)	Alle Arbeitgeber sind unabhängig von der Zahl der Arbeitnehmer in das U2-Verfahren (Aufwendungsausgleich für Mutterschaftsleistungen) einbezogen. Die Umlagesätze sind je nach Kassenart unterschiedlich. Angenommen wurde in der Berechnung ein mittlerer Wert von 0,33 %.
2.2.1.6 Unfallversicherung	Der Beitrag zur Unfallversicherung setzt sich aus der Hauptumlage, der Lastenverteilung nach Neurenten und nach Entgelten sowie ggf. dem Beitragszuschlag zusammen. Bei der Berechnung wurden die Hauptumlage, die Lastenverteilung nach Neurenten sowie die Lastenverteilung nach Entgelten berücksichtigt. Dabei berechnen sich die ersten beiden Beitragskomponenten unter Einbeziehung der Gefahrenklasse; die Lastenverteilung nach Entgelten wird ohne Gefahrenklasse berechnet. Zur Gefahrklasse 0,44 zählen ausschließlich Mitarbeiter ohne jegliche Baustellenbesuche. Mitarbeiter mit auch nur gelegentlichen Baustellenbesuchen fallen bereits unter die Gefahrklasse 15,12. Der angenommene Vorschusssatz beträgt 6,79 % für Mitarbeiter auf der Baustelle.
2.2.1.6 Arbeitsmedizinisch-Sicherheitstechnischer Dienst	Für den Arbeitsmedizinisch-Sicherheitstechnischen Dienst beträgt der Beitragssatz hier 0,222 % (Betriebe ab 11 Mitarbeiter, Betreuungsgruppe I). Es gibt unterschiedliche Beitragsvarianten, die u. a. an die Mitarbeiterzahl gekoppelt sind.
2.2.1.7 Insolvenzgeldumlage	2016 beträgt die Insolvenzgeldumlage 0,12 € pro 100,00 € Lohnsumme.
2.2.1.8 Schwerbehindertenausgleich	Der Schwerbehindertenausgleich betrifft Arbeitgeber, die über min. 20 Arbeitsplätze verfügen. Der geltende Pflichtsatz für eine Schwerbehindertenbesetzung beträgt 5,00 % der Arbeitsplätze, die zu entrichtende Ausgleichsabgabe richtet sich nach dem Erfüllungsgrad und beträgt zwischen 115,00 € und 290,00 €. Hier wurde ein Wert von 200,00 € angesetzt. Dies entspricht einer jahresdurchschnittlichen Beschäftigungsquote von 2,00 % bis weniger als 3,00 %. Ein 100-Mann-Betrieb müsste 5 Pflichtplätze mit Schwerbehinderten besetzen. Bei den Berechnungen wurde ein mittlerer Stundenlohn von 18,64 € angenommen, woraus sich bei einer tariflich festgelegten Arbeitszeit von 40,00 Stunden/Woche (= 8,00 Stunden/Tag) folgender Jahreslohn ergibt: tatsächliche Arbeitstage · Arbeitsstunden/Tag · mittlerer Stundenlohn = 28.631,04 €/Jahr $\frac{\text{Pflichtplätze Schwerbehinderte} \cdot \text{Ausgleichsabgabe/Monat} \cdot 12\text{ Monate}}{100\text{ Mann} \cdot \text{Jahreslohn in €/Mannjahr}} = 0{,}42\,\%$
2.2.1.9 Arbeitsschutz und -sicherheit	Unter Arbeitsschutz und Arbeitssicherheit sind die durch das Gesetz für Betriebsärzte, Sicherheitsingenieure und andere Fachkräfte für Arbeitssicherheit sowie die Verordnung über besondere Arbeitsschutzanforderungen im Winter und die Unfallverhütungsvorschriften verursachten Belastungen zusammengefasst, für die pro Mannjahr 250,00 € veranschlagt werden können. $\frac{250{,}00\text{ €}}{\text{Jahreslohn in €/Mannjahr}} \cdot 100 = 0{,}87\,\%$
2.2.1.10 Winterbeschäftigungsumlage	Die Winterbeschäftigungsumlage beträgt 2,00 %. Davon trägt der Arbeitgeber 1,20 %. Das tarifliche 13. Monatseinkommen bleibt bei der Bemessungsgrundlage für die Winterbeschäftigungsumlage unberücksichtigt. $\frac{\text{Winterbeschäftigungsumlage} \cdot (\text{Bruttolöhne} - 13.\ \text{Monatseinkommen})}{100} = 1{,}56\,\%$
Summe 2.2.1 gesetzliche Sozialkosten auf Basis Grundlohn	In die Summe der gesetzlichen Sozialkosten werden der Schwerbehindertenausgleich, der Anteil für Arbeitsschutz- und -sicherheit und die Winterbeschäftigungsumlage hier nicht mit einbezogen. $\frac{\sum_{2.2.1.1}^{2.2.1.7} \cdot \text{Bruttolöhne}}{100} = \frac{26{,}79 \cdot 134{,}25}{100} = 35{,}96\,\%$

Tabelle A.1.2 (Fortsetzung): Erläuterung zur Berechnung des Zuschlags für lohngebundene Kosten lt. Abb. A.1.6

Position	Erläuterung
2.2.2.1 bis 2.2.2.4:	Das tarifliche 13. Monatseinkommen bleibt bei der Bemessungsgrundlage für die Sozialkassenbeiträge sowie für die Winterbeschäftigungsumlage unberücksichtigt.
2.2.2.1 Urlaub	Der Beitragssatz an die Urlaubs- und Lohnausgleichskasse (ULAK) beträgt seit dem 01.01.2016 14,50 %.
2.2.2.2 Zusatzversorgung	Der an die Zusatzversorgungskasse zu leistende Beitrag beträgt 3,80 %.
2.2.2.3 Berufsbildung	Der an die Sozialkassen zu entrichtende Beitragssatz für die Erstattung von Kosten der Berufsausbildung beträgt seit dem 01.01.2015 2,10 %.
2.2.2.4 Tarifliche Zusatzrente	Es wird davon ausgegangen, dass 0,00 % der Arbeitnehmer von dem Anspruch auf die tarifliche Zusatzrente Gebrauch machen. Gemäß § 2 TV TZR hat jeder Arbeitnehmer in den alten Bundesländern Anspruch auf einen Betrag von 30,68 €/Kalendermonat. Es ergibt sich folgende Rechnung: $\frac{30{,}68\ €/\text{Monat} \cdot 12\ \text{Monate}}{\text{Jahreslohn in }€/\text{Mannjahr}} \cdot 0{,}00 = 0{,}00\ \%$
Summe 2.2.2 Tarifliche Sozialkosten auf Basis Grundlohn	$\frac{\sum_{2.2.2.1.}^{2.2.2.3.} \cdot (\text{Bruttolöhne} - 13.\ \text{Monatseinkommen})}{100} + \text{tarifliche Zusatzrente} = 26{,}51\ \%$
2.2.3 Betriebliche Sozialkosten	Zu den betrieblichen Sozialkosten zählen: • Alters- und Zukunftssicherung einschließlich Insolvenzsicherung • Jubiläums- und Treuegeld • Beihilfen bei Heirat, Geburt, Todesfall, Krankheit usw. • Zuschüsse für Aus- und Fortbildung • Zuschüsse zu Betriebsversammlungen und -festen • Zuschüsse zum Mittagessen Diese Sozialleistungen können eine Größenordnung bis zu 2,00 % des Grundlohns ausmachen. In das Rechenschema sind sie mit einem unteren Wert von 0,70 % aufgenommen. Falls betriebliche Sozialgehälter bezahlt werden, ist der Wert firmenindividuell anzupassen.

A.1.2.2 Ermittlung der gehaltsgebundenen Kosten für kaufmännische und technische Angestellte sowie Poliere

Während bei der Ermittlung des Zuschlagssatzes für die lohngebundenen Kosten der gewerblichen Arbeitnehmer von dem auf die tatsächliche Arbeitszeit bezogenen Grundlohn als Basis ausgegangen wird, ergeben sich zur Feststellung der prozentualen Höhe der gehaltsgebundenen Kosten kalkulatorisch 2 Möglichkeiten der zeitlichen Bezugnahme:

- **Kalenderzeit:** Basis ist hierbei das Monatsgehalt, das neben der tatsächlichen Arbeitszeit auch die Samstage, Sonntage, Feiertage, Ausfalltage sowie Krankheits- und Urlaubstage umfasst. Eine solche Zuordnung der gehaltsgebundenen Kosten ist in der Kalkulation gegeben, wenn die Baustellengehälter über den Kalenderzeitraum als BGK in Ansatz gebracht werden.
- **Tatsächliche bzw. Aufsicht führende Arbeitszeit:** Der Zuschlagssatz für gehaltsgebundene Kosten bei kaufmännischen und technischen Angestellten sowie Polieren, berechnet auf der Grundlage der tatsächlichen Arbeitszeit, kommt infrage, wenn die reine Arbeitszeit – d. h. ohne arbeitsfreie Tage – entweder Ausgangspunkt für die kalkulatorische Erfassung der Gehaltskosten ist oder wenn sie als Abrechnungsbasis für Gehaltskosten dient (z. B. Abrechnung nach Stundenaufwand).

Der Zuschlagssatz für gehaltsgebundene Kosten bei Polieren, berechnet auf der Grundlage der Aufsicht führenden Arbeitszeit, ist immer dann zutreffend, wenn in der Kalkulation mit dem ML AP gerechnet wird. In diesem Fall werden auf den Zeitraum der Aufsicht führenden Arbeitszeit auch die Schlechtwettertage als Umlage verrechnet.

I. Ermittlung der tatsächlichen bzw. Aufsicht führenden Arbeitstage							
		Arbeitstage					
		Angestellte (Büro)		Poliere			
				tatsächlich		Aufsicht führend	
			Tage		Tage		Tage
Kalendertage 2016			**366**		**366**		**366**
Ausfalltage	1. Samstage	53		53		53	
	2. Sonntage	52		52		52	
	3. Gesetzliche Feiertage, soweit nicht Samstage oder Sonntage[1)]	7		7		7	
	24.12. und 31.12., soweit nicht Samstage oder Sonntage[1)]	0		0		0	
	4. Regionale Feiertage, soweit nicht Samstage oder Sonntage[2)]	2		2		2	
	5. Urlaubstage nach § 10 RTV Angestellte	30		30		30	
	6. Tarifliche und gesetzliche Ausfalltage nach § 4 RTV Angestellte, Betriebsverfassungsgesetz, Sozialgesetzbuch III, Arbeitnehmerweiterbildungsgesetz sowie Unfallverhütungsvorschriften u. a.	2		2		2	
	zusätzliche freiwillige Ausfalltage (z. B. Fort- und Weiterbildungstage)[3)]	2		2		2	
	7. Ausfalltage innerhalb des Schlechtwetterzeitraums[4)]	-		-		12	
	8. Ausfalltage außerhalb des Schlechtwetterzeitraums[4)]	-		-		0	
	9. Ausfalltage wegen Kurzarbeit[5)]	1		1		1	
	10. Krankheitstage mit Gehaltsfortzahlung[6)]	10		10		10	
	11. Krankheitstage ohne Gehaltsfortzahlung[6)]	2		2		2	
	Summe der Ausfalltage		**161**		**161**		**173**
tatsächliche/Aufsicht führende Arbeitstage			**205**		**205**		**193**

1) Neujahr, Karfreitag, Ostermontag, (Tag der Arbeit), Christi Himmelfahrt, Pfingstmontag, Tag der Deutschen Einheit, (1.)/2. Weihnachtsfeiertag. Der (24.12.) und (31.12.) sind arbeitsfreie Tage, die dadurch ausfallende Arbeitszeit gilt als abgegolten, d.h. ist mit dem Gehalt **bezahlt**.
2) Z. B. Hl. Drei Könige, Fronleichnam, Maria Himmelfahrt, Reformationstag, Allerheiligen, Buß- und Bettag. Die Anzahl der Feiertage ist regional unterschiedlich.
3) Die Anzahl der freiwilligen Ausfalltage ist unternehmensindividuell anzupassen.
4) Die Anzahl der Schlechtwettertage ist regional unterschiedlich.
5) Die Anzahl der Ausfalltage ist wegen Kurzarbeit unternehmensindividuell unterschiedlich.
6) Die Anzahl der Krankheitstage ist unternehmensindividuell unterschiedlich.

In Klammern gesetzte Feiertage fallen auf einen Samstag oder Sonntag.

Abb. A.1.7: Muster für die Ermittlung der tatsächlichen bzw. Aufsicht führenden Arbeitstage

A.1.2.2.1 Ermittlung der tatsächlichen bzw. Aufsicht führenden Arbeitstage

In Abb. A.1.7 wird dargestellt, wie die tatsächlichen bzw. Aufsicht führenden Arbeitstage ermittelt werden.

A.1.2.2.2 Berechnung des Zuschlags für gehaltsgebundene Kosten

In Abb. A.1.8 werden diejenigen Kosten dargestellt, die bei der Zuschlagsberechnung für gehaltsgebundene Kosten zu berücksichtigen sind. In Tabelle A.1.3 werden die in Abb. A.1.8 dargestellten Berechnungen im Einzelnen erläutert.

II. Berechnung des Zuschlags für gehaltsgebundene Kosten (Stand 01.01.2016)								
			Angestellte (Büro)		Poliere, Bauleiter tatsächlich		Aufsicht führend	
			205 Tage		205 Tage		193 Tage	
			%	%	%	%	%	%
1.	Gehälter			100,00		100,00		100,00
2.	Gehaltsgebundene Kosten							
2.1	Sozialgehälter							
2.1.1	Gesetzliche und tarifliche Sozialgehälter (bezahlte arbeitsfreie Tage)							
2.1.1.1	Feiertage (I. Ziffer 3 und 4)[1]	$\frac{\text{(gesetzliche und regionale Feiertage + Heiligabend und Silvester)} \cdot 100}{\text{tatsächliche bzw. Aufsicht führende Arbeitstage}}$	4,39		4,39		4,66	
2.1.1.2	Urlaubstage (I. Ziffer 5)	$\frac{\text{Urlaubstage} \cdot 100}{\text{tatsächliche bzw. Aufsicht führende Arbeitstage}}$	14,63		14,63		15,54	
2.1.1.3	Ausfalltage (I. Ziffer 6)	$\frac{\text{tarifliche und gesetzliche Ausfalltage} \cdot 100}{\text{tatsächliche bzw. Aufsicht führende Arbeitstage}}$	0,98		0,98		1,04	
2.1.1.4	Schlechtwettertage (I. Ziffer 7 und 8)[2]	$\frac{\frac{\text{Schlechtwettertage}}{\text{Arbeitstage im Zeitraum}} \cdot \text{Bruttogehalt} \cdot 80{,}00\,\% \cdot 36{,}75\,\%}{\text{Bruttogehalt} \cdot 12}$					1,34	
2.1.1.5	Kurzarbeitstage (I. Ziffer 9)[2]	$\frac{\frac{\text{Kurzarbeitstage}}{\text{Arbeitstage im Zeitraum}} \cdot \text{Bruttogehalt} \cdot 80{,}00\,\% \cdot 36{,}75\,\%}{\text{Bruttogehalt} \cdot 12}$	0,11		0,11		0,11	
2.1.1.6	Krankheitstage mit Gehaltsfortzahlung (I. Ziffer 10)	$\frac{\text{Krankheitstage mit Gehaltsfortzahlung} \cdot 100}{\text{tatsächliche bzw. Aufsicht führende Arbeitstage}}$	4,88		4,88		5,18	
2.1.1.7	13. Monatseinkommen[3]	$\frac{55\,\%\ \text{Monatsgehalt} \cdot 100}{\text{Jahresgehalt}}$	4,58		4,58		4,58	
2.1.1.8	Zusätzliches Urlaubsgeld	$\frac{\text{Urlaubstage} \cdot \text{Urlaubsgeld} \cdot 100}{\text{Jahresgehalt}}$	1,01		1,01		1,01	
2.1.2	Betriebliche Sozialgehälter[4]	2 freiwillige Fortbildungstage: $\frac{\text{betriebliche Ausfalltage} \cdot 100}{\text{tatsächliche bzw. Aufsicht führende Arbeitstage}}$	0,98		0,98		1,04	
	Summe Sozialgehälter			31,56		31,56		34,50
	Gehaltsbasis für Sozialkosten (II. Ziffer 1. und 2.1)			**131,56**		**131,56**		**134,50**
2.2	Sozialkosten							
2.2.1	Gesetzliche Sozialkosten							
2.2.1.1	Rentenversicherung	$\frac{18{,}70\,\%}{2} \cdot \frac{100 - \text{Gehaltsanteile über Beitragsbemessungsgrenze}}{100}$	9,12		9,12		9,12	
2.2.1.2	Arbeitslosenversicherung	$\frac{3{,}00\,\%}{2} \cdot \frac{100 - \text{Gehaltsanteile über Beitragsbemessungsgrenze}}{100}$	1,46		1,46		1,46	

2.2.1.3	Krankenversicherung	$\frac{14{,}60\,\%}{2} \cdot \frac{100 - \text{Gehaltsanteile über Beitragsbemessungsgrenze}}{100}$	5,99		5,99		5,99	
2.2.1.4	Pflegeversicherung	$\frac{2{,}35\,\%}{2} \cdot \frac{100 - \text{Gehaltsanteile über Beitragsbemessungsgrenze}}{100}$	0,96		0,96		0,96	
2.2.1.5	U2-Verfahren[5]	Umlagesätze je nach Kassenart unterschiedlich, angenommener Wert	0,33		0,33		0,33	
2.2.1.6	Unfallversicherung[6]	$\frac{\text{Vorschusssatz in €}}{100{,}00\text{ € Lohnsumme}}$	0,42		6,79		6,79	
	Arbeitsmedizinisch-Sicherheits-technischer Dienst	$\frac{\text{Beitragssatz in €}}{100{,}00\text{ € Lohnsumme}}$	0,22		0,22		0,22	
2.2.1.7	Insolvenzgeldumlage (U3)		0,12		0,12		0,12	
2.2.1.8	Schwerbehindertenausgleich	$\frac{\text{Pflichtplätze Schwerbehinderte} \cdot \text{Ausgleichsabgabe/Monat} \cdot 12}{100\text{ Arbeitnehmer} \cdot \text{Jahresgehalt}}$	0,21		0,21		0,21	
2.2.1.9	Arbeitsschutz und -sicherheit	$\frac{\text{Aufwand in €}}{\text{Jahresgehalt}} \cdot 100$	0,23		0,44		0,44	
2.2.2	Tarifliche Sozialkosten							
2.2.2.1	Zusatzversorgung	$\frac{\text{Beitrag an Zusatzversorgungskasse} \cdot 100{,}00\,\%}{\text{Gehalt/Monat}}$	1,69		1,69		1,69	
2.2.2.2	Tarifliche Zusatzrente	$\frac{\text{tarifliche Zusatzrente} \cdot 12}{\text{Jahresgehalt}} \cdot \text{Inanspruchnahme in \%}$	0,00		0,00		0,00	
2.2.2.3	Sterbegeld § 6 RTV		0,01		0,01		0,01	
2.2.3	Betriebliche Sozialkosten		2,50		2,50		2,50	
Summe Sozialkosten			23,27		29,85		29,85	
Summe Sozialkosten bezogen auf Gehaltsbasis		$\frac{\text{Gehaltsbasis} \cdot \text{Summe Sozialkosten}}{100}$		30,61		39,27		40,15
Summe Gehälter und gehaltsgebundene Kosten				162,17		170,83		174,65
abzüglich Gehälter				100,00		100,00		100,00
Zuschlagssatz für gehaltsgebundene Kosten				**62,17**		**70,83**		**74,65**

1) Über das Gehalt werden Angestellten die beiden Ausfalltage, Heiligabend und Silvester, bezahlt. Hier handelt es sich also um Sozialgehälter. Anders bei den Lohnempfängern: Sie haben zwar Heiligabend und Silvester frei, erhalten aber keinen Lohn für die beiden Tage.
2) Bei der Berechnung der Sozialgehälter für Schlechtwettertage und Kurzarbeitstage wird nur der Sozialaufwand berücksichtigt, und zwar der Arbeitnehmer- und der Arbeitgeberanteil in der Renten-, Kranken- und Pflegeversicherung. Insgesamt also 36,75 % (18,70 % +15,70 % + 2,35 %).
3) Durch den TV 13. ME vom 21.05.1997 in der Fassung vom 29.10.2003 besteht die Möglichkeit, das 13. Monatseinkommen auf bis zu 780,00 € abzusenken. Angenommen wurde hier jedoch der volle Anspruch von 55,00 % des Tarifgehalts.
4) Sofern betriebliche Sozialgehälter gezahlt werden (z. B. Fortbildungstage, Jahresgratifikation, Prämie), sind sie unternehmensindividuell zu berücksichtigen.
5) Ausgleichsverfahren für die nach dem Mutterschutzgesetz zu zahlenden Bezüge
6) Es handelt sich um einen Vorschuss, dessen Höhe je nach Bezirksverwaltung der Berufsgenossenschaft der Bauwirtschaft und Gewerk unterschiedlich ist und der rückwirkend im Folgejahr festgesetzt wird. Für den Unfallversicherungsbeitrag wurden die Hauptumlage, die Lastenverteilung nach Neurenten und nach Entgelten berücksichtigt. Der Wert ist u. a. abhängig von der Gefahrenklasse (hier angenommen: Gefahrenklasse 15,12; kein Vermögen vorhanden).

Die bisher unter Gehaltszusatzkosten einberechneten gehaltsbezogenen Kosten (Haftpflichtversicherung und Beiträge zu den Berufsverbänden) werden von den meisten Unternehmen üblicherweise als AGK und nicht als Teil der Gehaltskosten erfasst. Die gehaltsbezogenen Kosten sind daher nicht mehr Bestandteil dieses Schemas. Das Berechnungsschema endet mit der Summe der gehaltsgebundenen Kosten.

Abb. A.1.8: Muster für die Berechnung des Zuschlagssatzes für gehaltsgebundene Kosten

Tabelle A.1.3: Erläuterung zur Berechnung des Zuschlags für gehaltsgebundene Kosten lt. Abb. A.1.8

Position	Erläuterung
1. Gehälter	Diese Position umfasst: • Tarifgehälter gemäß tariflich vereinbarter Arbeitszeit • übertarifliche Gehaltsanteile • Überstunden-, Nacht-, Sonn- und Feiertagszahlungen • Erschwerniszulagen • vermögenswirksame Leistungen, vorausgesetzt, dass die Arbeitnehmer nicht die tarifliche Zusatzrente in Anspruch nehmen (nur in den alten Bundesländern) Den Berechnungen liegen folgende Gehälter zugrunde: • Angestellte (z. B. Sekretärin, Einkäufer, Geschäftsführer) Als Beispiel-Gehalt wird folgender Wert (Tarifgehalt A VIII) angenommen: 4.699,00 €/Monat 4.699,00 € · 12 Monate = 56.388,00 €/Jahr • Poliere (auch Bauleiter, Abrechner, technischer Leiter) Als Beispiel-Gehalt wird folgender Wert (Tarifgehalt A VIII) angenommen: 4.699,00 €/Monat 4.699,00 € · 12 Monate = 56.388,00 €/Jahr
2.1 Sozialgehälter	
2.1.1.4 Schlechtwettertage	Der Arbeitgeber trägt den gesamten Sozialaufwand in Höhe von 36,75 % für Ausfalltage wegen Schlechtwetter (Renten- + Kranken- + Pflegeversicherung = 18,70 % + 15,70 % + 2,35 %). Arbeitslosenversicherung fällt nicht an. Für die Berechnung wird angenommen, dass die Schlechtwettertage alle in einen Monat fallen. Bemessungsgrundlage für die Sozialversicherungsbeiträge sind 80,00 % des entfallenden Bruttogehalts: $\dfrac{\dfrac{\text{Schlechtwettertage}}{\text{Arbeitstage im Zeitraum}} \cdot \text{Bruttogehalt} \cdot 80{,}00\,\% \cdot 36{,}75\,\%}{\text{Bruttogehalt} \cdot 12} = \dfrac{\dfrac{12}{22} \cdot \text{Bruttogehalt} \cdot 80{,}00\,\% \cdot 36{,}75\,\%}{\text{Bruttogehalt} \cdot 12}$
2.1.1.7 13. Monatseinkommen	Nach dem TV 13. ME in der Fassung vom 29.10.2003 haben Arbeitnehmer, deren Arbeitsverhältnis am 30. November des laufenden Kalenderjahres (Stichtag) mindestens 12 Monate ununterbrochen besteht, Anspruch auf ein 13. Monatseinkommen in Höhe von maximal 55,00 % ihres Tarifgehalts. Durch freiwillige Betriebsvereinbarung oder einzelvertragliche Regelung darf eine abweichende Vereinbarung getroffen werden. Der Betrag von 780,00 € darf jedoch nicht unterschritten werden.
2.1.1.8 Zusätzliches Urlaubsgeld	Das zusätzliche Urlaubsgeld beträgt in den Jahren 2016 und 2017 für jeden tariflich festgelegten Urlaubstag für Angestellte und Poliere 19,00 €. Der Beitrag wurde zur Kompensation des erhöhten Zusatzversorgungsbeitrags (2.2.2.1) für 2 Jahre gesenkt.
2.1.2 Betriebliche Sozialgehälter	Die betrieblichen Sozialgehälter bestehen aus: • außertariflichem Weihnachtsgeld • übertariflichem Urlaubsgeld • Prämien- und Abschlussgratifikationen • anderen Bestandteilen, wie Kontoführungsgebühren etc. Wenn betriebliche Sozialgehälter bezahlt werden, ist der Wert firmenindividuell anzupassen.
2.2 Sozialkosten	
2.2.1.1 Rentenversicherung (RV)	Der Beitragssatz in der gesetzlichen Rentenversicherung beträgt 18,70 %. Die Beitragsbemessungsgrenze beträgt 2016 in Westdeutschland 6.200,00 €/Monat, in Ostdeutschland 5.400,00 €/Monat. Das zugrunde gelegte Gehalt von 4.699,00 € liegt **unterhalb** dieser Beitragsbemessungsgrenze, der Beitragssatz ist in diesem Fall voll anzusetzen. Grundlage der Berechnung unten ist die Annahme, dass 2,50 % der gesamten Gehaltssumme aller Angestellten und Poliere **oberhalb** dieser Beitragsbemessungsgrenze liegen und entsprechend nicht verbeitragt werden. Somit muss der prozentuale Beitragssatz rechnerisch niedriger angesetzt werden. Unter Berücksichtigung dieser Annahme betragen die zur Hälfte vom Arbeitgeber zu tragenden Kosten • für Angestellte und Poliere: $\dfrac{18{,}70\,\% \cdot (100{,}00\,\% - 2{,}50\,\%)}{2} = 9{,}12\,\%$

Tabelle A.1.3 (Fortsetzung): Erläuterung zur Berechnung des Zuschlags für gehaltsgebundene Kosten lt. Abb. A.1.8

Position	Erläuterung
2.2.1.2 Arbeitslosenversicherung	Der Beitragssatz zur Arbeitslosenversicherung beträgt 3,00 %. Die Beitragsbemessungsgrenze beträgt 2016 für Westdeutschland 6.200,00 €/Monat, in Ostdeutschland 5.400,00 €/Monat. Das zugrunde gelegte Gehalt von 4.699,00 € liegt **unterhalb** dieser Beitragsbemessungsgrenze, der Beitragssatz ist in diesem Fall voll anzusetzen. Unter der oben getroffenen Annahme, dass 2,50 % der Gesamtsumme der anfallenden Angestellten- und Poliergehälter **oberhalb** der Beitragsbemessungsgrenze liegen, muss dagegen eine rechnerische Absenkung der prozentualen Betragssätze vorgenommen werden. Somit betragen die zur Hälfte vom Arbeitgeber zu tragenden Kosten • für Angestellte und Poliere: $\frac{3{,}00\,\% \cdot (100{,}00\,\% - 2{,}50\,\%)}{2} = 1{,}46\,\%$
2.2.1.3 Krankenversicherung	Der Beitragssatz für die gesetzlichen Krankenkassen ist 2016 mit 15,70 % angesetzt. Davon sind von Arbeitgeber und Arbeitnehmer 14,60 % paritätisch zu tragen. Der zusätzliche Beitragssatz von 1,10 % ist alleine vom Arbeitnehmer zu tragen. Die Beitragsbemessungsgrenze beträgt 2016 einheitlich 4.237,50 €/Monat. Gehaltsanteile, die über dieser Beitragsbemessungsgrenze liegen, werden nicht zur Ermittlung der Krankenversicherungsbeiträge herangezogen, somit sinkt rechnerisch der prozentuale Anteil der vom Arbeitgeber zu tragenden Kosten. 2016 beträgt der Maximalbeitrag für die Krankenversicherung $\frac{4.237{,}50\,€ \cdot 14{,}60\,\%}{2} = 309{,}34\,€.$ Bei dem zugrunde gelegten Gehalt von 4.699,00 € sind z. B. nur 90,18 % beitragspflichtig: $\frac{4.237{,}50\,€ \cdot 100}{4.699{,}00\,€} = 90{,}18\,\%.$ Die vom Arbeitgeber zu tragenden Sozialkosten sind entsprechend abzusenken: $\frac{4.237{,}50\,€ \cdot \frac{14{,}60\,\%}{2}}{4.699{,}00\,€} = 6{,}58\,\%.$ Unter Berücksichtigung aller über der Beitragsbemessungsgrenze liegenden Gehälter im Unternehmen sind bei der Berechnung der Sozialkosten somit rechnerisch geringere prozentuale Betragssätze für das Unternehmen anzusetzen. Unter der Annahme, dass von der gesamten Gehaltssumme der Angestellten und Poliere 18,00 % über der Bemessungsgrenze liegen[1)], betragen die zur Hälfte vom Arbeitgeber zu tragenden Kosten • für Angestellte und Poliere: $\frac{14{,}60\,\% \cdot (100{,}00\,\% - 18{,}00\,\%)}{2} = 5{,}99\,\%$ 1) vgl. hierzu auch das Beispiel in Abb. A.1.9
2.2.1.4 Pflegeversicherung	Der Beitragssatz zur Pflegeversicherung beträgt 2,35 %. Das Beitragssicherungsgesetz führte zu einer Abkoppelung der Entwicklung der Beitragsbemessungsgrenze von der Rentenversicherung (75-%-Regel). Die Beitragsbemessungsgrenze der Pflegeversicherung beträgt 2016 pro Monat 4.237,50 €. Der Höchstbetrag für die Pflegeversicherung liegt 2016 damit bei 49,79 €. Die Berechnung der anzusetzenden Pflegeversicherungskosten erfolgt analog zu der unter 2.2.1.3 geschilderten Berechnung der Krankenversicherungskosten. Auch in diesem Fall sind bei der Gesamtbetrachtung die anzusetzenden Kosten prozentual anzupassen: Unter der Annahme, dass von der gesamten Gehaltssumme der Angestellten und Poliere 18,00 % über der Bemessungsgrenze liegen, betragen die zur Hälfte vom Arbeitgeber zu tragenden Kosten • für Angestellte und Poliere: $\frac{2{,}35\,\% \cdot (100{,}00\,\% - 18{,}00\,\%)}{2} = 0{,}96\,\%$
2.2.1.5 U2-Verfahren	Seit dem 01.01.2006 sind alle Arbeitgeber unabhängig von der Zahl der Arbeitnehmer in das U2-Verfahren (Aufwendungsausgleich für Mutterschaftsleistungen) einbezogen. Die Umlagesätze sind je nach Kassenart unterschiedlich. Angenommen wurde in der Berechnung ein mittlerer Wert von 0,33 %.
2.2.1.6 Unfallversicherung	Der Beitrag zur Unfallversicherung setzt sich aus der Hauptumlage, der Lastenverteilung nach Neurenten und nach Entgelten sowie ggf. dem Beitragszuschlag zusammen. Bei der Berechnung wurden die Hauptumlage, die Lastenverteilung nach Neurenten sowie die Lastenverteilung nach Entgelten berücksichtigt. Dabei berechnen sich die ersten beiden Beitragskomponenten unter Einbeziehung der Gefahrenklasse; die Lastenverteilung nach Entgelten wird ohne Gefahrenklasse berechnet. Zur Gefahrklasse 0,44 zählen ausschließlich Angestellte ohne jegliche Baustellenbesuche. Angestellte mit auch nur gelegentlichen Baustellenbesuchen fallen bereits unter die Gefahrklasse 15,12 (Tarifstelle 100). Der angenommene Vorschusssatz beträgt 0,42 % (Büro) bzw. 6,79 % (Baustelle).
2.2.1.6 Arbeitsmedizinisch-Sicherheitstechnischer Dienst	Für den Arbeitsmedizinisch-Sicherheitstechnischen Dienst beträgt der Beitragssatz hier 0,222 % (Betriebe ab 11 Mitarbeiter, Betreuungsgruppe I). Es gibt unterschiedliche Beitragsvarianten, die u. a. an die Mitarbeiterzahl gekoppelt sind.

Tabelle A.1.3 (Fortsetzung): Erläuterung zur Berechnung des Zuschlags für gehaltsgebundene Kosten lt. Abb. A.1.8

Position	Erläuterung
2.2.1.7 Insolvenzgeldumlage	2016 beträgt die Insolvenzgeldumlage 0,12 € pro 100,00 € Lohnsumme.
2.2.1.8 Schwerbehindertenausgleich	Der Schwerbehindertenausgleich betrifft Arbeitgeber, die über min. 20 Arbeitsplätze verfügen. Bei dem geltenden Pflichtsatz für eine Schwerbehindertenbesetzung von 5,00 % der Arbeitsplätze richtet sich die zu entrichtende Ausgleichsabgabe nach dem Erfüllungsgrad und der Betriebsgröße und beträgt zwischen 115,00 € und 290,00 €. Hier wurde ein Wert von 200,00 € angesetzt. Dies entspricht einer jahresdurchschnittlichen Beschäftigung von 2,00 % bis weniger als 3,00 %. Ein 100-Mann-Betrieb müsste 5 Pflichtplätze mit Schwerbehinderten besetzen. Die Berechnung lautet für Angestellte und Poliere: $\frac{\text{5 Pflichtplätze Schwerbehinderte} \cdot 200{,}00\ € \cdot \text{12 Monate}}{\text{100 Mann} \cdot \text{Jahresgehalt}} = 0{,}21\ \%$
2.2.1.9 Arbeitsschutz und -sicherheit	Unter Arbeitsschutz und Arbeitssicherheit sind die durch das Gesetz über Betriebsärzte, Sicherheitsingenieure und andere Fachkräfte für Arbeitssicherheit sowie die Verordnung über besondere Arbeitsschutzanforderungen im Winter und die Unfallverhütungsvorschriften verursachten Belastungen zusammengefasst. Bei einer geschätzten Größenordnung pro Jahr von 130,00 € für Angestellte und 250,00 € für Poliere lautet die Berechnung • für Angestellte: $\frac{130{,}00\ €/\text{Jahr} \cdot 100{,}00\ \%}{\text{Jahresgehalt/Mannjahr}} = 0{,}23\ \%$ • für Poliere: $\frac{250{,}00\ €/\text{Jahr} \cdot 100{,}00\ \%}{\text{Jahresgehalt/Mannjahr}} = 0{,}44\ \%$
2.2.2.1 Zusatzversorgung	Der an die Zusatzversorgungskasse zu leistende Beitrag beträgt in Westdeutschland gemäß VTV § 19 pro Monat 79,50 €. Dementsprechend lautet die Berechnung • für Angestellte und Poliere: $\frac{79{,}50\ €/\text{Monat} \cdot 100{,}00\ \%}{4.699{,}00\ €/\text{Monat}} = 1{,}69\ \%$
2.2.2.2 Tarifliche Zusatzrente	Bei der Berechnung gehen wir davon aus, dass 0,00 % der Arbeitnehmer von dem Anspruch auf die tarifliche Zusatzrente Gebrauch machen. Gemäß § 2 TV TZR hat jeder Arbeitnehmer in den alten Bundesländern Anspruch auf einen Betrag von 30,68 €/Kalendermonat.
2.2.2.3 Sterbegeld	Für das Sterbegeld gemäß § 6 RTV wird ein prozentualer Anteil von 0,01 % veranschlagt.
2.2.3 Betriebliche Sozialkosten	Zu den betrieblichen Sozialkosten zählen: • Alters- und Zukunftssicherung einschließlich Insolvenzsicherung • Jubiläums- und Treuegeld • Beihilfen bei Heirat, Geburt, Todesfall, Krankheit etc. • Zuschüsse für Aus- und Fortbildung • Zuschüsse zu Betriebsversammlungen und -festen • Zuschüsse zum Mittagessen Für diese Sozialleistungen wurden 2,50 % veranschlagt.

Beispiel zur Ermittlung des Krankenversicherungsbeitragssatzes mit Berücksichtigung der über der Beitragsbemessungsgrenze liegenden Gehälter				
Annahmen/Ausgangswerte				
Beitragsbemessungsgrenze (BMG) für Kranken-/ Pflegeversicherung		4.237,50 €		
paritätisch zu zahlender Beitragssatz		14,60 %		
		Anteil über	Betrag Arbeitgeber	
Mitarbeiter	Gehalt	der BMG	absolut	in %
Neumann	2.077,00 €	- €	151,62 €	7,30 %
Schmidt	2.077,00 €	- €	151,62 €	7,30 %
Meier	3.870,00 €	- €	282,51 €	7,30 %
Schulze	4.500,00 €	262,50 €	309,34 €	6,87 %
Scheffer	8.000,00 €	3.762,50 €	309,34 €	3,87 %
Müller	4.237,50 €	- €	309,34 €	7,30 %
Fischer	6.162,00 €	1.924,50 €	309,34 €	5,02 %
Kaufmann	4.699,00 €	461,50 €	309,34 €	6,58 %
Summe	35.622,50 €	6.411,00 €	2.132,44 €	
Berechnung				
nicht verbeitragte Gehaltssumme		6.411,00 € / 35.622,50 € · 100		**18,00 %**
anzusetzender Beitragssatz (durchschnittlich)		14,6 / 2 · (100,00–18,00) / 100 = 2.132,44 € / 35.622,50 € · 100		5,99 %

Abb. A.1.9: Beispiel zur Ermittlung des durchschnittlichen Krankenversicherungsbeitragssatzes

In Abb. A.1.9 wird am Beitragssatz für die Krankenversicherung exemplarisch dargestellt, wie der durchschnittliche Beitragssatz unter Berücksichtigung der Gehälter, die über der Beitragsbemessungsgrenze liegen, berechnet wird.

A.2 Anhang zur Ermittlung der Gerätekosten

In den nachstehenden Ausführungen und Beispielen wird von den in der Baugeräteliste (BGL 2015 unter Beachtung des Benutzerhinweises) gelisteten Werten für die übliche Abschreibung der Abnutzung (Afa) oder Reparaturkosten ausgegangen. Die hierin enthaltenen Angaben stellen Durchschnittswerte dar, die im Einzelfall abweichen können. Es kann deshalb notwendig sein, auf die Ergebnisse der Baubetriebsrechnung zurückzugreifen. Abweichungen gegenüber den Angaben der BGL können sich vor allem bei dem Anschaffungswert, der Nutzungsdauer, den Vorhaltemonaten und den Reparaturkosten ergeben.

Bei den Daten der BGL 2015 ist auch zu beachten, dass mit Indexwerten gerechnet werden muss. Die angegebenen Neuwerte sind Mittelwerte der Listenpreise der gebräuchlichsten Fabrikate auf der Preisbasis von 2014. Eine Anpassung an die fortschreitende Entwicklung der Anschaffungskosten kann mittels amtlichem „Erzeugerpreisindex für Baumaschinen" des Statistischen Bundesamts erfolgen (vgl. Basisinformationen und Nutzungshinweise zur BGL 2015, Abschnitt 5.2).

Im Rahmen der Gerätekostenermittlung wird mit den Zeitbegriffen aus Tabelle A.2.1 gearbeitet:

Die Berechnung der Vorhaltekosten, also des monatlichen Abschreibungs- und Verzinsungsbetrags und der Reparaturkosten, wird in Anlehnung an die BGL vorgenommen (s. Vorbemerkungen zur BGL).

1 Vorhaltemonat = 30 Kalendertage = 170 Vorhaltestunden (Einschichtbetrieb)

Für die Gerätekostenermittlung kommen 3 Verfahren zur Anwendung, die nachfolgend beschrieben werden.

A.2.1 Gerätekostenermittlung über die Vorhaltezeit

Die folgende Art der Gerätekostenermittlung wird überwiegend für Geräte angewendet, die längere Zeit auf der Baustelle vorgehalten werden müssen, ohne jedoch immer in Betrieb zu sein. Das trifft vor allem auf Geräte des Hoch- und Ingenieurbaus zu, also Geräte zur Herstellung und Verarbeitung von Beton, Hebezeuge und Baustellenausstattungen. Die Sätze für die Abschreibung und Verzinsung sowie die Reparatur werden dabei als Beträge je Vorhaltemonat aus der BGL oder eigenen Unterlagen entnommen und mit der Anzahl der Vorhaltemonate multipliziert (vgl. Abb. A.2.1).

Die Betriebsstoffkosten errechnen sich dagegen aus den während der Vorhaltezeit anfallenden Betriebsstunden (vgl. Abb. A.2.2).

Bei den folgenden Beispielen wurde von einem Verhältnis der Betriebsstunden zu den Vorhaltestunden von 120 h zu 170 h ausgegangen.

Die Kosten der Betriebsstoffe werden im Allgemeinen in den Gemeinkosten berücksichtigt. Eine gesonderte Ermittlung der Kosten der Betriebsstoffe als Einzelkostenart dieser Kostenartengruppen ist in der Regel bei geräteintensiven Arbeiten (z. B. Straßenbau) anzutreffen.

Für geräteintensive Arbeiten werden häufig Verrechnungssätze gebildet, in denen Gerätekosten und Betriebsstoffkosten oder Gerätekosten, Betriebsstoffkosten und Lohnkosten zusammengefasst und unter Kosten der Geräte kalkuliert werden (vgl. Abb. A.2.3).

Tabelle A.2.1: Zeitbegriffe im Rahmen der Gerätekostenermittlung

Zeitbegriff	Erläuterung
Nutzungsdauer	Zeitspanne, in der ein Gerät erfahrungsgemäß bei einschichtigem Betrieb und mittlerer Auslastung wirtschaftlich und mit technischem Erfolg eingesetzt werden kann. Die Nutzungsdauer wird entweder in Nutzungsjahren oder in Vorhaltemonaten ausgedrückt. Die Nutzungsdauern der BGL 2015 stimmen weitestgehend überein mit den Nutzungsdauern der amtlichen steuerlichen Afa-Tabellen, die jeweils auf die verschiedenen Gerätearten anzuwenden sind. Sofern Baugeräte nicht in AfA-Tabellen aufgeführt sind, orientieren sich die in der BGL aufgeführten Nutzungsdauern an langjährigen baubetrieblichen Erfahrungen.
Lebensdauer	Zeitspanne zwischen Herstellung (Baujahr) und Ausmusterung (Verschrottung).
Vorhaltezeit	Zeit, in der ein Gerät einer Baustelle zur Verfügung steht und in der anderweitig nicht darüber verfügt werden kann. Die Vorhaltezeit umfasst: • Zeiten für An- und gegebenenfalls Rücktransport • Zeiten für Auf- und Abbau (Einrichtung und Räumung) • Zeiten für Umrüstung • Betriebszeiten • baubetrieblich bedingte Wartezeiten • Verteil- und Verlustzeiten • Zeiten für Umsetzen auf der Baustelle • Stillliegezeiten infolge höherer Gewalt oder vergleichbarer Umstände • Zeiten für Wartung und Pflege • Reparaturzeiten, wenn die Zuständigkeit für die Erhaltung der Betriebsbereitschaft des Gerätes der Baustelle zugerechnet wird; in der Regel Reparaturen am Einsatzort • Reparaturzeiten infolge von Gewaltschäden
Einsatzzeit	Zeit, in der ein Gerät für die Durchführung einer Bauleistung (Teilleistung) eingesetzt ist. Die Einsatzzeit umfasst: • Zeit für Vorbereitung und Abschluss der Arbeit • Betriebszeit • baubetrieblich bedingte Wartezeiten • Verteil- und Verlustzeiten Die Zeit für Vorbereitung und Abschluss der Arbeit umfasst z. B. das Auswechseln eines Arbeitswerkzeugs, wenn es sich um einen kurzzeitigen Vorgang handelt. Baubetrieblich bedingte Wartezeiten sind z. B. das Warten auf Transportfahrzeuge oder Arbeitsunterbrechungen infolge von Sprengungen. Verteil- und Verlustzeiten treten unregelmäßig während des Arbeitsablaufs auf. Sie umfassen z. B. persönliche Bedürfnisse des Geräteführers, Einholung von Anweisungen, Auftanken des Geräts. Sie können als Verlustzeiten nur dann bezeichnet werden, wenn sie objektiv vermeidbar sind und nicht zur Erholung des Geräteführers benötigt werden.
Betriebszeit	Zeit, in der das Gerät unter Last läuft. Das Warten bei laufendem Motor (Leerlauf) fällt nicht darunter.
Stillliegezeit	Zeit innerhalb der Vorhaltezeit, in der höhere Gewalt oder andere vergleichbare Umstände das Stillliegen des Geräts erzwingen, und Zeit außerhalb der Vorhaltezeit, in der das Gerät wegen fehlender Einsatzmöglichkeit oder mangelnder Betriebsbereitschaft nicht vorgehalten werden kann (Gerät lagert z. B. auf dem Bauhof).
Reparaturzeit	Zeit, in der die Gerätereparatur auf der Baustelle und/oder in der Reparaturwerkstatt vorbereitet und durchgeführt wird.

Soweit Druckluft für den Antrieb von Maschinen verwendet wird, wie z. B. im Tunnel- und Stollenbau, sind die Kosten für die Drucklufterzeugungsanlagen analog zu der üblichen Gerätekostenermittlung zu berechnen.

In den nachfolgenden Beispielen wird die BGL 2015 zugrunde gelegt und die dort aufgeführten Werte zu 100,00 % angesetzt. Es wird jeweils der untere Wert für die monatliche Abschreibung und Verzinsung verwendet.

Liegt ein Gerät während der Vorhaltezeit still und beträgt die Stillliegezeit mehr als 10 Tage, dann rechnet man in der Praxis mit niedrigeren Vorhaltekosten, d. h., dass für die ersten 10 Kalendertage die vollen Reparaturkosten lt. BGL angesetzt werden. Ab dem 11. Kalendertag werden nur noch 75,00 % der vollen Abschreibung und Verzinsung zuzüglich 8,00 % der vollen Abschreibung und Verzinsung für Wartung und Pflege angesetzt. Die Reparaturkosten entfallen also ab dem 11. Kalendertag (vgl. Abb. A.2.4)

Beispiel zur Ermittlung der Gerätekosten für die Bauzeit			
Beispiel 1			
fahrbarer Trommelmischer, Motorleistung 7,5 kW, BGL-Nr. B.4.32 0750			
BGL 2015			
Ausgangswerte/Annahmen			
Bauzeit	8 Monate		
Motorleistung	7,5 kW		
monatlicher Abschreibungs- und Verzinsungsbetrag aus BGL (K) unterer Wert	367,00 €		
monatliche Reparaturkosten (R)	287,00 €		
Lohnkosten (als % der monatlichen Reparaturkosten)	60,00 %		
lohngebundene Kosten (als % der Lohnkosten)	82,61 %		
Betriebsstunden während der Bauzeit	600,00 h		
Energiekosten	0,20 €/kWh		
Schmierstoffkosten (als % der Energiekosten)	5,00 %		
Berechnung			
1. Lohngebundene Kosten auf Reparaturkosten			
Lohnkosten	60,00 % · 287,00 €/Monat	172,20 €/Monat	
lohngebundene Kosten	82,61 % · 172,20 €/Monat	142,25 €/Monat	
2. Vorhaltekosten			
Abschreibung, Verzinsung und Reparatur (K+R), lohngebundene Kosten	367,00 €/Monat + 287,00 €/Monat + 142,25 €/Monat	796,25 €/Monat	
Abschreibung, Verzinsung und Reparatur (K+R), lohngebundene Kosten/Bauzeit	8 Monate · 796,25 €/Monat		6.370,04 €
3. Betriebsstoffkosten			
Energiekosten je Einsatzstunde	7,5 kW · 0,20 €/kWh	1,50 €/h	
Schmierstoffkosten je Einsatzstunde	5,00 % · 1,50 €/h	0,08 €/h	
Betriebsstoffkosten für die Bauzeit	600,00 h · (1,50 €/h + 0,08 €/h)		945,00 €
Vorhalte- und Betriebsstoffkosten für die Bauzeit			7.315,04 €

Abb. A.2.1: Beispiel zur Ermittlung der Gerätekosten für die Bauzeit

Beispiel zur Berechnung der Betriebsstoffkosten je Betriebsstunde			
Beispiel 2			
Frontlader als Radlader, Motorleistung 55,0 kW, BGL-Nr. D 3.10.0055			
BGL 2015			
Ausgangswerte/Annahmen			
Motorleistung	55,0 kW		
Kraftstoffverbrauch pro Betriebsstunde (aus Nachkalkulation)	0,20 l/kWh		
Kraftstoffkosten	0,90 €/l		
Schmierstoffverbrauch (als % der Kraftstoffkosten/Betriebsstunde)	10,00 %		
Berechnung			
Kraftstoffverbrauch je Betriebsstunde	55,0 kW · 0,20 l/kWh	11,00 l/h	
Kosten des Kraftstoffes je Betriebsstunde	11,00 l/h · 0,90 €/l		9,90 €/h
Schmierstoffverbrauch je Betriebsstunde	10,00 % · 9,90 €/h		0,99 €/h
Betriebsstoffkosten/Betriebsstunde			10,89 €/h

Abb. A.2.2: Beispiel zur Ermittlung der Betriebsstoffkosten je Betriebsstunde

Beispiel zur Ermittlung der Gerätekosten je Vorhaltestunde			
Beispiel 3			
Frontlader als Radlader, Motorleistung 55,0 kW, BGL-Nr. D 3.10.0055			
BGL 2015			
Ausgangswerte/Annahmen			
Motorleistung	55,0 kW		
monatlicher Abschreibungs- und Verzinsungsbetrag aus BGL (K) unterer Wert	2.520,00 €/Monat		
monatliche Reparaturkosten aus BGL (R)	2.120,00 €/Monat		
Lohnkosten (als % der monatlichen Reparaturkosten)	60,00 %		
lohngebundene Kosten (als % der Lohnkosten)	82,61 %		
Vorhaltestunden pro Vorhaltemonat gemäß BGL	170,00 h/Monat		
Betriebsstunden pro Vorhaltemonat	120,00 h/Monat		
Kraftstoffverbrauch pro Betriebsstunde (aus Nachkalkulation)	0,20 l/kWh		
Kosten des Kraftstoffs	0,90 €/l		
Schmierstoffkosten pro Vorhaltestunde (als % der Kraftstoffkosten; aus Nachkalkulation)	20,00 %		
Berechnung			
1. Lohngebundene Kosten auf Reparaturkosten			
Lohnkosten	60,00 % · 2.120,00 €/Monat	1.272,00 €/Monat	
lohngebundene Kosten	82,61 % · 1.272,00 €/Monat	1.050,80 €/Monat	
lohngebundene Kosten pro Vorhaltestunde	(1.050,80 €/Monat) / (170,00 h/Monat)		6,18 €/h
2. Vorhaltekosten			
Abschreibung, Verzinsung und Reparatur (K + R) je Vorhaltemonat	2.520,00 €/Monat – 2.120,00 €/Monat	4.640,00 €/Monat	
Abschreibung, Verzinsung und Reparatur je Vorhaltestunde nach BGL	(4.640,00 €/Monat) / (170,00 h/Monat)		27,29 €/h
3. Betriebsstoffkosten			
Kraftstoffkosten pro Vorhaltestunde	55,0 kW · 0,20 l/kWh · 0,90 €/l · 120,00 h / 170,00 h	6,99 €/h	
Schmierstoffkosten pro Vorhaltestunde	20,00 % · 6,99 €/h	1,40 €/h	
Betriebsstoffkosten pro Vorhaltestunde	6,99 €/h + 1,40 €/h		8,39 €/h
Vorhalte- und Betriebsstoffkosten/Vorhaltestunde			41,86 €/h

Abb. A.2.3: Beispiel zur Ermittlung der Gerätekosten je Vorhaltestunde

Beispiel zur Ermittlung der Gerätekosten für 21 Kalendertage mit Stillliegezeit				
Beispiel 4				
Frontlader als Radlader, Motorleistung 55,0 kW, BGL-Nr. D 3.10.0055				
BGL 2015				
Ausgangswerte/Annahmen				
Motorleistung	55,0 kW			
monatlicher Abschreibungs- und Verzinsungsbetrag aus BGL (K) unterer Wert	2.520,00 €/Monat			
monatliche Reparaturkosten (R)	2.120,00 €/Monat			
Lohnkosten (als % der monatlichen Reparaturkosten)	60,00 %			
lohngebundene Kosten (als % der Lohnkosten)	82,61 %			
Kraftstoffverbrauch pro Betriebsstunde (aus Nachkalkulation)	0,20 l/kWh			
Stillliegetage	21 Tage			
Abschreibung und Verzinsung ab 11. Kalendertag gemäß BGL (als % der monatlichen Abschreibung und Verzinsung)	75,00 %			
Wartung und Pflege ab 11. Kalendertag gemäß BGL (als % der monatlichen Abschreibung und Verzinsung)	8,00 %			
Berechnung				
1. Lohngebundene Kosten auf Reparaturkosten				
Lohnkosten	60,00 % · 2.120,00 €/Monat	1.272,00 €/Monat		
lohngebundene Kosten pro Stillliegemonat	82,61 % · 1.272,00 €/Monat		1.050,80 €/Monat	
2. Vorhaltekosten				
Abschreibung, Verzinsung und Reparatur (K + R) je Vorhaltemonat	2.520,00 €/Monat + 2.120,00 €/Monat		4.640,00 €/Monat	
Vorhaltekosten für die ersten 10 Stillliegetage	(1.050,80 €/Monat + 4.640,00 €/Monat) / 30 Tage/Monat · 10 Tage/Monat			1.896,93 €
Kosten ab 11. Kalendertag bis 21. Kalendertag	(75,00 % + 8,00 %) · 2.520,00 €/Monat / 30 Tage/Monat · 11 Tage			766,92 €
Vorhaltekosten für 21 Kalendertage Stillliegezeit				2.663,85 €

Abb. A.2.4: Beispiel zur Ermittlung der Gerätekosten für 21 Kalendertage mit Stillliegezeit

Beispiel zur Ermittlung der Gerätekosten je Einsatzstunde			
Beispiel 5			
Frontlader als Radlader, Motorleistung 55,0 kW, BGL-Nr. D 3.10.0055			
BGL 2015			
Ausgangswerte/Annahmen			
Motorleistung	55,0 kW		
monatlicher Abschreibungs- und Verzinzungsbetrag aus BGL (K) unterer Wert	2.520,00 €/Monat		
monatliche Reparaturkosten (R)	2.120,00 €/Monat		
Lohnkosten (als % der monatlichen Reparaturkosten)	60,00 %		
lohngebundene Kosten (als % der Lohnkosten)	82,61 %		
Einsatzstunden pro Vorhaltemonat (aus Nachkalkulation)	160,00 h/Monat		
Betriebsstunden pro Vorhaltemonat	120,00 h/Monat		
Kraftstoffverbrauch pro Betriebsstunde (aus Nachkalkulation)	0,20 l/kWh		
Kraftstoffkosten	0,90 €/l		
Schmierstoffkosten (in % der Kraftstoffkosten)	20,00 %		
Berechnung			
1. Lohngebundene Kosten auf Reparaturkosten			
Lohnkosten (in % der monatlichen Reparaturkosten)	60,00 % · 2.120,00 €/Monat	1.272,00 €/Monat	
lohngebundene Kosten (in % der Lohnkosten)	82,61 % · 1.272,00 €/Monat	1.050,80 €/Monat	
lohngebundene Kosten pro Einsatzstunde	(1.050,80 €/Monat) / (160,00 h/Monat)		6,57 €/h
2. Vorhaltekosten			
Abschreibung, Verzinsung und Reparatur (K + R) je Vorhaltemonat	2.520,00€/Monat + 2.120,00 €/Monat	4.640,00 €/Monat	
Abschreibung, Verzinsung und Reparatur (K + R) je Einsatzstunde	(4.640,00 €/h) / (160,00 h/Monat)		29,00 €/h
3. Betriebsstoffkosten			
Kraftstoffkosten je Einsatzstunde	55,0 kW · 0,20 l/kWh · 0,90 €/l · 120,00 h / 160,00 h		7,43 €/h
Schmierstoffkosten je Einsatzstunde	20,00 % · 7,43 €/h		1,49 €/h
Gerätekosten je Einsatzstunde			44,48 €/h

Abb. A.2.5: Beispiel zur Ermittlung der Gerätekosten je Einsatzstunde

Beispiel zur Ermittlung der Gerätekosten je Betriebsstunde			
Beispiel 6			
Frontlader als Radlader, Motorleistung 55,0 kW, BGL-Nr. D 3.10.0055			
BGL 2015			
Ausgangswerte/Annahmen			
Motorleistung	55,0 kW		
monatlicher Abschreibungs- und Verzinsungsbetrag aus BGL (K) unterer Wert	2.520,00 €/Monat		
monatliche Reparaturkosten (R)	2.120,00 €/Monat		
Lohnkosten (als % der monatlichen Reparaturkosten)	60,00 %		
lohngebundene Kosten (als % der Lohnkosten)	82,61 %		
Betriebsstunden pro Vorhaltemonat	120,00 h/Monat		
Kraftstoffverbrauch pro Betriebsstunde (aus Nachkalkulation)	0,20 l/kWh		
Kraftstoffkosten	0,90 €/l		
Schmierstoffkosten (in % der Kraftstoffkosten)	20,00 %		
Berechnung			
1. Lohngebundene Kosten auf Reparaturkosten			
Lohnkosten (in % der monatlichen Reparaturkosten)	60,00 % · 2.120,00 €/Monat	1.272,00 €/Monat	
lohngebundene Kosten (in % der Lohnkosten)	82,61 % · 1.272,00 €/Monat	1.050,80 €/Monat	
lohngebundene Kosten pro Betriebsstunde	(1.050,80 €/Monat) / (120,00 h/Monat)		8,76 €/h
2. Vorhaltekosten			
Abschreibung, Verzinsung und Reparatur (K + R) je Vorhaltemonat	2.520,00 €/Monat +2.120,00 €/Monat	4.640,00 €/Monat	
Abschreibung, Verzinsung und Reparatur (K + R) je Betriebsstunde	(4.640,00 €/h) / (120,00 h/Monat)		38,67 €/h
3. Betriebsstoffkosten			
Kraftstoffkosten je Betriebsstunde	55,0 kW · 0,20 l/kWh · 0,90 €/l		9,90 €/h
Schmierstoffkosten je Betriebsstunde	20,00 % · 9,90 €/h		1,98 €/h
Gerätekosten/Betriebsstunde			59,30 €/h

Abb. A.2.6: Beispiel zur Ermittlung der Gerätekosten je Betriebsstunde

Beispiel zur Ermittlung der Kosten einer Gerätegruppe für den Einbau von 1 t bituminöser Tragschicht

Beispiel 7
Leistung der Gerätegruppe in 17,5 Arbeitstagen bzw. 21 Lohntagen:
90 t/Betriebsstunde · 175 Betriebsstunden/Monat 15.750,0 t/Monat

Geräteliste

Stück	Bezeichnung	BGL 2015 BGL-Nr.	monatliche Abschreibung und Verzinsung (K) (unterer Wert) je Einheit	insgesamt	monatliche Reparaturkosten (R) je Einheit	insgesamt	Leistung	Arbeiter[1]
1	Fertiger	E.3.01.0060	5.650,00 €/Monat	5.650,00 €/Monat	5.250,00 €/Monat	5.250,00 €/Monat	74,0 kW	1,1 Ak
1	Vibrationswalze	D.8.30.0700	4.590,00 €/Monat	4.590,00 €/Monat	3.140,00 €/Monat	3.140,00 €/Monat	51,0 kW	1,1 Ak
1	Dreiradwalze	D.8.00.1000	1.700,00 €/Monat	1.700,00 €/Monat	1.040,00 €/Monat	1.040,00 €/Monat	50,0 kW	1,1 Ak
	Beihilfe							3,0 Ak
		Summe:		11.940,00 €/Monat		9.430,00 €/Monat	175,0 kW	6,3 Ak

1) Ak = Arbeitskräfte; bei Geräteführern 10,00 % Zuschlag für Wartung und Pflege

Ausgangswerte/Annahmen	
Lohnkosten (als % der monatlichen Reparaturkosten)	60,00 %
Lohngebundene Kosten (als % der Lohnkosten)	82,61 %
Arbeitstage	17,5 Tage
Lohntage pro Monat	21,0 Tage
Leistung der Gruppe (in t je Betriebsstunde)	90,0 t/h
Betriebsstunden je Monat	175,00 h/Monat
Leistung der Gruppe (in t je Monat)	15.750,0 t/Monat
Kraftstoffverbrauch pro Betriebsstunde (aus Nachkalkulation)	0,20 l/kWh
Kraftstoffkosten	0,90 €/l
Schmierstoffkosten (in % der Kraftstoffkosten)	20,00 %

Berechnung

1. Lohngebundene Kosten auf Reparaturkosten				
Lohnkosten (in % der monatlichen Reparaturkosten)	60,00 % · 9.430,00 €/Monat	5.658,00 €/Monat		
lohngebundene Kosten (in % der Lohnkosten)	82,61 % · 5.658,00 €/Monat		4.674,07 €/Monat	
lohngebundene Kosten je t	(4.674,07 €/Monat) / (15.750,0 t/Monat)			0,30 €/t
2. Vorhaltekosten				
Abschreibung, Verzinsung und Reparatur (K + R) je Vorhaltemonat	11.940,00 €/Monat +9.430,00 €/Monat		21.370,00 €/Monat	
Abschreibung, Verzinsung und Reparatur (K + R) je t	(21.370,00 €/Monat) / (15.750,0 t/Monat			1,36 €/t
lohngebundene und Vorhaltekosten				1,66 €/t
3. Betriebsstoffkosten				
Kraftstoffkosten je Monat	175,0 kW · 0,20 l/kWh · 0,90 €/l · 17,5 Tage · 10 h/Tage	5.512,50 €/Monat		
Kraftstoffkosten je t	(5.512,50 €/Monat) / (15.750,0 t/Monat)		0,35 €/t	
Schmierstoffkosten je t	20,00 % · 0,35 €/t		0,07 €/t	
Betriebsstoffkosten je t	0,35 €/t + 0,07 €/t			0,42 €/t
lohngebundene, Vorhalte- und Betriebsstoffkosten				2,08 €/t
4. Lohnstunden				
Lohnstunden je Monat	6,3 Ak · 21 Lohntage · 21 / 17,5 · 10 h/Tag		1.587,60 h/Monat	
Lohnstunden je t	(1.587,60 h) / (15.750,0 t/Monat)			0,101 h/t

Abb. A.2.7: Beispiel zur Ermittlung der Kosten einer Gerätegruppe für den Einbau von 1 t bituminöser Tragschicht

A.2.2 Gerätekostenermittlung über die Einsatz- und Betriebszeit

Bei der Verwendung der Einsatzzeit als Grundlage für die Gerätekostenermittlung (vgl. Abb. A.2.5) werden gegenüber der Vorhaltezeit folgende Zeitanteile nicht berücksichtigt:

- Transportkosten zu und von der Baustelle
- Auf- und Abbauzeiten
- Zeit für Umbau und Umsetzen
- Stillliegezeiten
- Reparaturzeiten

Bei der Betriebszeit (vgl. Abb. A.2.6) entfallen noch zusätzlich:

- Zeit für Vorbereitung und Abschluss der Arbeit
- baubetrieblich bedingte Wartezeiten
- Verteil- und Verlustzeiten

Die Anzahl der Einsatztage oder Einsatzstunden ist also wesentlich geringer als die Anzahl der Vorhaltetage oder Vorhaltestunden. Ebenso ist die Anzahl der Betriebsstunden geringer als die Anzahl der Einsatzstunden.

Soweit die Kalkulation auf Geräte-Stundenkosten aufgebaut ist, ist bei der Geräteleistung auf die Berechnungsgrundlage zu achten, also ob diese auf der Vorhalte-, Einsatz- oder Betriebszeit aufbaut. Im Allgemeinen wird die Kalkulation auf der Grundlage von Geräte-Stundenkosten nur für sog. Leistungsgeräte durchgeführt. Hierunter sind solche Geräte zu verstehen, die bestimmten Teilleistungen zugeordnet werden, manchmal nur kurzfristig auf der Baustelle sind und bei maschinenintensiven Arbeiten verwendet werden. Zu den Leistungsgeräten gehören z. B. Erdbaugeräte, Geräte für Straßen- und Gleisoberbau, Rammen, Bagger und Krane.

A.2.3 Gerätekostenermittlung auf der Grundlage von Leistungseinheiten (Mengen)

Diese Art der Gerätekostenermittlung ist vor allem bei stationären Mischanlagen sowie bei Geräten und Maschinen zu finden, die ein gleichbleibendes Produkt erbringen.

Werden die Gerätekosten nicht in den BGK, sondern in den Einzelkosten erfasst, müssen sie auf die Einheit der während der Vorhaltezeit erbrachten Leistung bezogen werden, z. B. €/t Tragschicht (vgl. Abb. A.2.7).

A.3 Anhang zur Gliederung der Baustellengemeinkosten für die Bauauftragsrechnung

Der Begriff Baustellengemeinkosten entstammt der Kalkulation von Einheitspreisverträgen. Da hier die einzelnen LV-Positionen als Kostenverursacher angesehen werden, erfolgt eine Unterscheidung in solche Kosten, die man der LV-Position direkt zuordnen kann – dies sind die sog. EKT –, und solche Kosten, die durch das Betreiben der Baustelle als Ganzes entstehen und sich keiner LV-Position direkt zuordnen lassen – dies sind die BGK. BGK sind also nur in Bezug auf die LV-Positionen Gemeinkosten. In Bezug auf die Baustelle bzw. das Bauprojekt sind die BGK aber Einzelkosten, die sich nach denselben Kostenartengruppen wie die EKT gliedern. Gemäß BKR 2016 sind dies folgende Kostenartengruppen (vgl. Kapitel 1, Tabelle 1.6):

- Lohn- und Gehaltskosten
- Fremdarbeitskosten
- Kosten der Bau- und Fertigungsstoffe (kurz: Materialkosten)
- Kosten für Fertigerzeugnisse (kurz: Fertigerzeugnisse)
- Kosten des Rüst-, Schal- und Verbaumaterials (RSV) einschließlich der Bauhilfsstoffe (kurz: Bauhilfsstoffe einschließlich RSV)
- Kosten der Geräte und der Betriebsstoffe (kurz: Gerätekosten)
- Kosten der Geschäfts-, Betriebs- und Baustellenausstattung (kurz: Ausstattungskosten)
- Kosten der technischen Bearbeitung und Projektentwicklung (kurz: Projektkosten)
- Kosten der Nachunternehmerleistungen (kurz: Nachunternehmerleistungen oder NU)
- Kosten der Immobilienbewirtschaftung (kurz: Immobilienbewirtschaftung)
- Sonstige Kosten (kurz: SoKo)

Hinweis

> Bei den BGK handelt es sich um einen bauprojektspezifischen Kostenblock, der sich aus den vorgenannten Kostenartengruppen zusammensetzt. Eine Orientierung zur Ermittlung von BGK bietet der nachfolgende BGK-Katalog.

A.3.1 Baustellengemeinkosten-Katalog

Der BGK-Katalog soll als eine Art Checkliste verstanden werden. Er enthält alle für die Projektrealisation erforderlichen Leistungen, die üblicherweise

- vom Auftraggeber nicht als Teilleistung in LV-Positionen aufgeführt werden,
- nicht Bestandteil der Nebenleistungen im Sinne der VOB/C sind,
- vom Auftragnehmer bei der Ermittlung der Einheitspreise der LV-Positionen einzubeziehen sind und
- die dem Bauprojekt direkt zurechenbar sind (in Abgrenzung zu den AGK).

Nur in diesen Fällen stellen die durch diese Leistungen entstehenden Kosten BGK dar.

Hinweis

> Es kommt in der Praxis allerdings auch häufig vor, dass der Auftraggeber solche Leistungen in eigenen LV-Positionen ausschreibt, z. B. als „Einrichten und Räumen der Baustelle“ oder „Technische Bearbeitung“. In diesem Fall stellen die hier zu kalkulierenden Kosten EKT und keine BGK dar. Es ist also keinesfalls so, dass die im BGK-Katalog aufgeführten Leistungen zwangsweise BGK sind (vgl. Kapitel 2.6.1).

Der BGK-Katalog (vgl. Tabelle A 3.1) ist so aufgebaut, dass die aufgeführten Teilleistungen durch eine Matrix den einzelnen Kostenartengruppen zugeordnet werden können. Die aufgeführten Kostenartengruppen entsprechen der vorgeschlagenen Regelgliederungstiefe (vgl. Kapitel 1.5.5.3). Die vorgenommene Zuordnung ist exemplarisch zu verstehen und kann unternehmensindividuell variieren. Des Weiteren erfolgt eine Aufteilung der Teilleistungen in die Kostenkategorien „zeitabhängig" und „zeitunabhängig". Die Summe aller in der Matrix aufgeführten Teilleistungen stellt dann den Kostenblock „Baustellengemeinkosten" dar, der ebenfalls in einen zeitabhängigen und zeitunabhängigen Kostenblock aufgegliedert werden kann.

Der BGK-Katalog (Tabelle A.3.1) ist in 8 Teilbereiche aufgegliedert. Nachfolgend werden diese näher beleuchtet.

Kosten für das Einrichten und Räumen der Baustelle

Die Kosten für das Einrichten und Räumen der Baustelle gliedern sich in die folgenden Teilbereiche.

- An- und Abtransport sowie Verladen der Baustelleneinrichtung einschließlich Geräte

Die Kosten für das Verladen umfassen die Kosten für das Auf- und Abladen auf der Baustelle und auf dem Bauhof. Sie sind abhängig von Gewicht und Art der Ladegüter. Das Gewicht ist in einer getrennten Berechnung mithilfe der BGL zu ermitteln oder für alle Ladegüter, die nicht in der BGL enthalten sind, aufgrund von Erfahrungswerten festzulegen. Die Ladekosten können sich für den An- und Abtransport auf folgende Gegenstände beziehen:

- Geräte
- Container
- Kleingeräte und Werkzeuge
  Einrichtungsgegenstände für die Baustellenbelegschaft
- Rüst- und Schalmaterial
- sonstige Bestandteile der Baustelleneinrichtung, wie Spundbohlen, Verbauholz, Profilträger für Baudienstbrücken
- Hilfsstoffe

Bei den Geräten ist zu unterscheiden zwischen selbstfahrenden und nicht selbstfahrenden Geräten, da hierfür unterschiedliche Ladestunden anfallen. Soweit Hebezeuge für das Verladen herangezogen werden, sind hierfür entsprechende Verrechnungssätze anzusetzen.

Bei der Ermittlung der Transportkosten ist zu berücksichtigen, dass die Transportfahrzeuge wegen der Sperrigkeit von Gütern vielfach nur teilweise ausgelastet werden können. Ferner ist zu beachten, dass die Standzeiten für Auf- und Abladen in diese Kosten einzubeziehen sind. Unter den Transportkosten sind auch die sog. Nebenfrachten, die für die Transporte der Hilfsstoffe entstehen, und Mautgebühren zu berücksichtigen. Die Abb. A.3.1 zeigt dies am Beispiel Gerätetransports

Hierbei sind Geräte mit einem Gesamtgewicht von 5 t vom Bauhof zu einer Baustelle in 50 km Entfernung zu versenden; nach Fertigstellung des Bauwerks einige Wochen später (der Lkw fährt nach dem Antransport leer zurück und fährt leer zur Baustelle, um abzutransportieren) werden sie wieder zum Bauhof zurückgesandt.

- Auf-, Um- und Abbau der Baustelleneinrichtung einschließlich Geräte

Zu den Auf- und Abbaukosten der Geräte gehören auch die Kosten für notwendige Fundamente und Gleisanlagen für Krane einschließlich der Kosten für die Beseitigung dieser Anlagen. Soweit Auf- und Abbau der Geräte von Montagekolonnen vorgenommen werden, sind die Reisekosten hierfür einzurechnen. Ferner ist der oft notwendige Einsatz von Montagekranen (Autokranen) zu berücksichtigen. Sollte während der Bauzeit ein Umbau notwendig sein, z. B. für Turmdrehkrane, so ist dieser ebenfalls hier zu erfassen.

- Erstellen, Instandhalten und Beseitigen von Zufahrten, Wegen, Zäunen und Plätzen

Bei Beginn der Baustelle sind zunächst Rodungs-, Planierungs- und Befestigungsarbeiten für das Baugelände und die Zufahrten vorzunehmen. Die hierfür anfallenden Kosten hängen von der Art des Untergrunds, der Dauer der Baustelle sowie von der Anzahl und den Lasten der Transporte ab. Besondere Befestigungsmaßnahmen werden für Baustofflager und Werkplätze notwendig, wie z. B. Zimmerplätze, Biegeplätze und Fertigungsplätze für Fertigteile. In manchen Fällen werden hierfür Überdachungen benötigt, um von der Witterung unabhängig zu sein.

Die Instandhaltungskosten der Zufahrtswege und des Baugeländes sind hier ebenfalls zu erfassen. Mit Beendigung der Baustelle sind in der Regel sämtliche Einrichtungen, die für die Herstellung des Bauwerks notwendig waren zu beseitigen, also auch Baustraßen und Befestigungen von Arbeitsplätzen; das Gelände ist in den ursprünglichen Zustand zurückzuversetzen (Rekultivierung).

- Erstausstattung für Büros, Unterkünfte und Sanitäranlagen

Hierunter sind Schreibtische, Schränke, Stühle, Tische, Betten, Beleuchtungskörper, Sanitäranlagen usw. zu verstehen, soweit diese nicht fest eingebaut sind und zur Ausstattung der Behelfsbauten auf der Baustelle gehören. Diese Kosten der Baustelle können in Form von Verrechnungssätzen kalkuliert werden.

Vorhaltekosten

Zu den Vorhaltekosten gehören insbesondere die kalkulatorische Abschreibung und Verzinsung sowie die Reparaturkosten einschließlich der lohngebundenen Kosten auf den Lohnanteil der Reparaturkosten. Dies gilt insbesondere für folgende Geräte, Maschinen und Anlagen:

- Geräte

Die für die Baudurchführung erforderlichen Geräte werden in einer Geräteliste gemäß dem in Abb. A.3.2 gezeigten Beispiel zusammengestellt. Die monatlichen Beträge für Abschreibung und Verzinsung sowie für Reparaturkosten einschließlich der lohngebundenen Kosten auf den Lohnanteil der Reparaturkosten sind je Gerät getrennt auszuweisen und mit der Anzahl der Vorhaltemonate zu multiplizieren.

Tabelle A.3.1: Beispiel eines BGK-Katalogs

	Teilleistungen	**Kostenartengruppen**								
		Lohn- und Gehaltskosten	Materialkosten	Kosten der Bauhilfsstoffe einschließlich Rüst-, Schal- und Verbaumaterial	Gerätekosten	Ausstattungskosten	NU	SoKo	zeitunabhängige Kosten	zeitabhängige Kosten
1.	**Kosten für das Einrichten und Räumen der Baustelle**								**o**	
	An- und Abtransport sowie Verladen der Baustelleneinrichtung einschließlich Geräte	x				x		x		
	Auf-, Um- und Abbau der Baustelleneinrichtung einschließlich Geräte	x	x		x			x		
	Erstellen, Instandhalten und Beseitigen von Zufahrten, Wegen, Zäunen und Plätzen	x	x	x	x		x	x		
	Erstausstattung für Büros, Unterkünfte und Sanitäranlagen					x				
2.	**Vorhaltekosten**									**o**
	Geräte				x					
	besondere Anlagen				x	x				
	Container					x				
	Fahrzeuge					x				
	Einrichtungsgegenstände, Büroausstattung					x				
	IT-Ausstattung					x				
	Rüst-, Schal- und Verbaumaterial			x						
3.	**Betriebs- und Bedienungskosten**									**o**
	Geräte	x		x						
	besondere Anlagen	x		x						
	Container			x						
	Fahrzeuge	x		x						
4.	**Kosten der örtlichen Bauleitung**									**o**
	Gehaltskosten (TK/P) einschließlich gehaltsgebundene Kosten und Gehaltsnebenkosten							x		
	Aufsichtskosten, soweit nicht im Mittellohn enthalten							x		
	Porto, Telefon, Büromaterial, Bürokosten, IT-Ausstattung							x		
	PKW- und Reisekosten							x		
	Bewirtung und Werbung							x		
5.	**Kosten der technischen Bearbeitung, Konstruktion und Kontrolle**								**o**	
	konstruktive Bearbeitung							x		
	Arbeitsvorbereitung							x		
	Baustoff- und Bodenuntersuchungen							x		
	Vermessung und Abrechnung							x		
6.	**Allgemeine Baukosten**									
	Hilfslöhne	x								o
	Transportkosten zur Versorgung der Baustelle	x							o	
	Pachten und Mieten			x	x	x				o
	Kleingeräte, Werkzeuge und sonstige Verbrauchsstoffe					x			o	
	Bauzinsen							x		o
	Avalkosten							x		o
7.	**Sonderkosten**									
	Sonderwagnisse der Bauausführung	x	x	x	x	x	x	x	o	
	besondere Bauversicherungen							x	o	
	besondere Finanzierungskosten							x		o
	Lizenzgebühren							x	o	
	Winterbaukosten	x	x	x	x	x			o	
8.	**Lohngebundene Kosten sowie Lohnnebenkosten (AP), wenn nicht im Mittellohn enthalten**							**x**		

Berechnung der Lade- und Frachtkosten am Beispiel eines Gerätetransports			
Annahmen			
Gesamtgewicht Geräte	5,0 t		
Fahrzeit	1,00 h	für eine Strecke	
Standzeit	1,50 h	bei jedem Ladevorgang	
Laden: Baustelle	50,00 €/t	für jeden Ladevorgang	
Laden: Bauhof	40,00 €/t	für jeden Ladevorgang	
innerbetrieblicher Verrechnungssatz für LKW	50,00 €/h	(einschließlich Fahrer)	
Ladekosten			
Laden Baustelle	2 x 5,0 t · 50,00 €/t		500,00 €
Laden Bauhof	2 x 5,0 t · 40,00 €/t		400,00 €
Frachtkosten			
Frachtkosten (einschließlich Leerfahrten)	4 · (1,00 h + 1,50 h) · 50,00 €/h		500,00 €
Lade- und Frachtkosten			1.400,00 €

Abb. A.3.1: Berechnung der Lade- und Frachtkosten am Beispiel eines Gerätetransports

- besondere Anlagen, dies sind z. B.:

- Energieerzeugungsanlagen
- Anlagen zur Wasserhaltung
- Wasseraufbereitungsanlagen für Zuschlagstoffe
- Kompressorenstationen

- Container

Sie dienen insbesondere als Büros, Magazine, Unterkünfte und zu Sanitärzwecken.

- Fahrzeuge

Für Fahrzeuge fallen nur dann Vorhaltekosten an, wenn sie wie Geräte behandelt und der Baustelle mit Vorhaltesätzen berechnet werden.

- Einrichtungsgegenstände, Büroausstattung

Hier gilt das über Fahrzeuge Gesagte.

- IT-Ausstattung

Sofern die IT-Ausstattung nicht den AGK zugeordnet, sondern speziell für das konkrete Bauprojekt vorgehalten wird, sind die Kosten (AfA und Reparatur) entsprechend einzukalkulieren. Hierunter fallen auch ggf. anteilige Lizenzgebühren.

- Rüst-, Schal- und Verbaumaterial

Im Allgemeinen werden die Kosten für das Rüst-, Schal- und Verbaumaterial im Rahmen der Einzelkosten kalkuliert.

Lässt sich Rüst-, Schal- und Verbaumaterial nicht den Einzelkosten zuordnen oder sind keine besonderen Positionen hierfür vorhanden, so sind sie als Gemeinkosten innerhalb der Vorhaltekosten zu berechnen. Das trifft auch auf Arbeits- und Schutzgerüste zu, die nicht besonders positioniert sind.

Betriebs- und Bedienungskosten

Hierunter fallen nur die Betriebsstoffe (flüssige, gasförmige und feste Betriebsstoffe, wie Heizöl, Gas, Fernheizwärme, Schmierstoffe und elektrische Energie), die für den Betrieb der Baustelleneinrichtung verwendet werden und nicht bereits in den Einzelkosten erfasst sind. Es gehören hierzu auch Beleuchtung und Beheizung von Unterkünften und Büros sowie die Beleuchtungskosten der Baustelle. Ist für den Betrieb besonderer Anlagen und der Geräte besonderes Bedienungs- und Überwachungspersonal vorhanden und ist dieses nicht in den Einzelkosten oder in den Hilfslöhnen erfasst, werden die Lohnkosten hier ausgewiesen.

Kosten der örtlichen Bauleitung

Sind die Kosten der örtlichen Bauleitung in den AGK enthalten, so entfällt eine gesonderte Erfassung in den BGK. Unter den Kosten der örtlichen Bauleitung sind zu verstehen:

- Gehaltskosten (TK) einschließlich gehaltsgebundene Kosten und Gehaltsnebenkosten

Die Gehälter des technischen und kaufmännischen Personals (TK) umfassen neben den gehaltsgebundenen Kosten auch Weihnachts- und besondere Urlaubszahlungen und Prämien. Auch die Gehaltsnebenkosten sind hier zu berücksichtigen. Gehaltskosten fallen auf der Baustelle z. B. für folgende Angestellte an:

- Oberbauleiter, Projektleiter und Bauleiter
- Bauführer
- Poliere mit Bauführerfunktion
- Betoningenieure
- Maschineningenieure
- Vermessungsingenieure und -techniker
- Abrechnungstechniker
- Baukaufleute
- Schreibkräfte

Wenn ein Angestellter mehrere Baustellen betreut, werden die Kosten anteilig kalkuliert.

Berechnung der Vorhaltekosten am Beispiel einer Baustelleneinrichtung für ein kleineres Hochbauprojekt

Geräteliste

Stk.	Bezeichnung	BGL 2015 BGL-Nr.	monatliche Abschreibung und Verzinsung (K) (unterer Wert) je Einheit	insgesamt	monatliche Reparaturkosten (R) je Einheit	insgesamt	Vorhaltezeit in Monaten	Abschreibung und Verzinsung insgesamt	Reparaturkosten insgesamt
1	fahrbare Betonaufbereitungsanlage	B.4.52.0500	930,00 €	930,00 €	620,00 €	620,00 €	7	6.510,00 €	4.340,00 €
2	Betonsilokübel	C.3.00.0500	26,50 €	53,00 €	19,00 €	38,00 €	7	371,00 €	266,00 €
3	Betoninnenrüttler	B.9.31.0030	38,00 €	114,00 €	29,50 €	88,50 €	7	798,00 €	619,50 €
2	Spannungswandler	B.9.50.0040	82,00 €	164,00 €	59,50 €	119,00 €	7	1.148,00 €	833,00 €
1	Turmdrehkran, Laufkatzausleger	C.0.06.0031	2.000,00 €	2.000,00 €	1.050,00 €	1.050,00 €	7	14.000,00 €	7.350,00 €
1	Schienenfahrwerk	C.0.03.0031-AC	321,00 €	321,00 €	168,00 €	168,00 €	7	2.247,00 €	1.176,00 €
36	Gleis S 41 1,00 m Länge	H.6.60.0041	0,85 €	30,60 €	0,29 €	10,44 €	7	214,20 €	73,08 €
1	Baustromanschlussschrank, leer	R.2.10.0251	188,00 €	188,00 €	125,00 €	125,00 €	8	1.504,00 €	1.000,00 €
2	Baustromverteilerschrank, leer	R.2.20.0040	43,00 €	86,00 €	28,50 €	57,00 €	8	688,00 €	456,00 €
	Summe							27.480,20 €	16.113,58 €

Ausgangswerte/Annahmen

Lohnkosten (als % der monatlichen Reparaturkosten)	60,00 %
lohngebundene Kosten (als % der Lohnkosten)	82,61 %

Berechnung

1. Lohngebundene Kosten auf Reparaturkosten

Lohnkosten je Vorhaltemonat	60,00 % · 16.113,58 €/Monat	9.668,15 €/Monat	
lohngebundene Kosten je Vorhaltemonat	82,61 % · 9.668,15 €/Monat		7.986,86 €/Monat

2. Abschreibung, Verzinsung und Reparatur je Vorhaltemonat

K + R	27.480,20 €/Monat + 16.113,58 €/Monat		43.593,78 €/Monat
Summe Vorhaltekosten			51.580,64 €/Monat

Abb. A.3.2: Berechnung der Vorhaltekosten am Beispiel einer Baustelleneinrichtung für ein kleineres Hochbauprojekt

- Aufsichtskosten

Kosten des Poliers (P) soweit diese nicht im ML AP enthalten sind.

- Porto, Telefon, Büromaterial, Bürokosten, IT-Ausstattung

Diese Kosten sind mit betrieblichen Erfahrungssätzen anzusetzen.

- PKW- und Reisekosten

Üblicherweise werden die Kosten für (private) Personenkraftfahrzeuge mit km-Verrechnungssätzen berechnet, die Abschreibung, Verzinsung, Reparatur, Wartung, Pflege, Reifenverbrauch, Betriebsstoffkosten, Steuer und Versicherung enthalten. Die Reisekosten betreffen nur Dienstreisen, also keine Familienheimfahrten. Werden einem Angestellten monatliche Pauschalbeträge für sein Kraftfahrzeug gewährt, so sind diese ebenfalls hier aufzuführen.

- Bewirtung und Werbung

Hierzu gehören Einladungen, Geschenke, Anzeigen, Fotoarbeiten usw., wenn sie durch die Baustelle bedingt sind. Hierbei sind die gesetzlichen Regelungen bzw. die Compliance-Richtlinien des Unternehmens zu beachten.

Kosten der technischen Bearbeitung, Konstruktion und Kontrolle

Die Kosten der technischen Bearbeitung, Konstruktion und Kontrolle lassen sich wie folgt gruppieren:

- konstruktive Bearbeitung

Hier sind die Kosten für Berechnungen und Planfertigungen für die Bauausführung anzusetzen, soweit sie nicht vom Auftraggeber gestellt werden oder nicht als besondere Positionen im LV vorgesehen sind. Kosten für Statiker, Konstrukteure und Zeichner sind nach Zeitaufwand oder aufgrund der Honorarordnung für Architekten und Ingenieure zu erfassen. Einzubeziehen sind ggf. auch die Kosten von Prüfingenieuren.

- Arbeitsvorbereitung
- Vermessung und Abrechnung

Eine gesonderte Erfassung kommt für Baustellen infrage, bei denen umfangreiche Arbeitsvorbereitungs-, Vermessungs- und Abrechnungsarbeiten durchzuführen sind.

- Baustoff- und Bodenuntersuchungen

Hier sind die Kosten der für die Baustelle erforderlichen Baustoff- und Bodenuntersuchungen aufzuführen. Wenn auf der Baustelle, insbesondere im Straßendeckenbau, eigene Laboratorien eingerichtet werden, sind deren Kosten ebenfalls hier aufzuführen.

Allgemeine Baukosten

Zu den allgemeinen Baukosten zählen:

- Hilfslöhne

Hilfslöhne werden üblicherweise nur dann aufgeführt, wenn es sich um Arbeitskräfte mit bestimmten allgemeinen Aufgaben handelt, deren Kosten nicht in anderen Kostenartengruppen enthalten sind. Hierzu zählen Löhne für

- Magaziner,
- Elektriker,
- Vermessungsgehilfen,
- Laborgehilfen,
- Boten,
- Fahrer und
- Baustellensicherheitsdienst.

Ist für die Baustelle eine eigene Reparaturwerkstatt vorgesehen, so können deren Personalkosten ebenfalls hier erfasst werden.

- Transportkosten zur Versorgung der Baustelle

Diese Transportkosten entstehen durch laufende Versorgungsfahrten, und zwar meist durch Fahrten zwischen dem Bauhof und der Baustelle bzw. zwischen den Baustellen.

- Pachten und Mieten

Diese Kosten beziehen sich vor allem auf gemietete Unterkünfte, Büros, Grundstücke und Gebäude für die Baustelleneinrichtung.

- Kleingeräte, Werkzeuge und sonstige Verbrauchsstoffe

Die Abgrenzung zwischen Kleingeräten und Werkzeugen, die vielfach mit einem auf die Lohnkosten bezogenen Verrechnungssatz in der Kalkulation erfasst werden, und denjenigen Kleingeräten und Werkzeugen, die der Baustelle mit Mietbeträgen berechnet werden, wird nicht einheitlich gehandhabt. In vielen Fällen wird z. B. die Grenze für geringwertige Wirtschaftsgüter (410,00 € ohne MwSt.) als Kriterium gewählt.

Die Kosten der sonstigen Verbrauchsstoffe werden in der Regel anhand eines Verrechnungssatzes, der der Lohnsumme zugeschlagen wird, kalkuliert.

- Bauzinsen

Die Abwicklung eines Bauauftrags macht üblicherweise eine Vorfinanzierung der Kosten durch das Bauunternehmen notwendig, denn die erbrachten Bauleistungen werden vom Auftraggeber erst später bezahlt. Für diese Vorfinanzierung fallen Bauzinsen an, die hier kalkuliert werden.

- Avalkosten

Die Kosten für vom Auftragnehmer zu stellende Vertragserfüllungsbürgschaften sowie Bürgschaften für Mängelansprüche (sog. Gewährleistungsbürgschaften) sind für die Bauzeit bzw. die Gewährleistungszeit zu kalkulieren. Verlangt der Auftragnehmer eine Zahlungsbürgschaft vom Auftraggeber, so hat der Auftragnehmer in der Regel die Avalkosten für eine vom Auftraggeber gestellte Zahlungsbürgschaft in Höhe von max. 2,00 % zu tragen. Diese Kosten sind entsprechend einzurechnen.

Sonderkosten

Zu den Sonderkosten zählen:

- projektbezogene Risiken der Bauausführung

Unter den BGK sind solche Risiken aufzuführen, die aus der Realisation des Bauprojekts als Ganzes resultieren. Risiken einzelner Teilleistungen sind direkt in der entsprechenden LV-Position zu berücksichtigen. Risiken müssen hierfür im Rahmen der Kalkulation zunächst identifiziert und anschließend bewertet werden (vgl. Kapitel 2.6.4)

Neben dem allgemeinen Unternehmenswagnis, das regelmäßig aus dem Gewinn gedeckt werden muss, können Bauprojekte mit besonderen Ausführungsrisiken verbunden sein, die sich auch nicht einzelnen LV-Positionen zuordnen lassen, wie

- Witterungsrisiken,
- Hoch- und Niedrigwasser,
- Personalkostenerhöhungen, z. B. bei langfristigen Festpreisverträgen,
- Stoffkostenerhöhungen, z. B. bei langfristigen Festpreisverträgen,
- Terminüberschreitungen und Vertragsstrafen,
- Mengenpauschalierungen/-garantien,
- besondere Gewährleistungsverpflichtungen und
- Anwendung neuer, noch nicht erprobter Bauverfahren.

Risiken der Bauausführung sind in jedem Einzelfall abzuschätzen und als gesonderte Kosten (Risikokosten) in Abhängigkeit von Eintrittswahrscheinlichkeit und Schadenshöhe zu kalkulieren (vgl. Kapitel 2.6.4).

- besondere Bauversicherungen

Hier sind solche Versicherungen aufzuführen, die speziell für ein Bauwerk abgeschlossen werden, z. B. eine Bauleistungsversicherung gegen Schäden am Bauwerk oder Haftpflichtversicherungen, die besondere Haftpflichtschäden abdecken und nicht in der allgemein üblichen Betriebshaftpflichtversicherung enthalten sind.

- besondere Finanzierungskosten

Hierunter fallen solche Aufwendungen, die infolge außergewöhnlicher Zahlungsvereinbarungen im Einzelfall entstehen, wenn sie nicht durch den Ansatz der Verzinsung des betriebsnotwendigen Kapitals gedeckt sind. Das kann z. B. der Fall sein, wenn das ausführende Unternehmen die gesamte Zwischenfinanzierung übernimmt.

Hierunter können aber auch explizite Finanzierungskosten eines Bauprojekts fallen (vgl. Kapitel 2.6.3).

- Lizenzgebühren

Diese Kosten entstehen, wenn patentrechtlich geschützte Bauverfahren verwendet werden.

- Winterbaukosten

Hierzu zählen die durch Winterbauschutzmaßnahmen entstehenden Mehrkosten, soweit sie nicht schon an anderer Stelle aufgeführt sind. Dies sind z. B. Schutzbekleidung, Winterbaugeräte, Schutzvorrichtungen für Bauteile und die Beheizung der Baustelle. Außerdem sind hier, wenn nicht bereits bei den EKT berücksichtigt, die witterungsbedingten Minderleistungen anzusetzen.

A.4 Anhang mit Checkliste zur Risikobeurteilung von Bauprojekten vor Vertragsabschluss

Die nachfolgend dargestellte Checkliste „Risikomanagement Bau" (hrsg. vom Bayerischen Bauindustrieverband; vgl. Tabelle A.4.1) gibt eine Orientierung zum Aufbau eines unternehmensindividuellen Risikoinventars. Dabei können die aufgeführten Risiken ggf. übernommen, geändert oder auch ergänzt werden. Sofern Risiken daraus übernommen werden, sollten hierfür auch entsprechende Kosten kalkuliert werden (vgl. Kapitel 2.6.4).Entscheidend für den Aufbau des eigenen Risikoinventars sind die im Unternehmen in der jeweiligen Sparte individuell anzutreffenden Risiken der zu kalkulierenden und zu bearbeitenden Bauprojekte.

Tabelle A.4.1: Checkliste zur Risikobeurteilung von Bauprojekten (Quelle: Risikomanagement Bau, o. J.)

RISIKEN	MASSNAHMEN	BEWERTUNG
1. Auftraggeber-Prüfung		
Finanzierung nicht gesichert	Sicherheiten fordern, z. B. Zahlungsbürgschaften in Höhe von ca. 3 Monatsleistungen	Bis maximal 2 % der üblichen Kosten der Sicherheitsleistung zu Lasten Auftragnehmer (gemäß § 648a Abs. 3 BGB)
Auftraggeber ist nicht Grundstückseigentümer	Vorausleistungspflicht vermeiden	Sicherungshypothek nach § 648 BGB meist nicht möglich
kein Bevollmächtigter des Auftraggebers	Bevollmächtigung vertraglich regeln	
2. Kalkulationsprüfung		
Detailpauschalvertrag/Globalpauschalvertrag	Massen prüfen	Schnittstellenkosten kalkulieren
Funktionalausschreibung/Globalausschreibung	Leistungsumfang, Leistungsabgrenzung und Schnittstellen prüfen; Weitergabe an Nachunternehmer prüfen	Planungsrisiko bewerten Nachunternehmerpreis bewerten
Vollständigkeit und Richtigkeit der Planungsunterlagen	evtl. Nachlieferung und Richtigkeit der Unterlagen fordern	Bewertung der Mehrkosten
Ergebnis der Ortsbesichtigung/Risiken aus Nachbarschaften	Beweissicherung fordern; evtl. Vorbehalte anmelden	Bauzeit und Kostenauswirkung ermitteln
behördliche Risiken/Baugenehmigungsrisiko	generell ausschließen	
Beurteilung der Eigenleistung des Auftraggebers	Qualität prüfen; evtl. Vorbehalte anmelden	
Baugrundrisiko (Risiko möglichst bei Auftraggeber)	Baugrundgutachten fordern, prüfen und bewerten; ggf. Vorbehalt	Kosten kalkulieren
Kontaminationsrisiko (Risiko möglichst bei Auftraggeber)	Gutachten fordern, prüfen und bewerten; ggf. Vorbehalt	Kosten kalkulieren
Beurteilung der Nachunternehmer-Angebote	Vollständigkeit prüfen, Schnittstellen abdecken, Nachunternehmer-Bonität prüfen	Koordinierungskosten kalkulieren
Risikobetrachtung Sondervorschläge	Beurteilung und Gegenüberstellung zur Ausschreibungsvariante, z. B. Planung, Baugrund, Massen, Technik, Mängelansprüche und Beweislastumkehr	Zusatzrisiko kalkulieren
3. Vertragsprüfung		
allgemeine Geschäftsbedingungen des Auftraggebers	prüfen und bewerten	
Vertragsform	feststellen, ob Einheitspreisvertrag, Detailpauschalvertrag oder Globalpauschalvertrag nach VOB/B oder BGB	Risiko kalkulieren
Einschränkung der VOB/B	einseitige Abweichungen der VOB/B zugunsten Auftraggeber vermeiden	
Vertragsstrafen/Schadensersatz	Begrenzung sicherstellen	Auswirkungen kalkulatorisch berücksichtigen
Sicherheiten/Bürgschaften	Übersicherung des Auftraggebers prüfen; Vertragserfüllung: 10 %, Mängelansprüche: 5 %	Kosten kalkulieren
Zahlungsbedingungen	Sicherheits- und Liquiditätsaspekte beachten	Zinskosten kalkulieren
Rangfolge der Vertragsbestandteile	Eindeutigkeit und Ausgewogenheit der Rangfolge sicherstellen	
Abnahmeregelung	VOB/B-Regelung vereinbaren (§ 12 VOB/B)	
Mängelansprücheregelung	Mängelansprüchefrist maximal nach gesetzlicher Regelung (5 Jahre), nach VOB/B 4 Jahre	Sonderregelungen kalkulieren
Verschärfung der Regeln der Technik	nach Möglichkeit vermeiden; erfüllbare Verschärfungen feststellen	Kosten kalkulieren

Tabelle A.4.1 (Fortsetzung): Checkliste zur Risikobeurteilung von Bauprojekten (Quelle: Risikomanagement Bau, o. J.)

RISIKEN	MASSNAHMEN	BEWERTUNG
4. sonstige Risiken		
Projektbeteiligte	Referenzen und Erfahrungen beachten	Mehrkosten kalkulieren
Quantität/Qualität des eigenen Projektteams	Auswahl und Verfügbarkeit beachten	
terminliche Machbarkeit	qualifizierten Bauzeitenplan erstellen	kritische Wege bewerten
technische Machbarkeit	fachtechnische Prüfung evtl. mit Experten	Kosten kalkulieren
5. mögliche K.o.-Kriterien		
Forderung von Garantien	keine Auftragsannahme	Können mögliche „K.o.-Kriterien" nicht wegverhandelt bzw. nicht befriedigend geregelt werden, so sollte der Auftrag nicht angenommen werden.
individualvertragliche Strafen unbegrenzt oder größer als 5 %	keine Auftragsannahme	
nur mängelfreie Abnahme	keine Auftragsannahme	
verschuldensunabhängige Haftung	keine Auftragsannahme	
Baugrundrisiko bei Auftragnehmer	keine Auftragsannahme	
ungeklärte Bonität des Auftraggebers	keine Auftragsannahme	
fehlende Zahlungssicherheit	keine Auftragsannahme	
unseriöser Vertragspartner	keine Auftragsannahme	
keine Arbeitsunterbrechung bei Zahlungsverzug	keine Auftragsannahme	
genereller Ausschluss von Nachforderungen	keine Auftragsannahme	
Umkehr der Beweislast	keine Auftragsannahme	

Abkürzungsverzeichnis

Abs.
Absatz

AfA
Absetzung für Abnutzung, Abschreibung (von Anlage- oder Umlaufvermögen)

AG
Auftraggeber

AG-LV
Auftraggeber-Leistungsverzeichnis

AGK
Allgemeine Geschäftskosten

Ak
Arbeitskraft

AK
Arbeitskalkulation

AO
Abgabenordnung

ARGE
Arbeitsgemeinschaft

BAS
Bauarbeitsschlüssel

BBR
Baubetriebsrechnung

BGB
Bürgerliches Gesetzbuch

BGK
Baustellengemeinkosten

BGL
Baugeräteliste

BilMoG
Bilanzrechtsmodernisierungsgesetz

BilRUG
Bilanzrichtlinien-Umsetzungsgesetz

BKR
Baukontenrahmen

BRTV
Bundesrahmentarifvertrag für das Baugewerbe

BUR
Bauunternehmensrechnung

CAD
computer aided design (rechnergestütztes Konstruieren)

d
Dicke

DATEV
Datenverarbeitungsorganisation für die Angehörigen der steuerberatenden Berufe

DF
Dünnformat

eG
eingetragene Genossenschaft

EKT
Einzelkosten der Teilleistungen

G
Gewinn(-zuschlag)

GG
Gehaltsgruppe

GKT
Gesamtkosten der Teilleistungen

GoB
Grundsätze ordnungsgemäßer Buchführung

GuV
Gewinn-und-Verlust-Rechnung

h
Höhe

(/) h
(pro) Stunde

(in) h
(in) Stunden

HGB
Handelsgesetzbuch

HlzA
Hochlochziegel mit Lochung A

KLR
Kosten-, Leistungs- und Ergebnisrechnung

KSL
Kalksandstein-Lochstein

KUG
Kurzarbeitergeld

kWh
Kilowattstunde

l
Liter

LE-Menge
Leistungsmenge

LG
Lohngruppe

lt.
laut

LV
Leistungsverzeichnis

LV-Menge
vertraglich vereinbarte Menge (laut LV)

ME
Mengeneinheit

MG
Mörtelgruppe

ML
Mittellohn

ML A
Mittellohn (der) Arbeiter

ML AP
Mittellohn Arbeiter und Poliere

ML APS
Mittellohn Arbeiter und Poliere inkl. lohngebundenen Kosten (= Soziallöhne + Sozialkosten)

ML APSL
Mittellohn Arbeiter und Poliere inkl. lohngebundenen Kosten und Lohnnebenkosten

ML AS
Mittellohn Arbeiter inkl. lohngebundenen Kosten (= Soziallöhne + Sozialkosten)

ML ASL
Mittellohn Arbeiter inkl. lohngebundenen Kosten und Lohnnebenkosten

ML L
Mittellohn-Zuschlag für Lohnnebenkosten

ML S
Mittellohn-Zuschlag für Soziallöhne/Sozialkosten (lohngebundene Kosten)

NT
Nachtragskalkulation

NU
Nachunternehmerleistung

PVC
Polyvinylchlorid

REB-VB
Verfahrensbeschreibungen der Richtlinien für Elektronik im Bauwesen

RFID
radio-frequency identification (Identifizierung mithilfe elektromagnetischer Wellen)

RSV
Rüst-, Schal- und Verbaumaterial

RTV
Rahmentarifvertrag

SKR
Standardkontenrahmen

SOKA-BAU
Sozialkassen der Bauwirtschaft

SoKo
Sonstige Kosten

t
Tonne

TK
technische und kaufmännische Angestellte

TK/P
technische und kaufmännische Angestellte/Poliere

TV 13. ME
Tarifvertrag über die Gewährung des 13. Monatseinkommens im Baugewerbe

TV TZR
Tarifvertrag über Zusatzrente

U2-Verfahren
Umlage U2 (Entgeltfortzahlung bei Mutterschaft)

UStG
Umsatzsteuergesetz

VA-Menge
voraussichtliche Ausführungsmenge

VHB
Vergabe- und Vertragshandbuch für die Baumaßnahmen des Bundes

VK
Vertragskalkulation

VOB/A
Vergabe- und Vertragsordnung für Bauleistungen – Teil A: Allgemeine Bestimmungen für die Vergabe von Bauleistungen

VOB/B
Vergabe- und Vertragsordnung für Bauleistungen – Teil B: Allgemeine Vertragsbedingungen für die Ausführung von Bauleistungen

VOB/C
Vergabe- und Vertragsordnung für Bauleistungen – Teil C: Allgemeine Technische Vertragsbedingungen für Bauleistungen

VR-Menge
voraussichtliche Rechnungsmenge

VTV
Tarifvertrag über das Sozialkassenverfahren im Baugewerbe

Verzeichnis für Normen, Rechtsvorschriften, Tarifverträge und Literatur

Normen

VOB/A DIN 1960:2012-09 Vergabe- und Vertragsordnung für Bauleistungen – Teil A: Allgemeine Bestimmungen für die Vergabe von Bauleistungen

VOB/B DIN 1961:2012-09 Vergabe- und Vertragsordnung für Bauleistungen – Teil B: Allgemeine Vertragsbedingungen für die Ausführung von Bauleistungen

VOB/C ATV DIN 18299:2012-09 Allgemeine Regelungen für Bauarbeiten jeder Art

Rechtsvorschriften

Aktiengesetz (AktG) v. 06.09.1965, zuletzt geändert am 22.12.2015

Abgabenordnung (AO) v. 01.10.2002, zuletzt geändert am 03.12.2015

Bilanzrechtsmodernisierungsgesetz: Gesetz zur Modernisierung des Bilanzrechts (Bilanzrechtsmodernisierungsgesetz – BilMoG) v. 25.05. 2009

Bilanzrichtlinien-Umsetzungsgesetz: Gesetz zur Umsetzung der Richtlinie 2013/34/EU des Europäischen Parlaments und des Rates vom 26. Juni 2013 über den Jahresabschluss, den konsolidierten Abschluss und damit verbundene Berichte von Unternehmen bestimmter Rechtsformen und zur Änderung der Richtlinie 2006/43/EG des Europäischen Parlaments und des Rates und zur Aufhebung der Richtlinien 78/660/EWG und 83/349/EWG des Rates (Bilanzrichtlinien-Umsetzungsgesetz – BilRUG) v. 23.07.2015

Bürgerliches Gesetzbuch (BGB) v. 02.01.2002, zuletzt geändert am 11.03.2016

Einkommensteuergesetz (EStG) v. 08.10.2009, zuletzt geändert am 08.07.2016

Gewerbesteuergesetz (GewStG) v. 15.10.2002, zuletzt geändert am 02.11.2015

GmbH-Gesetz: Gesetz betreffend die Gesellschaften mit beschränkter Haftung (GmbH-Gesetz – GmbHG) v. 20.04.1892, zuletzt geändert am 22.12.2015

Handelsgesetzbuch (HGB) v. 10.05.1897, zuletzt geändert am 31.03.2016

Körperschaftssteuergesetz (KStG) v. 15.10.2002, zuletzt geändert am 02.11.2015

Umsatzsteuergesetz (UStG) v. 21.02.2005, zuletzt geändert am 02.11.2015

Tarifverträge

Bundesrahmentarifvertrag für das Baugewerbe (BRTV) v. 04.07.2002, in der Fassung v. 17.12.2003, 14.12.2004, 29.07.2005, 19.05.2006, 20.08.2007, 31.05.2012, 17.12.2012, 05.06.2014 und 10.12.2014

Rahmentarifvertrag für die Angestellten und Poliere des Baugewerbes (RTV) v. 04.07.2002 in der Fassung v. 29.07.2005, 20.08.2007 und 17.12.2012

Tarifvertrag über das Sozialkassenverfahren im Baugewerbe (VTV) v. 03.05.2013 in der Fassung v. 03.12.2013, 10.12.2014 und 24.11.2015

Tarifvertrag über die Gewährung des 13. Monatseinkommens im Baugewerbe (TV 13. ME) v. 21.05.1997 in der Fassung v. 26.05.1999, 04.07.2002 und 29.10.2003

Tarifvertrag über eine Zusatzrente im Baugewerbe (TV TZR) v. 15.05.2001 in der Fassung v. 27.02.2005

Literatur

Afa-Tabelle für den Wirtschaftszweig „Baugewerbe“ v. 06.12.2001. Hrsg.: Bundesministerium der Finanzen [online]. Internet: http://www.bundesfinanzministerium.de/Content/DE/Standardartikel/Themen/Steuern/Weitere_Steuerthemen/Betriebspruefung/AfA-Tabellen/2001-12-06-afa-106.pdf?__blob=publicationFile&v=3 [Zugriff: 19.07.2016]

BGL Baugeräteliste 2015. Technischwirtschaftliche Baumaschinendaten. Hrsg.: Hauptverband der Deutschen Bauindustrie e. V. Gütersloh: Bauverlag, 2015

BKR 2016, Baukontenrahmen [erscheint voraussichtlich Oktober 2016]

Federmann, Rudolf: Bilanzierung nach Handelsrecht, Steuerrecht und IAS/IFRS. 12. Aufl. Berlin: Erich Schmidt Verlag, 2010

Haberstock, Lothar; Breithecker, Volker [Bearbeiter]: Kostenrechnung I. Einführung. 13. Aufl. Berlin: Erich Schmidt Verlag, 2008

Handbuch für die Vergabe und Ausführung von Bauleistungen im Straßen- und Brückenbau. Ausgabe: April 2016. Bonn: Bundesministerium für Verkehr und digitale Infrastruktur, Abteilung Straßenbau, 2016. [online]. Internet: http://www.bmvi.de/SharedDocs/DE/Artikel/StB/handbuch-fuer-die-vergabe-und-ausfuehrung-von-bauleistungen-im-strassen-und-brueckenbau-hva-b-stb.html?nn=36134 [Zugriff: 19.07.2016]

Jacob, Dieter; Stuhr, Constanze: Finanzierung und Bilanzierung in der Bauwirtschaft. Wiesbaden: Vieweg + Teubner, 2016

REB-Allgemein – Allgemeine Bedingungen für die Anwendung der REB-Verfahrensbeschreibungen. Ausgabe 2012. In: Sammlung der Regelungen für die elektronische Bauabrechnung. Berlin: Bundesministerium für Verkehr, Bau und Stadtentwicklung, Abteilung Straßenbau, 2012 [online]. Internet: http://www.bast.de/DE/Verkehrstechnik/Publikationen/Regelwerke/V-REB-VB/REB-VB-Allgemein.html [Zugriff: 19.07.2016]

REB-Verfahrensbeschreibung 23.003 – Allgemeine Mengenberechnung. Ausgabe 2012. In: Sammlung der Regelungen für die elektronische Bauabrechnung. Berlin: Bundesministerium für Verkehr, Bau und Stadtentwicklung, Abteilung Straßenbau, 2012 [online]. Internet: http://www.bast.de/DE/Verkehrstechnik/Publikationen/Regelwerke/V-REB-VB/REB-VB-23-003-Ausgabe-2009.html [Zugriff: 19.07.2016]

Risikomanagement Bau. Checkliste zur Projektbeurteilung vor Vertragsabschluss. München: Bayerischer Bauindustrieverband e. V., o. J.

Seeling, Reinhard: Unternehmensplanung im Baubetrieb. Stuttgart: B. G. Teubner, 1995

Tarifsammlung für die Bauwirtschaft 2015/2016. Gewerbliche Arbeitnehmer, Poliere und Angestellte. Hrsg.: Hauptverband der Deutschen Bauindustrie. 36. Aufl. Berlin: Otto Elsner Verlagsgesellschaft, 2015

Tarifverträge für das Baugewerbe 2014/2015. Gewerbliche Arbeitnehmer und Angestellte/Poliere. Hrsg.: Zentralverband Deutsches Baugewerbe. Köln: Verlagsgesellschaft Rudolf Müller, 2014

VHB Bund: Vergabe- und Vertragshandbuch für die Baumaßnahmen des Bundes. Ausgabe: 2008. Stand: April 2016. Berlin: Bundesministerium für Verkehr, Bau und Stadtentwicklung, 2016 [online]. Internet: http://www.fib-bund.de/Inhalt/Vergabe/VHB/Lesefassung_April_2016.pdf [Zugriff: 19.07.2016]

Wöhe, Günther; Kußmaul, Heinz: Grundzüge der Buchführung und Bilanztechnik. Vahlens Lernbücher. 9. Aufl. München: Verlag Franz Vahlen, 2015

Stichwortverzeichnis